全国高职高专规划教材——工学结合教材

机电一体化技术应用

金美琴　主编

中国环境出版社·北京

图书在版编目（CIP）数据

机电一体化技术应用/金美琴主编．—北京：中国环境出版社，2016.1

全国高职高专规划教材．工学结合教材

ISBN 978-7-5111-2577-4

Ⅰ．①机… Ⅱ．①金… Ⅲ．①机电一体化—高等职业教育—教材 Ⅳ．①TH-39

中国版本图书馆 CIP 数据核字（2015）第 235275 号

出 版 人 王新程
责任编辑 黄晓燕 孔 锦
责任校对 尹 芳
封面设计 宋 瑞

出版发行 中国环境出版社
（100062 北京市东城区广渠门内大街 16 号）
网 址：http://www.cesp.com.cn
电子邮箱：bjgl@cesp.com.cn
联系电话：010-67112765（编辑管理部）
010-67112735（环评与监察图书分社）
发行热线：010-67125803，010-67113405（传真）
印 刷 北京市联华印刷厂
经 销 各地新华书店
版 次 2016 年 1 月第 1 版
印 次 2016 年 1 月第 1 次印刷
开 本 787×960 1/16
印 张 19
字 数 350 千字
定 价 32.00 元

编 委 会

主　　编　金美琴（南通科技职业学院）

副 主 编　包永辉（南通新创机电工程技术有限公司）

　　　　　张　越（南通新创机电工程技术有限公司）

参　　编　濮海坤（南通科技职业学院）

　　　　　刘志刚（南通科技职业学院）

　　　　　黄小丽（南通科技职业学院）

　　　　　焦玉全（南通科技职业学院）

　　　　　陈季云（南通科技职业学院）

　　　　　宋珍伟（南通科技职业学院）

序 言

工学结合人才培养模式经由国内外高职高专院校的具体教学实践与探索，越来越受到教育界和用人单位的肯定和欢迎。国内外职业教育实践证明，工学结合、校企合作是遵循职业教育发展规律，体现职业教育特色的技能型人才培养模式。工学结合、校企合作的生命力就在于工与学的紧密结合和相互促进。在国家对高等应用型人才需求不断提升的大环境下，坚持以就业为导向，在高职高专院校内有效开展结合本校实际的“工学结合”人才培养模式，彻底改变了传统的以学校和课程为中心的教育模式。

《全国高职高专规划教材——工学结合教材》丛书是一套高职高专工学结合的课程改革规划教材，是在各高等职业院校积极践行和创新先进职业教育思想和理念，深入推进工学结合、校企合作人才培养模式的大背景下，根据新的教学培养目标和课程标准组织编写而成的。

本套丛书是近年来各院校及专业开展工学结合人才培养和教学改革过程中，在课程建设方面取得的实践成果。教材在编写上，以项目化教学为主要方式，课程教学目标与专业人才培养目标紧密贴合，课程内容与岗位职责相融合，旨在培养技术技能型高素质劳动者。

前　言

20世纪70年代，人们提出了机电一体化的概念。国家“863”计划即《高技术研究发展计划纲要》将机电一体化明确为我国高技术重点研究领域之一，《机电一体化发展纲要》则提出了我国大力发展机电一体化的思路。近20年来，随着计算机技术、微电子集成技术的飞速发展，机电一体化得到快速发展。目前，机电一体化已深入国民经济、国防建设、航空航天等各个领域，常见的例子有如人们生活中的智能冰箱、全自动洗衣机等；较为复杂的例子有如航天飞行器、工业机器人等。

世界各国经济社会所面临的日益严峻和剧烈的竞争，根本上是创新的人才的竞争，所以，为我国培养具有创新能力的机电一体化人才就显得尤为重要。机电一体化的人才就需要掌握以机电一体化为中心的技术，譬如机械技术、测试技术、控制技术和计算机技术等。本书是根据机电一体化技术专业的人才培养目标，结合专业建设和学生的发展，聘请企业参与、融入职业标准，由学校、企业、行业专家合作开发并编写而成。在内容上为“双证融通”的专业培养目标服务，在方法上采用“教、学、做”一体化的教学改革模式。

机电一体化技术应用非常广泛，本书在编写内容的设计中，不求系统、全面，而是突出工程技术的实用性。机电一体化技术在生产过程控制中的应用主要体现在生产过程中应用机电一体化技术实现生产过程的自动化，例如：自动化生产线、电子元件生产线、罐装饮料生产线等等；机电一体化技术在机电装备制造中的应用主要体现在机电装备制造过程中应用机电一体化技术实现机电装备的智能化，例如：数控机床、各类电梯设备、服装裁剪机械等。尽管机电一体化技术的应用领域非常广泛，但上述两个则是机电一体化技术应用最重要、最广泛的领域。这两个应用领域的共同特征是：①最终的控制对象为机械运动；②以运动控制技术为焦点；③以PLC为系统控制器。

因此，本书在选材上重点就在以下几个方面：

（1）以机械运动控制为主，不包含过程控制的内容。

（2）以运动控制技术为焦点，不包括机械本体的结构设计与强度问题。

（3）以 PLC 作为控制器已经是目前机电一体化控制技术的主流，本书不涉及单片机的相关内容，忽略弱电应用；不考虑工控机加板卡的控制方式，不包含 PC 机底层软硬件的内容。

（4）适应技术发展潮流和工程应用的需要引入网络通信技术。网络通信已经成为机电一体化技术发展的趋势，引入即将到来的“全集成自动化技术”理念对于机电一体化技术人员的后续发展是非常有益处的。

本教材是集体智慧的结晶，是南通科技职业学院“机电一体化”教学团队的研究成果。本书由南通科技职业学院的金美琴任主编，南通新创机电工程技术有限公司的包永辉工程师、张越工程师任副主编，南通科技职业学院的濮海坤、刘志刚、焦玉全、黄小丽、陈季云、宋珍伟老师等参编，南通科技职业学院刘勇兰副教授就单元结构、项目选择及机械控制等提出了很多宝贵意见，在此一并表示衷心的感谢。

本书在编写过程中参考了已有的机电一体化技术方面的教材和资料，在书后的参考文献中已全部列出。这些宝贵的资料对完成本书的编写起到了非常重要的作用，在此特向参考文献的作者表示衷心的感谢。

机电一体化控制技术发展迅速，而且不断有新的理论、方法和技术产生。由于编者水平有限、时间仓促，本书中的编印错误和不妥之处也在所难免，恳请广大读者批评指正。

目 录

项目一　认识机电一体化技术

现代科学技术的发展，极大地推动了不同学科的相互交叉与渗透，导致了工程领域的技术革命与改造。在机械工程领域，由于微电子技术和计算机技术的飞速发展及其向机械工业的渗透所形成的机电一体化，使机械工业的技术结构、产品结构、功能与构成、生产方式及管理体系发生了巨大变化，使工业生产由“机械电气化”迈入了以“机电一体化”为特征的发展阶段。

任务一　认识机电一体化技术

一、机电一体化基本概念

机电一体化又称机械电子学，英文为 Mechatronics，它是由英文机械学 Mechanics 的前半部分与电子学 Electronics 的后半部分组合而成。机电一体化最早出现在 1971 年日本《机械设计》杂志的副刊上，随着机电一体化技术的快速发展，其概念被人们广泛接受和普遍使用。1996 年出版的 WEBSTER 大词典收录了这个日本造的英文单词，这不仅意味着 “Mechatronics”这个单词得到了世界各国学术界和企业界的认可，而且还意味着“机电一体化”的哲理和思想为世人所接受。

那么，什么是机电一体化呢？

到目前为止，就机电一体化这一概念的内涵国内外学术界还没有一个完全统一的表述。一般认为，机电一体化是以机械学、电子学和信息科学为主的多门技术学科在机电产品发展过程中相互交叉、相互渗透而形成的一门新兴边缘性技术学科。有三重含义：首先，机电一体化是机械学、电子学与信息科学等学科相互融合而形成的学科。图 1-1 形象地表达了机电一体化与机械学、电子学和信息科学之间的相互关系；其次，机电一体化是一个发展中的概念，早期的机电一体化就像其字面所表述的那样，主要强调机械与电子的结合，即将电子技术“溶入”到机械技术中而形成新的技术与产品。随着机电一体化技术的发展，以计算机技术、通信技术和控制技术为特征的信息技术（即所谓的“3C”技术：Computer、

Communication 和 Control Technology）“渗透”到机械技术中，丰富了机电一体化的含义，现代的机电一体化不仅仅指机械、电子与信息技术的结合，还包括光（光学）机电一体化、机电气（气压）一体化、机电液（液压）一体化、机电仪（仪器仪表）一体化等；最后，机电一体化表达了技术之间相互结合的学术思想，强调各种技术在机电产品中的相互协调，以达到系统总体最优。机电一体化就是“利用电子技术、信息技术（包括传感器技术、控制技术、计算机技术等）使机械柔性化和智能化”的技术。换句话说，机电一体化是多种技术学科有机结合的产物，而不是它们的简单叠加。

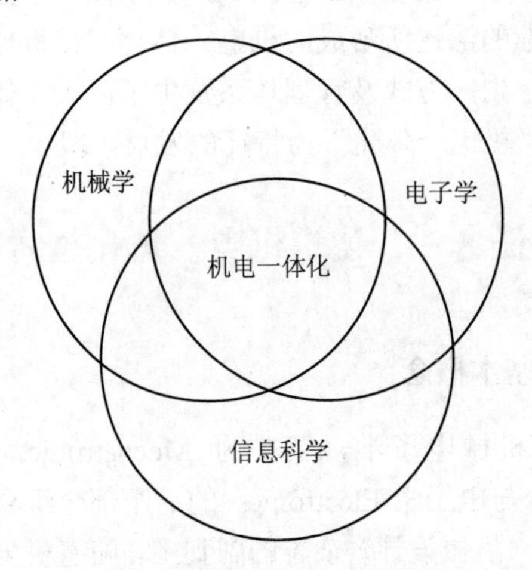

图 1-1　机电一体化与其他学科的关系

我国一般认为机电一体化是机电一体化技术及其产品的统称，也将柔性制造系统（FMS）和现代集成制造系统（CIMS）等自动化生产线和自动化制造工程包含在内。

从概念的外延来看，机电一体化包括机电一体化技术和机电一体化产品两个方面。机电一体化技术是从系统工程的观点出发，将机械、电子和信息等有关技术有机结合起来，以实现系统或产品整体最优的综合性技术。机电一体化技术主要包括技术原理和使机电一体化产品（或系统）得以实现、使用和发展的技术。机电一体化技术是一个技术群（族）的总称，包括检测传感技术、信息处理技术、伺服驱动技术、自动控制技术、机械技术及系统总体技术等。机电一体化产品有时也称为机电一体化系统，它们是两个相近的概念，通常机电一体化产品指独立存在的机电结合产品，而机电一体化系统主要指依附于主产品的部件系统，这样的系统实际上也是机电一体化产品。机电一体化产品是由机械系统（或部件）与电子系统（或部件）及信息处理单元（硬件和软件）有机结合、而赋予了新功能和新性能的高科技产品。由于在机械本体中“溶入”了电子技术和信息技术，与纯粹的机械产品相比，机电一体化产品的性能得到了根本的提高，具有满足人们使用要求的最佳功能。

有人认为机电一体化产品是“在机械产品的基础上应用微电子技术和计算机技术产生出来的新一代的机电产品”，这是机械电子化的概念。区分机电一体化或非机电一体化的产品，其核心是计算机控制的伺服系统，其他都是与此匹配的部分。蒸汽机和电动机的出现为机械产品提供了动力，而机电一体化技术为机械产品提供了智力。实践证明，现有机械产品的电子化，需要系统科学的观点和综合集成的技巧，使机械装置、电子技术和软件工程之间相互适应和匹配，发挥各自的优势，使系统尽可能地达到最优。

现实生活中的机电一体化产品比比皆是。我们日常生活中使用的全自动洗衣机、空调及全自动照相机，都是典型的机电一体化产品；在机械制造领域中广泛使用的各种数控机床、工业机器人、三坐标测量仪及全自动仓储，也是典型的机电一体化产品；而汽车更是机电一体化技术成功应用的典范，目前汽车上成功应用和正在开发的机电一体化系统达数十种之多，特别是发动机电子控制系统、汽车防抱死制动系统、全主动和半主动悬架等机电一体化系统在汽车上的应用，使得现代汽车的乘坐舒适性、行驶安全性及环保性能都得到了很大的改善；在农业工程领域，机电一体化技术也在一定范围内得到了应用，如拖拉机自动驾驶系统、悬挂式农具的自动调节系统、联合收割机工作部件（如脱粒清选装置）的监控系统、温室环境自动控制系统等。

二、机电一体化技术主要特征及其与其他技术的主要区别

1. 机电一体化技术的主要特征

（1）整体结构最优化

在传统机械产品中，为了增加一种功能或实现某一种控制规律，往往靠增加机械结构的办法来实现。例如，为了达到变速的目的，采取一系列齿轮组成的变速箱；为了控制机床的走刀轨迹而出现了各种形状的靠模；为了控制柴油发动机的喷油规律，出现了凸轮机构等。随着电子技术的发展，人们逐渐发现：过去笨重的齿轮变速箱可以用轻便的电子调速装置来部分替代，精确的运动规律可以通过计算机的软件来调节。由此看来，在设计机电一体化系统时，可以从机械、电子、硬件、软件四个方面去实现同一种功能。一个优秀的设计师，可以在这个广阔的空间里充分发挥自己的聪明才智，设计出整体结构最优的系统。这里所说的

“最优”不一定是什么尖端技术，而是指满足用户要求的最优组合。它可以是以高效、节能、安全、可靠、精确、灵活、价廉等许多指标中用户最关心的一个或几个指标为主进行综合衡量的结果。机电一体化技术的实质是从系统的观点出发，应用机械技术和电子技术进行有机地组合、渗透和综合，以实现系统最优化。

（2）系统控制智能化

系统控制智能化，这是机电一体化技术与传统的工业的自动化最主要的区别之一。电子技术的引入，显著地改变传统机械那种单纯靠操作人员，按照规定的工艺顺序或节拍，频繁、紧张、单调、重复的工作状况。可以依靠电子控制系统，按照一定的程序一步一步地协调各相关的动作及功能关系。有些高级的机电一体化系统，还可以通过被控制对象的数学模型，根据任何时刻外界各种参数的变化情况，随机自寻最佳工作程序，以实现最优化工作和最佳操作，即专家系统（Expert System，ES）。大多数机电一体化系统都具有自动控制、自动检测、自动信息处理、自动修正、自动诊断、自动记录、自动显示等功能。在正常情况下，整个系统按照人的意图（通过给定指令）进行自动控制，一旦出现故障就自动采取应急措施，实现自动保护等功能。在某些情况下单靠人的操纵是难以完成的，例如危险、有害、高速的工作条件或有高精度要求时，应用机电一体化技术不仅是有利的，而且是必要的。

（3）可操作性能柔性化

计算机软件技术的引入，能使机电一体化系统的各个传动机构的动作通过预先给定的程序，一步一步地由电子系统来协调。生产对象更改只需改变传动机构的动作规律而无须改变其硬件机构，只要调整一系列指令组成的软件，就可以达到预期的目的。这种软件可以由软件工程人员根据要求动作的规律及操作事先编好，使用磁盘或数据通信方式，装入机电一体化系统里的存储器中，进而对系统的机构动作实施控制和协调。

随着技术的进步，现在在操作系统设计上大多采用操作冗余设计，正常工作时由计算机控制，在计算机出现故障时，由操作人员通过控制面板的控制按钮进行操作以完成该次工作，避免因计算机故障而报废被加工工件的情况出现，可以保护重要的加工零件。

目前远程操作也是研究的热点，其具体技术包括无线传感、数据融合、远程控制等新技术，有学者认为它是21世纪前半叶，机械学科的前沿领域。

机电一体化发展到今日已经成为一门有自身体系的新型学科，随着生产和科学技术的发展，还将不断被赋予新的内容。但其基本的特征可概括为：机电一体化是从系统的观点出发，综合运用机械技术、微电子技术、自动控制技术、计算机技术、信息技术、传感测试技术、电力电子技本、接口技术、信号变换技术以及软件编程技术等群体技术，根据系统功能目标和优化组织结构目标，合理配置与布局各功能单元，在多功能、高质量、高可靠性、低能耗的意义上实现特定功能价值并使整个系统最优化的系统工程技术。由此而产生的功能系统，则成为一个机电一体化系统或机电一体化产品。

2．机电一体化技术与其他技术的区别

（1）机电一体化技术与传统机电技术的区别

传统机电技术的操作控制大都以基于电磁学原理的各种电器（如继电器、接触器等）来实现，在设计过程中不考虑或很少考虑彼此之间的内在联系。机械本体和电气驱动界限分明，整个装置是刚性的，不涉及软件。机电一体化技术以计算机为控制中心，在设计过程中强调机械部件和电子器件的相互作用和影响，整个装置包括软件在内，具有很好的灵活性。

（2）机电一体化技术与并行工程的区别

机电一体化技术将机械、微电子、计算机、控制和电子技术在设计、制造、使用等各阶段有机结合在一起，十分注意机械和其他部件之间的相互作用。而并行工程是将上述各种技术尽量在各自范围内齐头并进，在不同技术的内部进行设计制造，最后完成整体装置。

（3）机电一体化技术与自动控制技术的区别

自动控制技术的侧重点是讨论控制原理、控制规律、分析方法和自动控制系统的构造等。机电一体化技术是将自动控制原理及方法作为重要支撑技术，将自动控制部件作为重要控制部件。它应用自动控制原理和方法，对机电一体化装置进行系统分析和性能估测，但机电一体化技术往往强调的是机电一体化系统本身。

（4）机电一体化技术与计算机应用技术的区别

机电一体化技术只是将计算机作为核心部件应用，目的在于提高和改善系统性能。机电一体化技术研究的是机电一体化系统，而不是计算机应用本身。计算机应用技术只是机电一体化技术的重要支撑技术。

机电一体化技术是基于上述群体技术有机融合的一种综合性技术，而不是机械技术、微电子技术以及其他新技术的简单组合、拼凑。这是机电一体化与机械加电气所形成的机械电气化在概念上的根本区别。除此之外，其他主要区别为：① 机械电气化在设计过程中不考虑或少考虑电器与机械的内在联系，基本上是根据机械的要求，选用相应的驱动电机或电气传动装置；② 机械和电气装置之间界限分明，它们之间的联结以机械联结为主，整个装置是刚性的；③ 装置所需的控制以基于电磁学原理的各种电器，如接触器、继电器等来实现，属于强电范畴，其主要支撑技术是电工技术。机械工程技术由纯机械发展到机械电气化，仍属传统机械，主要功能依然是代替和放大人的体力。但是发展到机电一体化后，其中的微电子装置除可取代某些机械部件的原有功能外，还能赋予产品许多新的功能，如自动检测、自动处理信息、自动显示记录、自动调节与控制、自动诊断与保护等。即机电一体化产品不仅是人的手与肢体的延伸，还是人的感官与头脑的延伸，具有“智能化”的特征是机电一体化与机械电气化在功能上的本质差别。

同时，机电一体化产品既不同于传统的机械产品，也不同于普通的电子产品，它是机械系统和微电子系统，特别是与微处理器或微机有机结合，从而赋予新的功能和性能的一种新产品。机电一体化产品的特点是产品功能的实现是所有功能单元共同作用的结果，这与传统机电设备中机械与电子系统相对独立，可以分别工作具有本质的区别。随着科学技术的发展，机电一体化已从原来以机械为主的领域拓展到目前的汽车、电站、仪表、化工、通信、冶金等领域。而且机电一体化产品的概念不再局限于某一具体产品的范围，如数控机床、机器人等，现在已扩大到控制系统和被控制系统相结合的产品制造和过程控制的大系统，例如柔性制造系统（FMS）、计算机辅助设计/制造系统（CAD/CAM）、计算机辅助工艺规程编制（CAPP）和计算机集成制造系统（CIMS）以及各种工业过程控制系统。此外，对传统的机电设备作智能化改造等工作也属于机电一体化的范畴。

机电一体化这一新兴学科有其技术基础、设计理论和研究方法，只有对其充分理解，才能正确地进行机电一体化方面的工作。机电一体化的目的是使系统（产品）高附加值化，即多功能化、高效率、高可靠性、省材料、省能源，不断满足人们生活和生产的多样化需求。所以，一方面，机电一体化既是机械工程发展的继续，同时也是电子技术应用的必然；另一方面，机电一体化的研究方法应该从系统的角度出发，采用现代设计分析方法，充分发挥边缘学科技术的优势。

三、机电一体化系统构成

传统的机械产品一般由动力源、传动机构和工作机构等组成。机电一体化系统是在传统机械产品的基础上发展起来的，是机械与电子、信息技术结合的产物，它除了包含传统机械产品的组成部分以外，还含有与电子技术和信息技术相关的组成要素。一般而言，一个较完善的机电一体化系统包括五个基本要素：机械本体、检测传感部分、电子控制单元、执行器和动力源，各要素之间通过接口相联系。

从机电一体化系统的功能看，人体是机电一体化系统理想的参照物。

如图1-2（a）所示，构成人体的五大要素分别是头脑、感官（眼、耳、鼻、舌、皮肤)、四肢、内脏及躯干。相应的功能如图 1-2（b）所示，内脏提供人体所必需的能量（动力）及各种激素，维持人体活动；头脑处理各种信息并对其他要素实施控制；感官获取外界信息；四肢执行动作；躯干的功能是把人体各要素有机地联系为一体。通过类比就可发现，机电一体化系统内部的五大功能与人体的上述功能几乎是一样的，而实现各功能的相应构成要素如图 1-2（c）所示。图 1-3 以典型机电一体化产品数控机床（CNC）为例，说明机电一体化系统五大要素。切削加工是 CNC 机床的主功能，是实现其目的所必需的功能。电源通过电动机驱动机床，向机床提供动力；位置检测装置实时检测机床内部和外部信息，CNC 装置据此对机床实施相应控制；机械结构所实现的是构造功能，使机床各功能部件保持规定的相互位置关系，构成一台完成的 CNC 机床。表 1-1 列出了机电一体化系统构成要素与人体构成要素的对应关系。

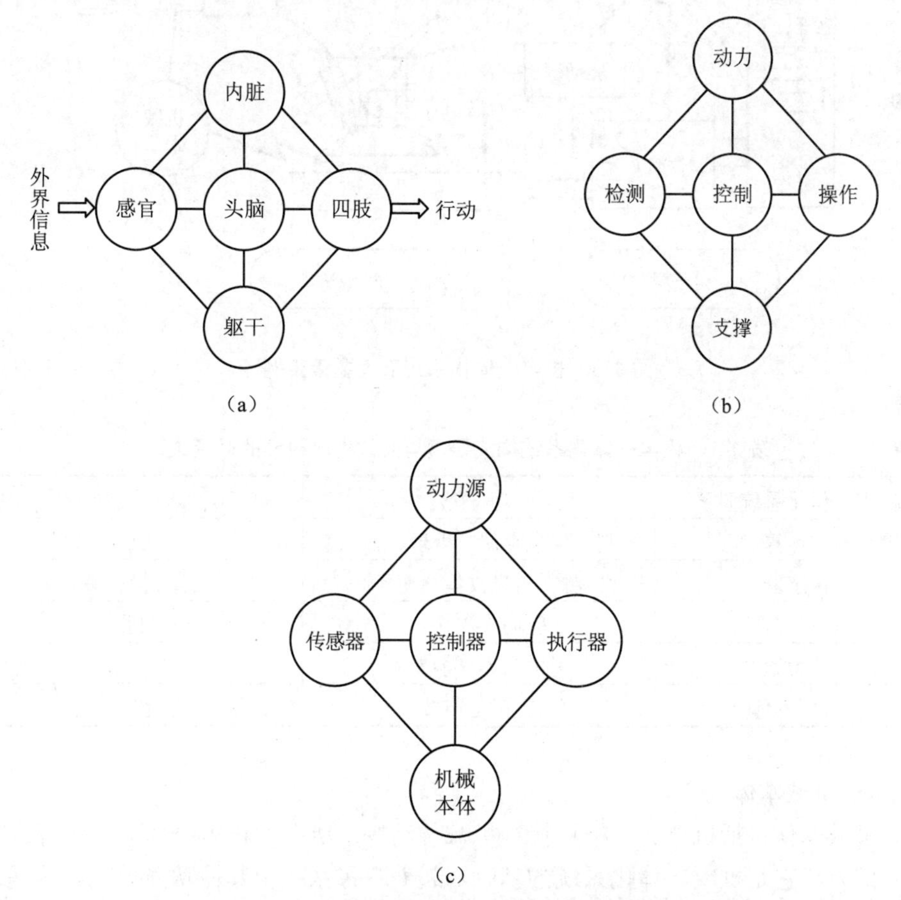

图 1-2 组成人体与机电一体化系统的对应要素及相应功能关系

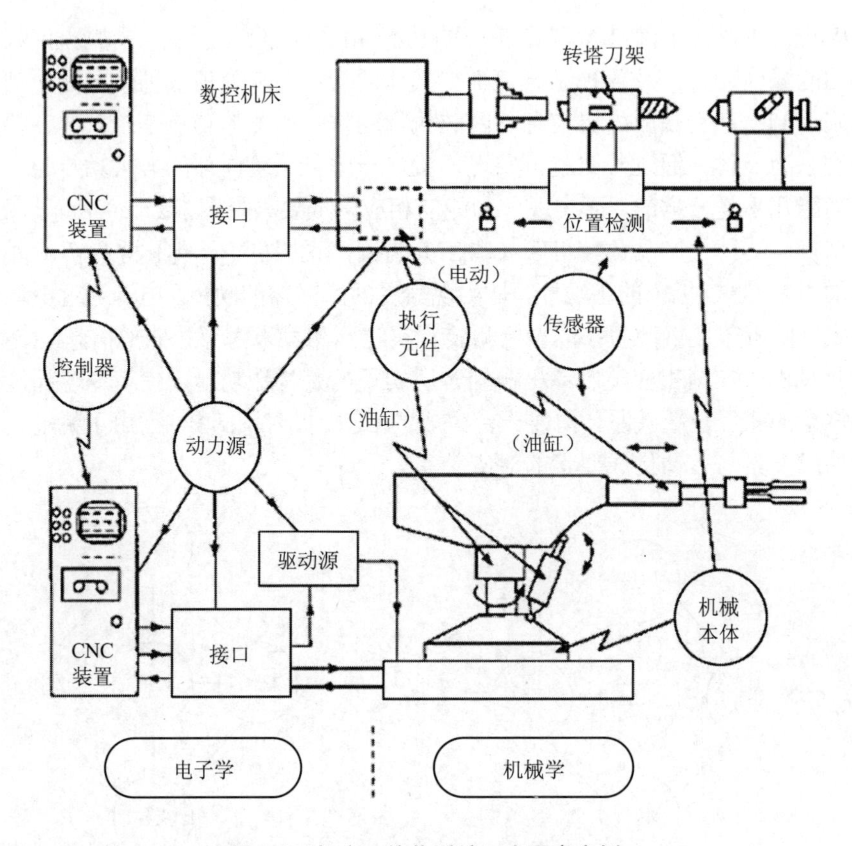

图 1-3　机电一体化系统五大要素实例

表 1-1　机电一体化系统构成要素与人体构成要素的对应关系

机电一体化系统要素	功　能	人体要素
控制器（计算机等）	控制（信息存储、处理、传送）	头脑
传感器	检测（信息收集与变换）	感官
执行部件	驱动（操作）	四肢
动力源	提供动力（能量）	内脏
机械本体	支撑与连接	躯干

1．机械本体

机械本体包括机架、机械连接、机械传动等。所有的机电一体化系统都含有机械部分，它是机电一体化系统的基础，起着支撑系统中其他功能单元，传递运动和动力的作用。与纯粹的机械产品相比，机电一体化系统的技术性能得到提高、功能得到增强，这就要求机械本体在机械结构、材料、加工工艺性以及几何尺寸等方面能够与之相适应，具有高效、多功能、可靠和节能、小型、轻量、美观的特点。

2．检测传感部分

检测传感部分包括各种传感器及其信号检测电路，其作用就是监测机电一体化系统工作过程中本身和外界环境有关参量的变化，并将信息传递给电子控制单元，电子控制单元根据检测到的信息向执行器发出相应的控制指令。机电一体化系统要求传感器精度、灵敏度、响应速度和信噪比高；漂移小、稳定性高；可靠性好；不易受被测对象特征（如电阻、导磁率等）的影响；对抗恶劣环境条件（如油污、高温、泥浆等）的能力强；体积小、重量轻、对整机的适应性好；不受高频干扰和强磁场等外部环境的影响；可操作性能好，现场维修处理简单；价格低廉。

3．电子控制单元

电子控制单元又称 ECU（Electrical Control Unit），是机电一体化系统的核心，负责将来自各传感器的检测信号和外部输入命令进行集中、存储、计算、分析，根据信息处理结果，按照一定的程序和节奏发出相应的指令，控制整个系统有目的地运行。电子控制单元由硬件和软件组成，系统硬件一般由计算机、可编程控制器（PLC）、数控装置以及逻辑电路、A/D 与 D/A 转换、I/O 接口和计算机外部设备等组成；系统软件为固化在计算机存储器内的信息处理和控制程序，根据系统正常工作的要求编写。机电一体化系统对控制和信息处理单元的基本要求是，提高信息处理速度、提高可靠性、增强抗干扰能力以及完善系统自诊断功能、实现信息处理智能化和小型、轻量、标准化等。

4．执行器

执行器的作用是根据电子控制单元的指令驱动机械部件的运动。执行器是运动部件，通常采用电力驱动、气压驱动和液压驱动几种方式。机电一体化系统一方面要求执行器效率高、响应速度快，另一方面要求对水、油、温度、尘埃等外部环境的适应性好，可靠性高。由于几何尺寸上的限制，动作范围狭窄，还需考虑维修和实行标准化。由于电工电子技术的高度发展，高性能步进驱动、直流和交流伺服驱动电机已大量应用于机电一体化系统。

5．动力源

动力源是机电一体化产品能量供应部分，其作用就是按照系统控制要求向机器系统提供能量和动力使系统正常运行。提供能量的方式包括电能、气能和液压能，以电能为主。除了要求可靠性好以外，机电一体化产品还要求动力源的效率高，即用尽可能小的动力输入获得尽可能大的功率输出。

机电一体化产品的五个基本组成要素之间并非彼此无关或简单拼凑、叠加在一起，工作中它们各司其职，互相补充、互相协调，共同完成所规定的功能，即在机械本体的支持下，由传感器检测产品的运行状态及环境变化，将信息反馈给电子控制单元，电子控制单元对各种信息进行处理，并按要求控制执行器的运动，执行器的能源则由动力部分提供。在结构上，各组成要素通过各种接口及相关软件有机地结合在一起，构成一个内部合理匹配、外部效能最佳的完整产品。

例如，我们日常使用的全自动照相机就是典型的机电一体化产品，其内部装有测光测距传感器，测得的信号由微处理器进行处理，根据信息处理结果控制微型电动机，由微型电动机驱动快门、变焦及卷片倒片机构，从测光、测距、调光、调焦、曝光到卷片、倒片、闪光及其他附件的控制都实现了自动化。

又如，汽车上广泛应用的发动机燃油喷射控制系统也是典型的机电一体化系统。分布在发动机上的空气流量计、水温传感器、节气门位置传感器、曲轴位置传感器、进气歧管绝对压力传感器、爆燃传感器、氧传感器等连续不断地检测发动机的工作状况和燃油在燃烧室的燃烧情况，并将信号传给电子控制装置（ECU），ECU 首先根据进气歧管绝对压力传感器或空气流量计的进气量信号及发动机转速信号，计算基本喷油时间，然后根据发动机的水温、节气门开度等工作参数信号对其进行修正，确定当前工况下的最佳喷油持续时间，从而控制发动机的空燃比。此外，根据发动机的要求，ECU 还具有控制发动机的点火时间、怠速转速、废气再循环率、故障自诊断等功能。

机电一体化产品的五个组成部分在工作时相互协调，共同完成所规定的目的功能。在结构上，各组成部分通过各种接口及其相应的软件有机地结合在一起，构成一个内部匹配合理、外部效能最佳的完整产品。

实际上，机电一体化系统是比较复杂的，有时某些构成要素是复合在一起的。

首先应该指出的是，构成机电一体化系统的几个部分并不是并列的。其中机械部分是主体，这不仅是由于机械本体是系统重要的组成部分，而且系统的主要功能必须由机械装置来完成、否则就不能称其为机电一体化产品。如电子计算机、非指针式电子表等，其主要功能已由电子器件和电路等完成，机械已退居次要地位，这类产品应归属于电子产品，而不是机电一体化产品。因此，机械系统是实现机电一体化产品功能的基础，从而对其提出了更高的要求，需在结构、材料、工艺加工及几何尺寸等方面满足机电一体化产品高效、可靠、节能、多功能、小型轻量和美观等要求。除一般性的机械强度、刚度、精度、体积和重量等指标外，机械系统技术开发的重点是模块化、标准化和系列化，以便于机械系统的快速组合和更换。

其次，机电一体化的核心是电子技术，电子技术包括微电子技术和电力电子技术，但重点是微电子技术，特别是微型计算机或微处理器，机电一体化需要多种新技术的结合，但首要的是微电子技术，不和微电子结合的机电产品仍不能称为机电一体化产品。如非数控机床，一般均有电动机驱动，但它不是机电一体化产品。除了微电子技术以外，在机电一体化产品中，其他技术则根据需要进行结合，可以是一种，也可以是多种。

综上所述，可以概括出以下几点认识：①机电一体化是一种以产品和过程为基础的技术；②机电一体化以机械为主体；③机电一体化以微电子技术，特别是计算机控制技术为核心；④机电一体化将工业产品和过程都作为一个完整的系统看待，因此强调各种技术的协同和集成，不是将各个单元或部件简单拼凑到一起；⑤机电一体化贯穿于设计和制造的全过程中。

四、机电一体化系统的分类

机电一体化技术和产品的应用范围非常广泛，涉及工业生产过程的所有领域，因此，机电一体化产品的种类很多，而且还在不断地增加。按照机电一体化产品的功能，可以将其分为以下几类。

1. 数控机械类

数控机械类主要产品为数控机床、工业机器人、发动机控制系统和自动洗衣机等。其特点为执行机构是机械装置。

2. 电子设备类

电子设备类主要产品为电火花加工机床、线切割加工机床、超声波缝纫机和激光测量仪等。其特点为执行机构是电子装置。

3. 机电结合类

机电结合类主要产品为自动探伤机、形状识别装置和 CT 扫描仪、自动售货机等。其特点为执行机构是机械和电子装置的有机结合。

4. 电液伺服类

电液伺服类主要产品为机电一体化的伺服装置。其特点为执行机构是液压驱动的机械装置，控制机构是接收电信号的液压伺服阀。

5. 信息控制类

信息控制类主要产品为电报机、磁盘存储器、磁带录像机、录音机以及复印机、传真机等办公自动化设备。其主要特点为执行机构的动作完全由所接收的信息控制。

除此之外，机电一体化产品还可根据机电技术的结合程度分为功能附加型、功能替代型和机电融合型三类。按产品的服务对象领域和对象，可将机电一体化产品分成工业生产类、运输包装类、储存销售类、社会服务类、家庭日常类、科研仪器类、国防武器类以及其他用途类等不同的种类。

五、机电一体化的共性关键技术

如前所述，机电一体化是在传统技术的基础上由多种技术学科相互交叉、渗透而形成的一门综合性边缘性技术学科，所涉及的技术领域非常广泛。要深入进行机电一体化研究及产品开发，就必须了解并掌握这些技术。概括起来，机电一体化共性关键技术主要有：检测传感技术、信息处理技术、自动控制技术、伺服驱动技术、机械技术和系统总体技术。

1. 检测传感技术

检测与传感技术指与传感器及其信号检测装置相关的技术。在机电一体化产品中，传感器就像人体的感觉器官一样，将各种内、外部信息通过相应的信号检测装置感知并反馈给控制及信息处理装置。因此检测与传感是实现自动控制的关键环节。机电一体化要求传感器能快速、精确地获取信息并经受各种严酷环境的考验。由于目前检测与传感技术还不能与机电一体化的发展相适应，使得不少机电一体化产品不能达到满意的效果或无法实现设计。因此，大力开展检测与传感技术的研究对发展机电一体化具有十分重要的意义。

2. 信息处理技术

信息处理技术包括信息的交换、存取、运算、判断和决策等，实现信息处理的主要工具是计算机，因此计算机技术与信息处理技术是密切相关的。计算机技术包括计算机硬件技术和软件技术、网络与通信技术、数据库技术等。在机电一体化产品中，计算机与信息处理装置指挥整个产品的运行，信息处理是否正确、及时，直接影响产品工作的质量和效率。因此，计算机应用及信息处理技术已成为促进机电一体化技术和产品发展的最活跃的因素。人工智能、专家系统、神经网络技术等都属于计算机与信息处理技术。

3. 自动控制技术

自动控制技术范围很广，包括自动控制理论、控制系统设计、系统仿真、现场调试、可靠运行等从理论到实践的整个过程。由于被控对象种类繁多，所以控制技术的内容极其丰富，包括高精度定位控制、速度控制、自适应控制、自诊断、校正、补偿、示教再现、检索等控制技术，自动控制技术的难点在于自动控制理论的工程化与实用化，这是由于现实世界中的被控对象往往与理论上的控制模型之间存在较大差距，使得从控制设计到控制实施往往要经过多次反复调试与修改，才能获得比较满意的结果。由于微型机的广泛应用，自动控制技术越来越多地与计算机控制技术联系在一起，成为机电一体化中十分重要的关键技术。

4. 伺服驱动技术

伺服驱动技术的主要研究对象是执行元件及其驱动装置。执行元件有电动、气动、液压等多种类型，机电一体化产品中多采用电动式执行元件，其驱动装置主要是指各种电动机的驱动电源电路，目前多采用电力电子器件及集成化的功能电路构成。执行元件一方面通过电气接口向上与微型机相连，以接受微型机的控制指令；另一方面又通过机械接口向下与机械传动和执行机构相连，以实现规定的动作。因此伺服驱动技术是直接执行操作的技术，对机电一体化产品的动态性能、稳态精度、控制质量等具有决定性的影响。常见的伺服驱动有电液马达、脉冲液压缸、步进电动机、直流伺服电动机和交流伺服电动机。由于变频技术的进步，交流伺服驱动技术取得突破性进展，为机电一体化系统提供高质量的伺服驱动单元，极大地促进了机电一体化技术的发展。

5. 机械技术

机械技术是机电一体化的基础。机电一体化产品中的主功能和构造功能往往是以机械技术为主实现的。在机械与电子相互结合的实践中，不断对机械技术提出更高的要求，使现代机械技术相对于传统机械技术而发生了很大变化。新机构、新原理、新材料、新工艺等不断出现，现代设计方法不断发展和完善，以满足机电一体化产品对减轻重量、缩小体积、提高精度和刚度、改善性能等多方面的要求。

在制造过程的机电一体化系统中，经典的机械理论与工艺应借助于计算机辅助技术，同时采用人工智能与专家系统等，形成新一代的机械制造技术。这里原有的机械技术以知识和技能的形式存在，是任何其他技术替代不了的。如计算机辅助工艺规程编制（CAPP）是目前CAD/CAM系统研究的“瓶颈”，其关键问题在于如何将广泛存在于各行业、企业、技术人员中的标准、习惯和经验进行表达和陈述，从而实现计算机的自动工艺设计与管理。

6. 系统总体技术

系统总体技术是一种从整体目标出发，用系统工程的观点和方法，将系统总体分解成相互有机联系的若干功能单元，并以功能单元为子系统继续分解，直至找到可实现的技术方案，然后再把功能和技术方案组合成方案组进行分析、评价和优选的综合应用技术。系统总体技术所包含的内容很多，接口技术是其重要内容之一，机电一体化产品的各功能单元通过接口连接成一个有机的整体。接口包括电气接口、机械接口、人—机接口。电气接口实现系统间电信号连接；机械接口则完成机械与机械部分、机械与电气装置部分的连接；人—机接口提供了人与系统间的交互界面。系统总体技术是最能体现机电一体化设计特点的技术，其原理和方法还在不断地发展和完善之中。

六、机电一体化发展概况

机械技术是一门古老的学科，从机械的发展史可见，机械代替人类从事各种有益的工作，弥补了人类体力和能力的不足。特别是作为工业革命象征的蒸汽机的发明，使机械技术得到了快速的发展，为人类社会的进步与发展作出了卓越的贡献。

随着社会的进步，特别是生产工艺的发展，人们对机械系统的要求越来越高，如一些精密机床的加工精度要求达到百分之几毫米，甚至几微米，人们认识到有些问题单从机械角度进行解决越来越难了。20 世纪 60 年代以来，一系列高新技术，如微电子技术、信息技术、自动化技术、生物技术、传感技术、光纤通信技术等，都以空前的速度向前发展。由于新材料、新能源的运用，也使得高新技术逐渐向传统产业渗透，并引起传统产业的深刻变革。

为了实现各种复杂的任务，机械系统已不再是单纯的机械结构了，机械技术更多的是与电子技术、信息技术、自动控制技术等技术结合在一起，组成一个有机体，并逐渐形成以控制技术为支柱的机电一体化系统。

与其他科学技术一样，机电一体化技术的发展也经历了一个较长期的过程。有学者将这一过程划分为萌芽阶段、快速发展阶段和智能化阶段三个阶段，这种划分方法真实客观地反映了机电一体化技术的发展历程。

“萌芽阶段”指 20 世纪 70 年代以前的时期。在这一时期，尽管机电一体化的概念没有正式提出来，但人们在机械产品的设计与制造过程中总是自觉或不自觉地应用电子技术的初步成果来改善机械产品的性能，特别是在第二次世界大战期间，战争刺激了机械产品与电子技术的结合，出现了许多性能优良的军事用途的机电产品。这些机电结合的军用技术在战后转为民用，对战后经济的恢复和技术的进步起到了积极的作用。

20 世纪 70—80 年代为第二阶段，称为“快速发展阶段”。在这一时期，人们自觉、主动地利用“3C”技术的成果创造新的机电一体化产品。在这一阶段，日本在推动机电一体化技术的发展方面起了主导作用。日本政府于 1971 年 3 月颁布了《特定电子工业和特定机械工业振兴临时措施法》，要求企业界“应特别注意促进为机械配备电子计算机和其他电子设备，从而实现控制的自动化和机械产品的其他功能”。经过几年的努力，取得了巨大的成就，推动了日本经济的快速发展。

其他西方发达国家对机电一体化技术的发展也给予极大的重视，纷纷制定了有关的发展战略、政策和法规。我国机电一体化技术的发展也始于这一阶段，从 80 年代开始，原国家科委和原机械电子工业部分别组织专家根据我国国情对发展机电一体化的原则、目标、层次和途径等进行了深入而广泛的研究，制订了一系列有利于机电一体化发展的政策法规，确定了数控机床、工业自动化控制仪表、工业机器人、汽车电子化等 15 个优先发展领域及 6 项共性关键技术的研究方向和课题，并明确提出要在 2000 年使我国的机电一体化产品产值比率（即机电一体化产品总产值占当年机械工业总产值的比值）达到 15%～20%的发展目标。

从 20 世纪 90 年代开始的第三阶段，称为“智能化阶段”。在这一阶段，机电一体化技术向智能化方向迈进，其主要标志是模糊逻辑、人工神经网络和光纤通信等领域的研究成果应用到机电一体化技术中。模糊逻辑与人的思维过程相类似，用模糊逻辑工具编写的模糊控制软件与微处理器构成的模糊控制器，广泛地应用于机电一体化产品中，进一步提高了产品的性能。例如，采用模糊逻辑的自动变速箱控制器，可使汽车性能与司机的感觉相适应，用发动机的噪声、道路的坡度、速度和加速度等作为输入量，控制器可以根据这些输入数据找出汽车行驶的最佳方案。除了模糊逻辑理论外，人工神经网络（Artificial Neural Network，ANN）也开始应用于机电一体化系统中。ANN 是研究了生物神经网络（Biological Neural Network）的结果，是对人脑的部分抽象、简化和模拟，反映了人脑学习和思维的一些特点。同时，ANN 是一种信息处理系统，它可以完成一些计算机难以完成的工作，如模式识别、人工智能、优化等；也可以用于各种工程技术，特别适用于过程控制、诊断、监控、生产管理、质量管理等方面。因此，ANN 在机电一体化产品设计中也十分重要。可以说，智能化将是 21 世纪机电一体化技术发展的方向。

教材内容

本书从介绍上述机电一体化的关键技术入手，对机电一体化常见和典型的控制技术进行深入地讨论和介绍。由于机电一体化本身涉及的范围十分广泛，如家用电器、办公自动化等，不能一一介绍。本书的重点在于介绍工业自动化生产线领域的机电一体化技术，并阐述这些技术的基本原理、具体线路、典型装置及其在机电一体化中的设计原则和实际应用。图 1-4 为工业控制系统组成结构，本书重点介绍 PLC 运动控制技术、PLC 通信技术、伺服驱动技术、人机界面组态软件技术等内容。对其中的电气控制、变频调速技术，以及机械基础、气动知识、传感与检测技术，已有相关课程介绍的部分，本书不再详述。

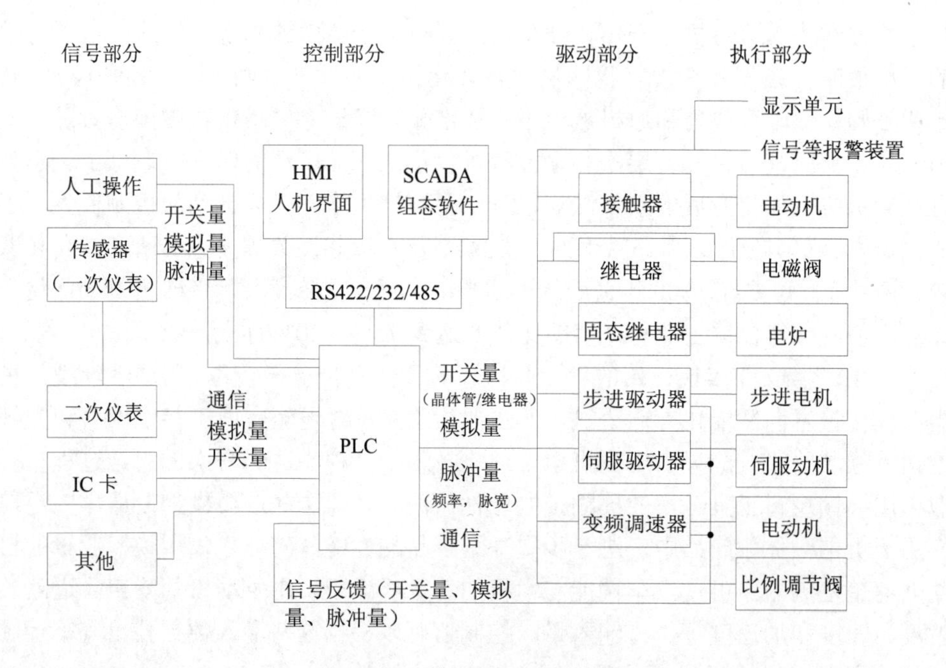

图 1-4　工业控制系统组成结构

学习方法

由于机电一体化技术涉及的学科较多，需要的知识量很大，要想学好、学精不是一件简单的事情，但遵循科学的学习方法，可以大大提高学习效率。学习本课程时，应注意以下事项：

（1）打好基础。学习机电一体化技术要学好电工电子技术、机械设计基础、液压与气动技术、传感与检测技术、电力电子技术、自动控制基础、变频器应用等基础学科。

（2）理解基本原理。对于一些机电一体化元件，要掌握其基本工作原理，能够与其他元件之间正确连接。例如对传感器，我们要掌握其机械结构、电气参数，能够将其应用于机电一体化成品中。

（3）重视实验实训。本教材的特点是紧跟当前的机电一体化技术，以工程实例和实训设备来讲述机电一体化相关技术，通过实验实训可以快速、高效地掌握机电一体化相关技术，并可增加实际工程经验。

思考题

1．什么是机电一体化？

2．机电一体化系统主要由哪几部分组成？各部分的功能是什么？

3．列举机电一体化产品的应用实例，分析其各组成部分对应的功能及相关技术的应用情况。

4．机电一体化的共性关键技术有哪些？

5．机电一体化的发展经历了哪几个阶段，各个阶段有何特点？

任务二　认识典型的机电一体化系统

随着科学技术的不断发展，机电一体化技术已渗透到农业、机械、建筑、纺织、医疗卫生、国防建设等行业，产生巨大的经济效益。下面介绍机电一体化技术的应用实例。

一、自动化生产线

本书以全国职业院校技能大赛指定设备——YL-335B 型自动生产线实训考核装备为例来介绍机电一体化技术在机电产品中的应用。

亚龙 YL-335B 型自动生产线实训考核装备由安装在铝合金导轨式实训台上的送料单元、加工单元、装配单元、输送单元和分拣单元 5 个单元组成，其外观如图 1-5 所示。电气布局采用双抽屉式，所有其电气控制器都安装在网孔板式的抽屉上，这种机电分离的格式更加符合了工业实际情况。

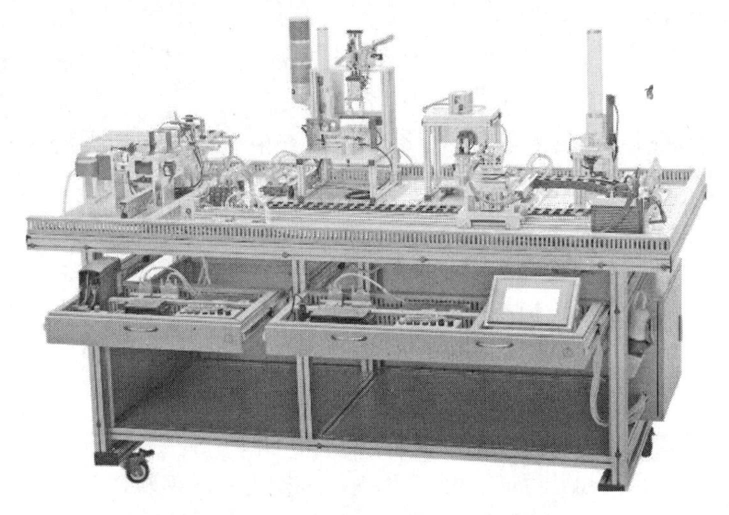

图 1-5　YL-335B 型自动生产线设备外观

其中，每一工作单元都可生成一个独立的系统，同时也都是一个机电一体化的系统。

1．系统各单元功能与组成

（1）供料单元

供料单元是 YL-335B 中的起始单元，在整个系统中，起着向系统中的其他单元提供原料的作用。

供料单元的主要组成：包括竖式料筒、顶料气缸、推料气缸、物料检测传感器部件、安装支架平台、材料检测装置部件、带保护接线端子单元等组成。

（2）加工单元

加工单元是 YL-335B 中对工件处理单元之一，在整个系统中，起着对输送站送来的工件进行模拟冲孔处理或工件冲压等作用。

加工单元的主要组成：包括滑动料台、模拟冲头和冲床、夹紧机械手、物料台伸出/缩回气缸、带保护接线端子单元及相应的传感器、电磁阀组等组成。

（3）装配单元

装配单元是 YL-335B 中对工件处理的另一单元，在整个系统中，起着对输送站送来的工件进行装配及小工件供料的作用，即该单元通过机械手将料仓内的黑色或白色小圆柱工件装配到大工件内。

装配单元的主要组成：包括供料机构、旋转送料单元、机械手装配单元、物料台、带保护接线端子单元等组成。

（4）分拣单元

分拣单元完成将上一单元送来的已加工、装配的工件进行分拣，使不同颜色的工件从不同的料槽分流、分别进行组合的功能。

分拣单元的主要组成：包括传送带机构、三相电机动力单元、分拣气动组件、传感器检测单元、高精度反馈和定位机构、带保护接线端子单元等组成。

（5）输送单元

输送单元通过到指定单元的物料台精确定位，并在该物料台上抓取工件，把抓取到的工件输送到指定地点然后放下的功能。

输送单元的主要组成：包括四自由度机械手、直线输送单元、比例传送机构、多功能安装支架、同步轮、同步带、带保护接线端子单元等组成。

2．执行机构

各个单元的执行机构基本上以气动执行机构为主，但输送单元的机械手装置整体运动则采取伺服电机驱动、精密定位的位置控制，该驱动系统具有长行程、多定位点的特点，是一个典型的一维位置控制系统。分拣单元的传送带驱动则采用了通用变频器驱动三相异步电动机的交流传动装置。位置控制和变频器技术是现代工业企业应用最为广泛的电气控制技术。

3．检测部分

在 YL-335B 设备上应用了多种类型的传感器，分别用于判断物体的运动位置、物体通过的状态、物体的颜色及材质等。传感器技术是机电一体化技术中的关键技术之一，是现代工业实现高度自动化的前提之一。

4．控制系统

（1）各站都采用 PLC 为控制器

YL-335B 的每一工作单元都可自成一个独立的系统，同时也可以通过网络互联构成一个分布式的控制系统。YL-335B 的标准配置采用了基于 RS485 串行通信的 PLC 网络控制方案，即每一工作单元由一台 PLC 承担其控制任务，各 PLC 之间通过 RS485 串行通信实现互联的分布式控制方式。用户可根据需要选择不同厂家的 PLC 及其所支持的 RS485 通信模式，组建成一个小型的 PLC 网络。小型 PLC 网络以其结构简单，价格低廉的特点在小型自动生产线仍然有广泛的应用，在现代工业网络通信中仍占据相当的份额。另外，掌握基于 RS485 串行通信的 PLC 网络技术，将为进一步学习现场总线技术、工业以太网技术等打下了良好的基础。当各工作单元通过网络互联构成一个分布式的控制系统时，对于采用三菱 FX 系列 PLC 的设备，YL-335B 出厂的控制方案如图 1-6 所示。

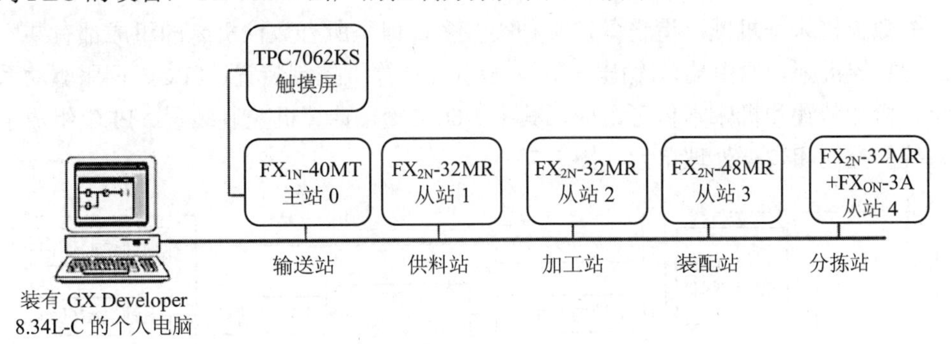

图 1-6　YL-335B 的通信网络

各工作站 PLC 配置如下：

① 输送单元：FX_{1N}-40MT 主单元，共 24 点输入，16 点晶体管输出。

② 供料单元：FX_{2N}-32MR 主单元，共 16 点输入，16 点继电器输出。

③ 加工单元：FX_{2N}-32MR 主单元，共 16 点输入，16 点继电器输出。

④ 装配单元：FX_{2N}-48MR 主单元，共 24 点输入，24 点继电器输出。

⑤ 分拣单元：FX_{2N}-32MR 主单元，共 16 点输入，16 点继电器输出。

（2）人机界面

系统运行的主令信号（复位、启动、停止等）通过触摸屏人机界面给出。同时，人机界面上也显示系统运行的各种状态信息。

人机界面是在操作人员和机器设备之间做双向沟通的桥梁。使用人机界面能够明确指示并告知操作员机器设备目前的工作状况，使操作变得简单、直观、形象、生动，并且可以减少操作上的失误，即使是操作新手也可以很轻松地操作整个机器设备。使用人机界面还可以使机器的配线标准化、简单化，同时也能减少 PLC 控制器所需的 I/O 点数，降低生产的成本，同时由于面板控制的小型化及高性能，相对地提高了整套设备的附加价值。

YL-335B 采用了昆仑通态（MCGS）TPC7062KS 触摸屏作为它的人机界面。TPC7062KS 是一款以嵌入式低功耗 CPU 为核心（主频 400 MHz）的高性能嵌入式一体化工控机。该产品设计采用了 7 英寸高亮度 TFT 液晶显示屏（分辨率 800×480），四线电阻式触摸屏（分辨率 4096×4096），同时还预装了微软嵌入式实时多任务操作系统 WinCE.NET（中文版）和 MCGS 嵌入式组态软件（运行版）。TPC7062KS 触摸屏的使用、人机界面的组态方法，将在项目五中介绍。

二、数控机床

数控机床是机械制造设备，其种类很多，但是所有数控机床的组成都有共同点。数控机床一般由输入/输出（I/O）装置、计算机控制装置、PLC、伺服驱动系统、检测装置和机床本体等组成，其中 I/O 装置、计算机控制装置、PLC 组成了系统的控制和数据处理单元（图 1-7）。

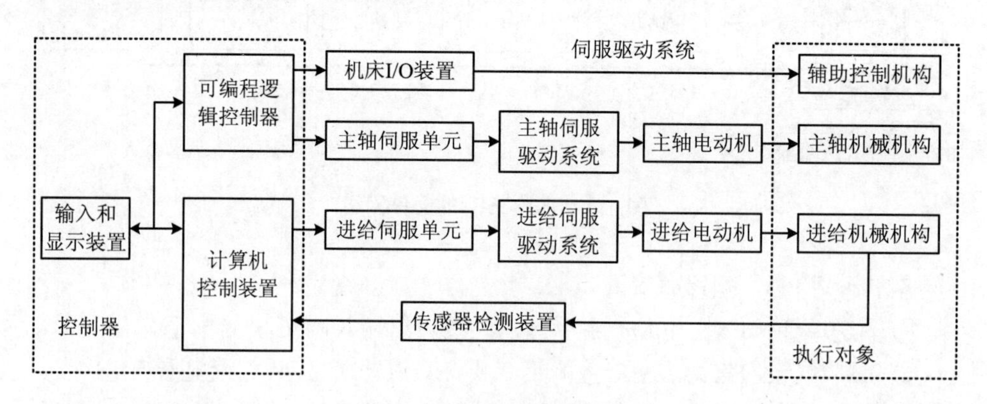

图 1-7　数控机床的组成

1. 控制器

控制器包括输入和显示装置、计算机控制装置、PLC 及其软件等。

（1）输入和显示装置

输入装置把各种加工信息输入给控制器。早期的输入装置为穿孔纸带，现在使用键盘、磁盘等。

显示装置包括液晶显示器、CRT 显示器等，用来显示输入的指令、机床的设置参数和故障诊断参数等。

（2）计算机控制装置

计算机控制装置简称数控装置，它是数控机床的核心，它将输入的加工程序进行相应的处理后输出控制命令到相应的执行部件，并且接收机械的运动参数以便更好地协调控制。

（3）PLC 及其软件

PLC 主要用来实现对主轴单元和辅助单元（如液压泵、换刀装置等）的控制。有些数控机床将 PLC 集成在数控单元中，有些使用专用 PLC。PLC 将程序中的转速指令进行处理进而控制主轴转速；根据换刀指令来管理刀库，进行自动交换刀具，确定选刀方式，累计刀具使用次数，计算刀具剩余寿命和刀具刃磨次数等；同时控制主轴正反转和停止、准停，切削液开关，卡盘夹紧松开，机械手取送刀等动作；还对机床外部开关（行程开关、压力开关、温控开关等）和输出信号（刀库、机械手、回转工作台等部件的控制信号）进行控制。

（4）辅助控制装置

辅助控制装置包括对刀库的转位换刀、液压泵、冷却泵等的控制，通常由可编程逻辑控制器和继电器接触器等组成的逻辑电路来完成。

2. 伺服驱动系统

数控机床的伺服驱动系统分为主轴伺服驱动系统和进给伺服驱动系统两部分，主轴伺服驱动系统主要控制主轴的转速、正反转和准停等，是由 PLC 实现控制的；进给伺服驱动系统的数量与机床有关，不同的机床有不同数量的进给伺服驱动系统，简单地说，每一根进给轴都有一个进给伺服驱动系统。

伺服驱动系统由伺服控制电路、功率放大电路和伺服电动机组成。伺服驱动系统的作用是把来自数控装置的位置控制移动指令转变成机床工作部件的运动，使工作台按规定轨迹移动或精确定位，即把数控装置送来的指令信号，放大成能驱动伺动电动机的大功率信号。进给伺服驱动系统由计算机直接控制；而主轴伺服驱动系统通常都是由 PLC 实现控制的，由于主轴电动机功率较大，所以驱动直流伺服电动机用脉冲宽度调制控制，驱动交流伺服电动机通常用变频控制。对于需要进行急停和准停的主轴，主轴上通常带有传感器用来做位置检测。

常用的伺服电动机有步进电动机、直流伺服电动机和交流伺服电动机。根据接收指令的不同，伺服驱动有脉冲式伺服驱动和模拟式伺服驱动，步进电动机采用脉冲式伺服驱动，而直流伺服电动机和交流伺服电动机采用模拟式伺服驱动。

3. 检测装置

数控机床中的检测装置主要检测运动机构（如主轴和工作台）的速度和位移，并将检测信息反馈给数控装置，数控装置根据这些信息实现进一步的控制，以保证数控机床的加工精度（有反馈的系统称为闭环系统）。传感器测量装置由传感器和信号处理电路组成，它将机床主轴速度和工作台移动的实际位置、速度等参数检测出来，转换成电信号，并反馈到数控装置中，使计算机能随时判断机床的实际位置、速度是否与指令一致，并发出相应指令，纠正误差。在其他的控制领域，检测装置也有应用，如机械手控制系统。

传感器通常安装在数控机床的工作台或丝杠上。无检测装置的数控系统属于开环系统，其控制精度取决于步进电动机和丝杠的精度；将检测装置置于电动机轴或丝杠轴上的属于半闭环系统，它无法测量机械部分的误差；而将传感器置于工作台上的属于闭环系统，它直接检测执行对象的参数。

4. 机床本体

数控机床的机床本体指机械部分，包括主轴运动执行部件和进给运动执行部件（如工作台、拖板及其传动部件，床身、立柱等支承部件），此外还有冷却、润滑、转位和夹紧等辅助装置（如存放刀具的刀库和交换刀具的机械手等部件）。

与普通机床相比较，数控机床是一种具有高精度、高效率并且能实现复杂加工的自动化设备，所以它在抗震性、刚度、运动面的摩擦系数和传动机构的精度、间隙等方面有更高的要求。

三、电梯

电梯是机电一体化的大型复杂产品，机与电的高度结合，使电梯成为现代科技的综合产品。电梯机械部分相当于人的躯体，其电气部分相当于人的神经系统。电梯机械系统由曳引系统、轿厢和对重装置、导向系统、厅、轿门及开关门系统、机械安全保护系统等组成。电气控制系统主要由控制柜、操纵箱、召唤盒、显层器和安装在有关电气部件上的几十个电器元件、各种电线电缆组成。

1. 电梯的机械部分

电梯的机械部分主要包括机械传动、电梯的曳引系统、轿厢和对重装置、导向系统、厅、轿门及开关门系统和机械安全保护系统等。

2. 电梯驱动

电梯的驱动包括对轿厢上下运行的驱动和对电梯门开关的驱动。曳引系统的功能是输出和传递动力，使电梯上下运行。电梯用曳引电动机分直流和交流两种。直流电动机因其速度稳定，方便控制，具有传动效率高，平稳舒适的优点，常用在 6 m/s 以上的电梯。交流电动机分异步和同步两种，异步电动机又分为单速、双速、调速三种类型，异步单速电动机适用于杂物梯，异步双速电动机适用于客梯；交流同步电动机采用 VVVF 控制系统，可用于小吨位的各种电梯。

3. 电梯的电气控制

电气控制系统主要由控制柜、操纵箱、召唤盒、显层器和安装在有关电气部件上的几十个电器元件、各种电线电缆组成。电梯控制系统的发展可划分为四个阶段，第一代电梯控制系统以继电器控制为代表；第二代控制系统以交流调压调速（ACVV）技术为代表，突出的问题是线路相当复杂、调试较为烦琐、平层误差大、环境变化影响和日常维修工作量大；第三代控制系统逻辑控制部分以 PLC 或微机板为代表，辅以通用变频器或电梯专用变频器；第四代控制系统是把电梯逻辑控制部分和电机驱动控制部分集成在一起构成电梯一体化控制系统。

（1）继电器控制

这种控制方式在早期的电梯控制中应用非常广泛。其最大的特点是简单、易掌握。由于这种控制方式中应用了大量的继电器和接触器，工作时的噪声会比较大。另外，由于继电器的体积比较大，因此电控柜的占地面积也比较大。继电器的最大特点是利用接点的接通和断开控制电梯，楼层越高，继电器、触点越多，故障点也多，会降低系统的可靠性，维修难度较大。继电器控制方式的最大不足是其柔性差，如果需要更改运行流程、扩展功能，大多数情况下是要重新设计、制造控制柜的。

（2）PLC 控制

采用 PLC 控制使电梯的控制上了一个台阶。PLC 具有体积小、耗电少、工作噪声非常小以及更改程序容易的特点。另外，PLC 程序执行快，可以很快地响应系统提出的请求。由于 PLC 系统的柔性好，使得 PLC 不仅在电梯控制上，在其他的自动控制中也得到了广泛的应用。

（3）微机控制

微机具有其他控制方式所不具备的功能。它强大的计算功能使得它在多台电梯的群控中得到了广泛的应用。利用微机的快速响应、高速处理的特点，结合电梯的群控技术，可以使多台电梯的统一调配变得简单。由于微机的应用，可以使乘客的待梯时间减到最少，同时乘梯的舒适性也大为增加。

（4）电梯一体化控制系统

所谓电梯一体化控制技术，即将电梯驱动系统与电梯管理、控制系统集成，从而实现一体化。一体化控制系统以其高度集成特性将引领市场、技术走向，在调试和维修保养上节省大量时间，便捷、简单、稳定性好、节省能源。

4．电梯上的传感器

传感器与控制器的配合，使电梯适应频繁启动、停止、调整及换向的工作要求，使加、减速和等速平稳，速度曲线平滑，到站前无微动。

（1）位移传感器：位移传感器与平层传感器是电梯平层控制调整的装置，实现自动平层，且平层必须准确。

（2）称重传感器：称重传感器是测量电梯载荷的装置，为控制系统提供电梯的载荷信号，确保电梯不超重而安全运行。

（3）光幕传感器：也称光电传感器，应用于门机上的保护人或物不被夹伤的装置。光电传感器发出一束光线，照射到电梯门另一侧安装的发射板或接收器。当有物体挡住了两者之间的光线，光幕会起作用发出信号。

（4）编码器：将转速的信号转化为电信号的器件。它主要有两个作用：一是检测电梯在井道中的实时位置；二是检测电梯运行的实时速度。

（5）限位开关：用于电梯轿厢位置感应及缓冲系统的开关。

项目二　传感器技术应用

机电一体化系统中的检测系统有各种不同的物理量（如位移、压力、速度等）需要控制和检测，而计算机系统又只能识别一定范围内的电信号。因此，能把各种不同的非电信号转换成可识别电信号的传感器便成为机电一体化系统中非常重要的组成部分。目前，市场上出售的传感器类型很多，在机电一体化系统中常用的主要有位移传感器、位置传感器、压力传感器、速度传感器、红外传感器和超声波传感器等。

在数控机床或自动化生产装置中常对某可动部件的动作位置进行检测定位，要求判断运动部件是否到达（或处在）固定不变的位置，或者判断是否有工件存在等。此时检测结果一般不需要是确定量，只需提供"是"或"否"两种信号，用开关"通"与"断"两种形式判断其位置或状态，提供这类检测的传感器称为开关类传感器。如行程开关、接近开关、光电开关、霍尔开关等就属于此类，是一种能根据运动部件的位置发信的"检测开关"。

随着微电子技术的迅速发展，各类开关类传感器以其接线简单，价格合理，使用寿命长，定位精度高等优点，正在取代传统的电器开关，在自动化生产中得到了日益广泛的应用。由于在《传感与检测技术》里已有详细介绍各种连续信号的测量，故本项目中以学习各种开关类传感器为主。在 CNC 轨迹控制等机电一体化控制系统中，控制装置需要动态、连续检测运动部件的实际位置，才能实现刀具在任意位置的定位与运动轨迹控制。因此，在本项目的最后特别介绍了光电编码器。

任务一　认识开关类传感器

[学习目标] 通过本单元的学习和训练，认识常用各类开关类传感器，了解其外部接线、安装、主要性能和应用情况；能够使用万用表初步检测开关好坏，能够依据使用说明完成各类接近开关的外部接线。

一、开关类传感器的类型

开关类传感器常按照传感器原理、接线方式、输出形式、供电电源以及外形进行分类。

开关类传感器有两种供电形式：交流供电和直流供电。

开关类传感器输出多由 NPN、PNP 型晶体管输出，输出状态有动合和动断两种形式。

1. 按照原理分

开关类传感器按照原理进行的分类如表 2-1 所示。接近开关又称为无触点行程开关，它能在一定的距离（几毫米至几十毫米）内检测有无物体靠近。当物体接近其设定距离时，就发出动作信号，而不像机械式行程开关需要施加机械力。

接近开关是指利用电磁、电感或电容原理进行检测的一类开关类传感器。它给出的是开关信号（高电平或低电平），有的还具有较大的负载能力（如直接驱动继电器工作等）。而光电传感器、微波和超声波传感器等由于检测距离可达几米甚至几十米，所以把它们归入电子开关系列。

与机械开关相比，接近开关具有如下特点：① 非接触检测，不影响被测物的运行工况；② 不产生机械磨损和疲劳损伤，工作寿命长；③ 响应快，一般响应时间可达几毫秒或十几毫秒；④ 采用全密封结构，防潮、防尘性能较好，工作可靠性强；⑤ 无触点、无火花、无噪声，所以适用于要求防爆的场合（防爆型）；⑥ 输出信号大，易于与计算机或 PLC 等接口；⑦ 体积小，安装、调整方便。它的缺点是“触点”容量较小，输出短路时易烧毁。

表 2-1　开关类传感器按照工作原理的分类

大 类	小 类	参考照片	主要特点、应用场合
行程开关	限位开关		行程开关是一种无源开关，其工作不需要电源，但必须依靠外力，即在外力作用下使触点发生变化，因此，这一类开关一般都是接触式的；它结构简单，使用方便，但需要外力作用，触点损耗大，寿命短；严格来说，行程开关不属于传感器范畴
	微动开关		

大 类	小 类	参考照片	主要特点、应用场合
接近开关	电感式		利用电涡流原理制成的新型非接触式开关元件；能检测金属物体，但有效检测距离非常近
	电容式		利用变介电常数电容传感器原理制成的非接触式开关元件；能检测固态、液态物体，有效距离较电感式远
	霍尔式		根据霍尔效应原理制成的新型非接触式开关元件；具有灵敏度高，定位准确的特点，但只能检测强磁性物体
	干簧管式		又称舌簧管开关，利用电磁力吸引电极的原理制成的非接触式开关；能检测强磁性物体，有效检测距离较近，在液压、气压缸上用于检测活塞位置
电子开关	光电式		投光器发出的光线被物体阻断或反射，受光器根据是否能接收到光来判断是否有物体；光电开关应用最广泛，具有有效距离远、灵敏度高等优点；光纤式光电开关具有安装灵活，适宜复杂环境的优点，但在多灰尘环境要保持投光器和受光器的洁净
	超声波式		超声波发生器发出超声波，接收器根据接收的声波情况判断物体是否存在，超声波开关检测距离远，受环境影响小，但对于近距离检测无效

活动：参观学校的数控机床、自动化生产线实训装置或其他装置，观察装置上开关类传感器的应用情况，初步判断其基本类型。

2. 按照接线方式分

开关类传感器有二线制、三线制和四线制等接线方式。连接导线多采用 PVC 外皮，PVC 芯线，芯线颜色多为棕（bn）、黑（bk）、蓝（bu）、黄（ye）。芯线颜色可能有所不同，使用时应仔细查看说明书。对于接近开关，标准导线长度为 2 m，也可以根据使用者的要求提供其他长度的导线。

开关类传感器的主要接线示意见表 2-2。

表 2-2　开关类传感器的主要接线示意

线制	NPN 输出	PNP 输出
直流三线制	bu 蓝色 − bn 棕色 + NPN bk 黑色 负载 NPN 动合（NO）型	bn 棕色 + bu 蓝色 − PNP bk 黑色 负载 PNP 动合（NO）型
	bu 蓝色 − bn 棕色 + NPN bk 黑色 负载 NPN 动断（NC）型	bn 棕色 + bu 蓝色 − PNP bk 黑色 负载 PNP 动断（NC）型
直流四线制	bu 蓝色 − bn 棕色 + bk 黑色 负载 NPN ye 黄色 负载 NPN 动合（NO）+动断（NC）	bn 棕色 + bu 蓝色 − bk 黑色 负载 PNP ye 黄色 负载 PNP 动合（NO）+动断（NC）
交流二线制	bn 棕色 bu 蓝色 负载 ～ 交流（AC）二线动合（NO）型	bn 棕色 bu 蓝色 负载 ～ 交流（AC）二线动断（NC）型
直流二线制	bn 棕色 负载 + bu 蓝色 负载 − 直流（DC）二线动合（NO）型	bn 棕色 负载 + bu 蓝色 负载 − 直流（DC）二线动断（NC）型

活动：观察装置上的传感器线制和导线颜色，查相关说明书，初步确定其接线方式。

3. 开关类传感器按照外形分类

许多接近开关将感辨头与测量转换电路及信号处理电路置于一个壳体内。开关类传感器根据应用场合和检测目的的不同有很多种形状，图 2-1 所示为开关类传感器的常见外形图。图 2-1（a）为圆柱形，其壳体上带有螺纹，以便于安装和调整距离。

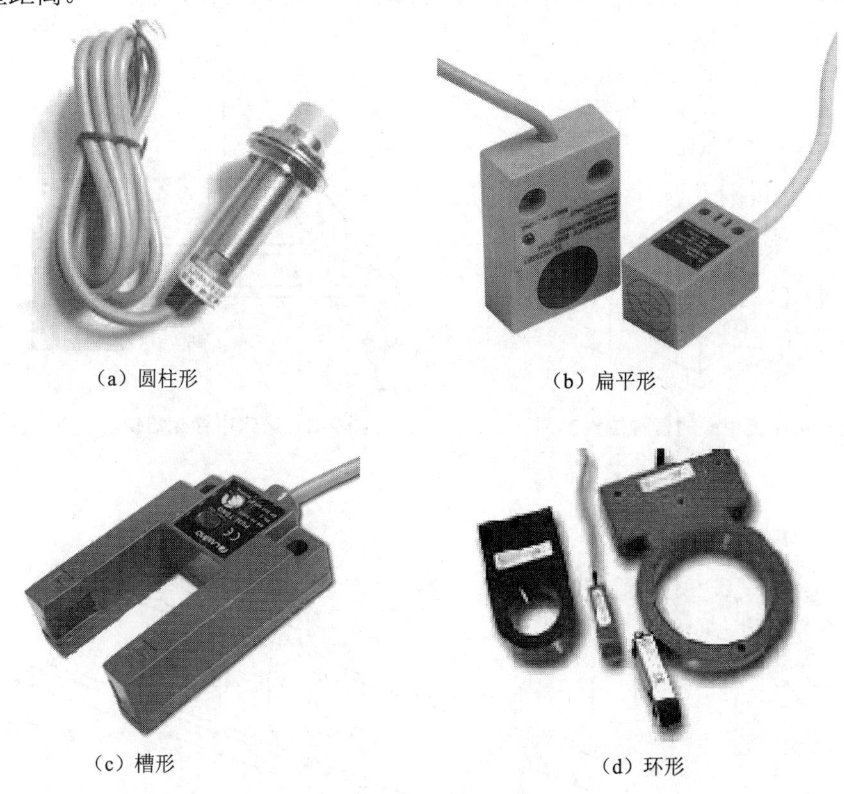

（a）圆柱形　（b）扁平形

（c）槽形　（d）环形

图 2-1　开关类传感器的常见外形

活动：观察装置上传感器的形状，结合其在装置中的用途和安装位置，初步分析采用不同形状的意义。

二、开关类传感器应用实例

接近开关的应用已远超出行程开关的行程控制和限位保护范畴。它可以用于高速计数、测速，确定金属物体的存在和位置，测量物位和液位，用于人体保护和防盗以及无触点按钮等。

即使仅用于一般的行程控制，接近开关的定位精度、操作频率、使用寿命、安装调整的方便性和耐磨性、耐腐蚀性等也是一般机械式行程开关所不能相比拟的。以下给出接近开关的具体应用实例：

（1）应用于机加工中心的各种位置检测，如图 2-2 所示。

（2）应用于磨床中检测挡块，如图 2-3 所示。

（3）应用于机械人手臂位置检测，如图 2-4 所示。

（4）应用于自动化生产线中检测有无瓶盖，如图 2-5 所示。

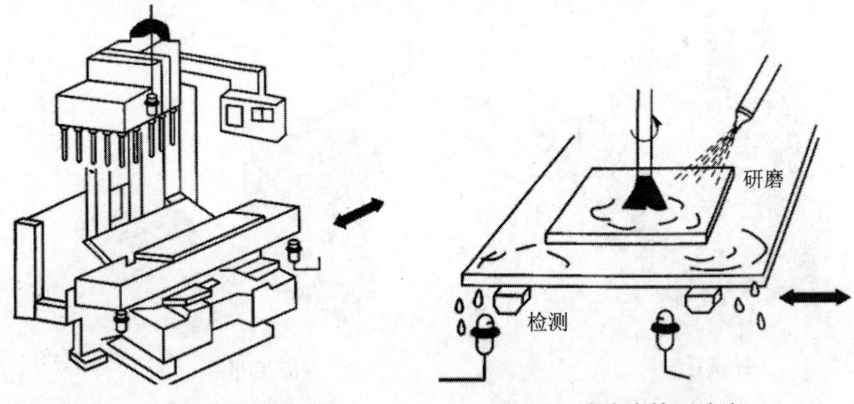

图 2-2　机加工中心的各种位置检测　　图 2-3　磨床中检测挡块

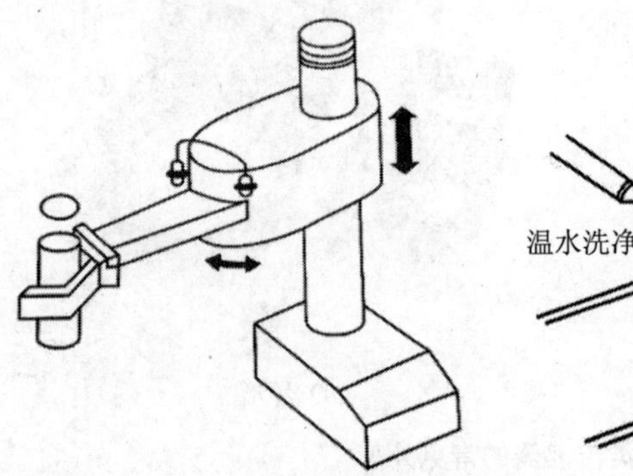

图 2-4　机械人手臂位置检测

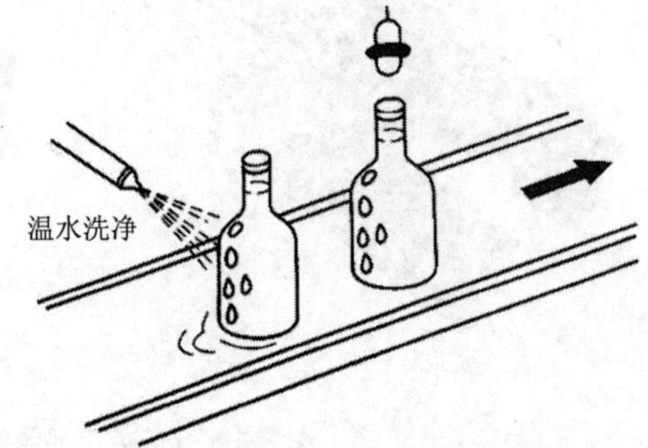

图 2-5　自动化生产线中检测有无瓶盖

三、接近开关接线训练

（一）训练目标

（1）认识和熟悉各类不同的接近开关。

（2）能够使用万用表检测接近开关的触点好坏。

（3）能够根据使用说明完成接近开关的外部接线。

（二）训练设备

万用表、直流电源（输出可调）、交流电源220V、各类不同接近开关若干（最好有输出触点损坏的开关1～2支，并且有不同接线方式）、不同电压等级的信号灯、24V直流继电器、电工工具、导线若干。

（三）训练步骤

（1）根据有关接近开关的基本知识，识别各类开关。首先将开关分类，看看本组共有哪些不同的开关。

（2）根据不同类型的接近开关，查找有关说明材料，并将主要技术参数填入表2-3中。

（3）使用万用表初步检测接近开关的质量好坏。根据接近开关的输出类型，用万用表初步检测接近开关的质量情况，根据测量结果，判断接近开关的指令好坏，将测试结果记录在表2-4中。

（4）用接近开关组成不同的电路。对于质量完好的开关，根据其技术参数指标，自己设计信号控制电路及继电器控制电路。

1．信号控制电路

（1）根据图2-6所示，或者根据具体的产品接线图，自己设计出应用三线制接近开关完成信号报警的控制电路图。二线制电路图设计可参考图2-7。

注意：一定要查阅训练使用的传感器的额定电流是否大于所用负载的启动电流，工作电压是否一致。否则，不能按照图2-7接线，应参照图2-8，通过继电器控制负载。在以后训练项目中同样应注意这一点！

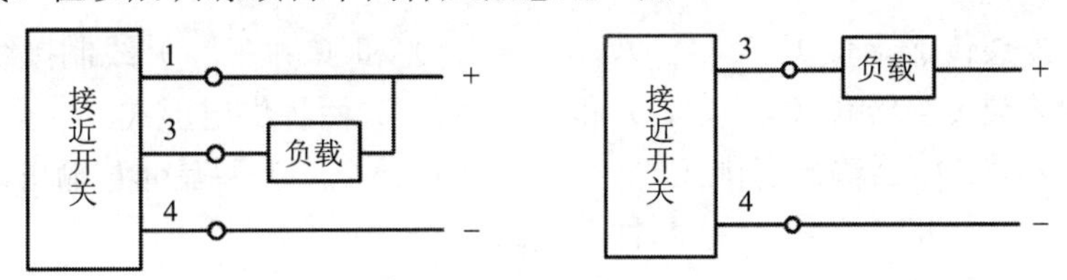

图2-6 三线制和二线制接近开关的参考输出接线

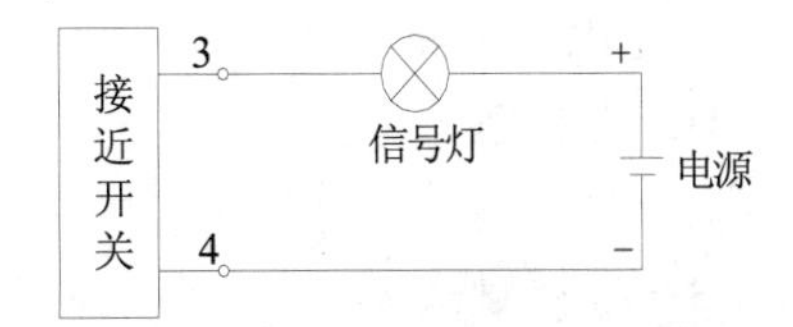

图2-7 二线制接近开关信号控制电路

（2）完成电路的设计后，经指导教师检验合格后，方可进行实际电路的接线，并通过实际检验，观察电路是否能够完成设计的功能。

2．继电器控制电路

（1）设计用接近开关控制直流继电器 KA 的线圈，用继电器的动合触点 KA 控制值号灯 HL。可参考图 2-8。

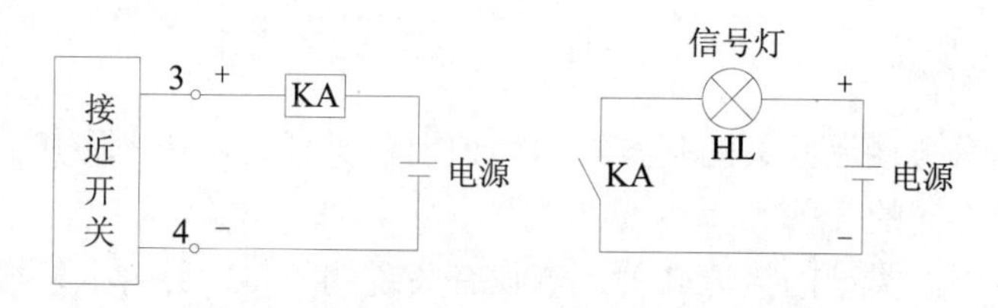

图 2-8　二线制接近开关继电器控制电路

（2）完成电路的设计并经检查正确后，可进行实际接线，在接线正确的前提下检验电路的工作情况。

四、接近开关接线训练报告

（一）填空

1．接近开关又称为（　　　　　），它能在（　　　　　　　）距离内检测有无物体靠近，而不像机械式行程开关需要施加（　　　　）。

2．光电传感器、微波和超声波传感器等由于检测距离可达（　　　　　），所以被归入（　　　　　）。

3．开关类传感器有（　　　　）、（　　　　）和（　　　　）线制接线方式。

4．开关类传感器有（　　　　）和（　　　　）两种供电形式。

5．开关类传感器输出多由（　　　　）和（　　　　）型晶体管输出，输出状态有（　　　　）和（　　　　）两种形式。

（二）选择

1．接近开关属于（　），光电开关属于（　）。

A．接触式　　　　　B．非接触式

2．行程开关属于（　）。

A．接触式　　　　　B．非接触式

3．在下列接近开关中哪一种的有效检测距离最近？（ ）

A．电容式　　B．电感式　　C．霍尔式

（三）观察思考

表 2-3 不同类型接近开关的技术参数

序号	开关类型	规格型号	接线方式	输出类型	工作电流	工作电压	开关频率
1							
2							
3							
4							
5							

表 2-4 接近开关检验情况记录

序号	开关类型	输出类型	测量情况	情况分析	判断结果
1					
2					
3					
4					

思考题

1．实际电路的接线过程中，选择信号灯和直流继电器时应注意什么问题？

2．直流输出的接近开关如果错接了交流 220V 电源会出现什么问题？

任务二　磁性物体位置检测

[学习目标] 通过本单元学习和训练，掌握磁性物体位置检测传感器的基本工作原理，了解其应用的基本情况；通过应用训练，掌握磁性接近开关的应用。

一、认识霍尔开关

霍尔传感器是应用霍尔效应原理将被测物理量转换成电动势输出的一种传感器。主要被测物理量有电流、磁场、位移、压力和转速等。

霍尔传感器的优点是结构简单，体积小，坚固耐用，频率响应宽，动态输出范围大，无触点，使用寿命长，可靠性高，易于微型化和集成电路化，故广泛应用在测量技术、自动化技术和信息处理等方面。霍尔开关的体积可以做得很小（边长达到 2 mm 以下），其价格十分低廉，但要求检测体必须为永久磁铁。

霍尔传感器的缺点是转换率较低，受温度影响较大，在要求转换精度较高的场合必须进行温度补偿。

（一）霍尔传感器的工作原理

霍尔传感器的工作原理是应用半导体材料的霍尔效应。霍尔效应的原理如图 2-9 所示。将半导体置于磁场中，有电流流过时，在半导体的两侧会产生电动势，电动势的大小与电流和磁感应强度的乘积成正比，这个电动势称为霍尔电动势。

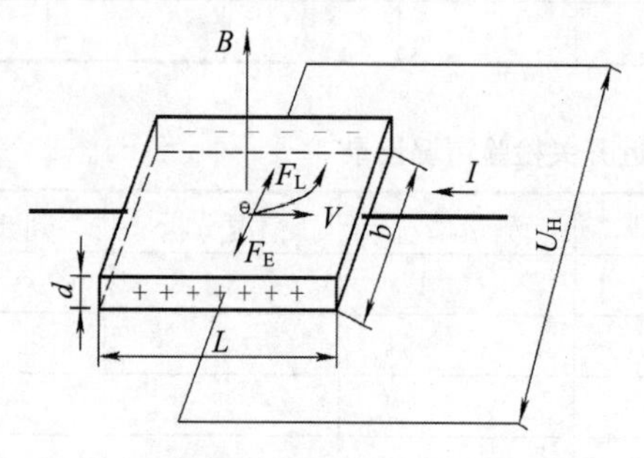

图 2-9　霍尔效应原理

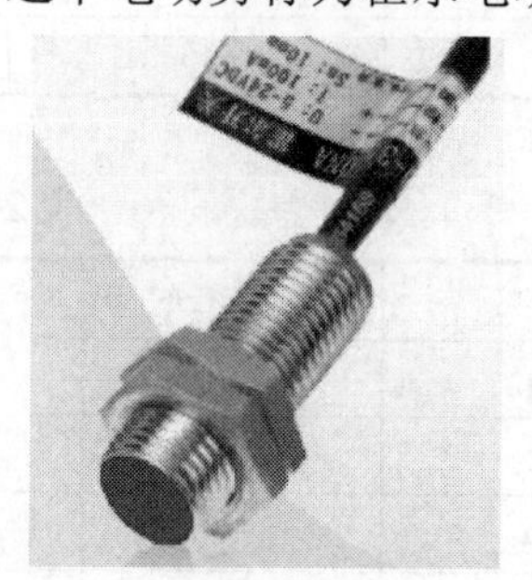

图 2-10　霍尔接近开关的外形

图 2-10 所示为一款霍尔接近开关的外形图，构成霍尔传感器的核心元件是霍尔元件。霍尔元件的外形如图 2-11（a）所示，它是由霍尔片、4 根引线和壳体组成，如图 2-11（b）所示。霍尔片是一块半导体单晶薄片，在它的长度方向两端面上焊有 a、b 两根引线，称为控制电流端引线，通常用红色导线。在薄片另外两侧端面的中间对称地焊有 c、d 两根霍尔引线，通常用绿色导线。制造霍尔元件的主要材料有锗、硅、砷化铟和锑化铟等半导体材料。霍尔元件的壳体采用非导磁金属、陶瓷或环氧树脂封装。

对于普通的霍尔接近开关，当磁体靠近时输出状态翻转，当发光二极管亮时，表示有输出信号。磁体离开后状态立即复原。而对于锁存开关，因为增加了数据锁存器，输出状态可以保持，直到有复位信号或磁体再次触发接近开关，开关的状态才会恢复。锁存开关带保持功能，具有稳定而且抗干扰能力强的优点，可实现更多的功能。

活动：观察霍尔传感器，阅读相关技术说明，了解使用方法和技术参数。

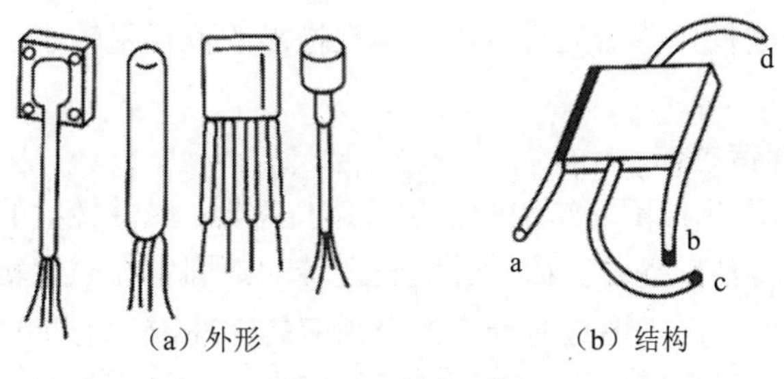

（a）外形　　（b）结构

图 2-11　霍尔元件

（二）霍尔传感器的应用

霍尔传感器结构简单，制作工艺成熟，体积小，寿命长，线性度好，频带宽，因此在工业生产中有广泛的应用。下面介绍几个典型的应用实例。

1．霍尔位移传感器

图 2-12 所示为霍尔位移传感器的工作原理。图 2-12（a）所示为磁场强度相同的两块磁铁同极性相对放置，霍尔元件处在两块磁铁的中间。由于磁铁中间的磁感应强度 B=0，因此霍尔元件输出的霍尔电动势 U_H 也等于零，此时位移 Δx=0。若霍尔元件在两磁铁中产生相对位移，霍尔元件感受到的磁感应强度也随之改变，这时 U_H 不为零，其量值大小反映出霍尔元件与两磁铁间相对位置的变化量，这种结构的传感器其动态范围可达 5 mm，分辨率为 0.001 mm。

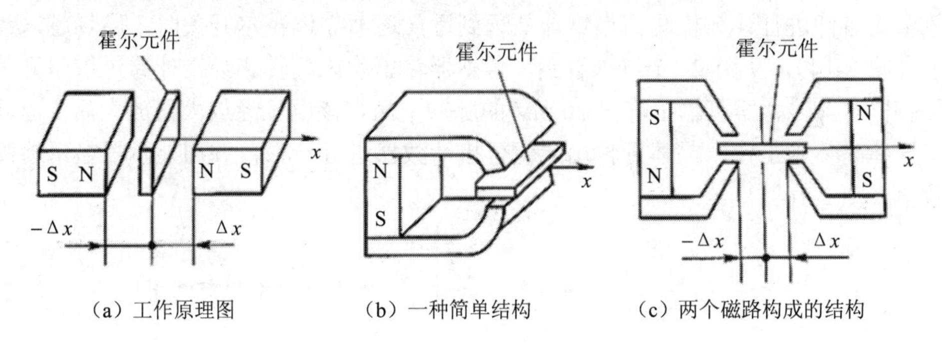

（a）工作原理图　　（b）一种简单结构　　（c）两个磁路构成的结构

图 2-12　霍尔位移传感器的工作原理

图 2-12（b）所示为一种简单结构的霍尔位移传感器，由一块永久磁铁组成磁路的传感器，在 $\Delta x = 0$ 时，霍尔电压近似等于零。

图 2-12（c）所示为由两个相同结构磁路组成的霍尔位移传感器，为了获得较好的线性分布，在磁极端面装有极靴。调整好霍尔元件的初始位置时，可以使霍

尔电压 U_H =0。这种传感器灵敏度高，但它检测的位移量较小，适合于微位移量及振动的测量。

2．霍尔转速传感器

图 2-13 所示为几种不同结构的霍尔转速传感器。磁性转盘的输入轴与被测转轴相连。当被测转轴转动时，磁性转盘随之转动，固定在磁性转盘附近的霍尔传感器便可在每一个小磁铁通过时产生一个相应的脉冲，检测出单位时间的脉冲数，便可知被测转速。磁性转盘上小磁铁数目的多少决定传感器测量转速的分辨率。

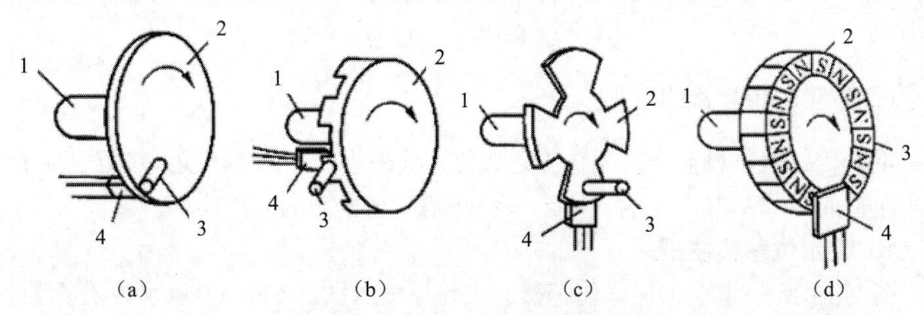

1—输入轴；2—转盘；3—磁铁；4—霍尔片

图 2-13　几种霍尔转速传感器的结构

3．霍尔计数装置

霍尔开关传感器具有较高的灵敏度，能感受到很小的磁场变化，因而可对黑色金属零件进行计数检测。当钢球从远到近，逐渐靠近霍尔开关时，磁场越来越强（图 2-14），从图 2-15 可以看到，传感器输出状态翻转。当钢球通过霍尔开关传感器时，传感器可输出峰值 20 mV 的脉冲电压，该电压经放大器放大后，驱动半导体晶体管工作，晶体管输出端便可接计数器进行计数，并由显示器显示检测数值（图 2-16）。

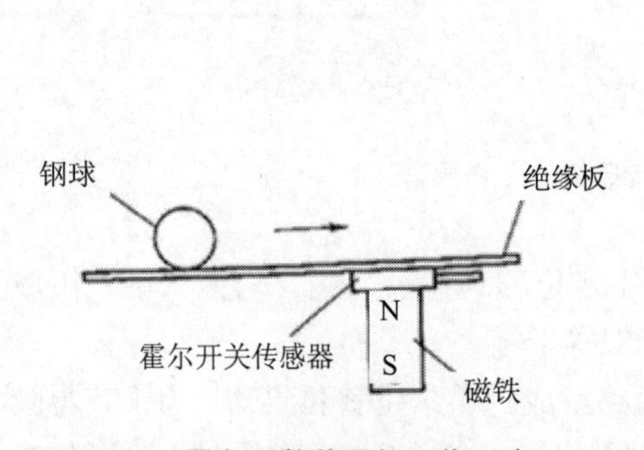

图 2-14　霍尔计数装置的工作示意

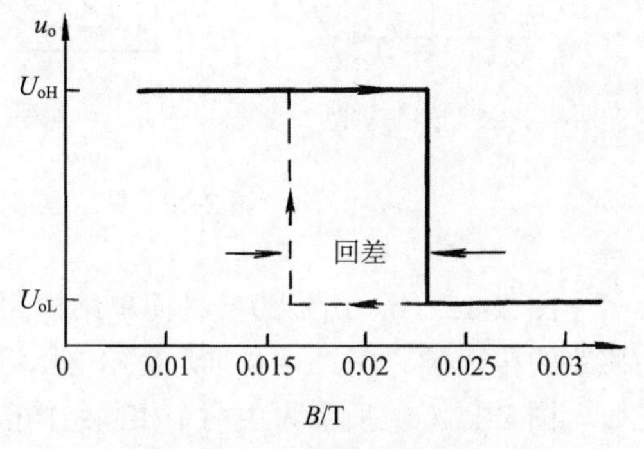

图 2-15　霍尔开关的输出特性

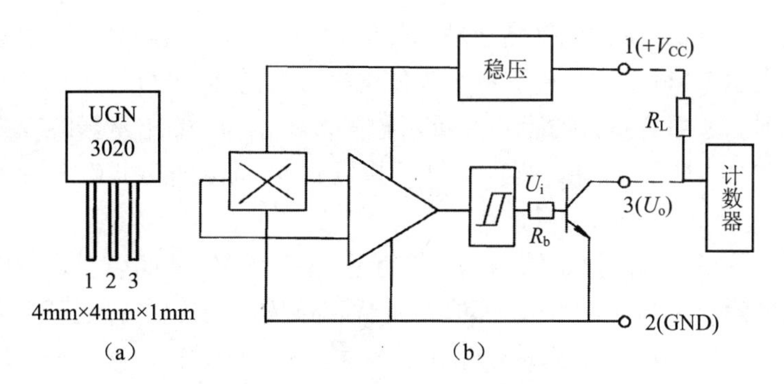

（a）　　（b）

图 2-16　开关型霍尔集成电路

4．霍尔接近开关

霍尔接近开关在检测运动部件工作状态位置中的应用示意如图 2-17 所示。在图 2-17（b）中，磁极的轴线与霍尔接近开关的轴线在同一直线上。当磁铁随运动部件移动到距霍尔接近开关几毫米时，霍尔接近开关的输出由高电平变为低电平，经驱动电路使继电器吸合或释放，控制运动部件停止移动（否则将撞坏霍尔接近开关）起到限位的作用。

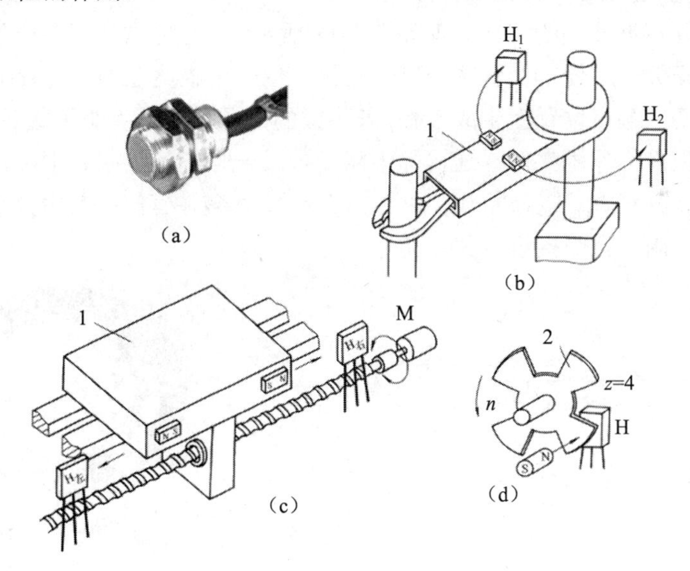

（a）外形；（b）接近式；（c）滑过式；（d）分流翼片式

1—运动部件；2—软铁分流翼片

图 2-17　霍尔接近开关应用示意

在图 2-17（c）中，磁铁随运动部件运动，当磁铁与霍尔 IC 的距离小于某一数值时，霍尔 IC 输出由高电平跳变为低电平。与图 2-17（b）不同的是，当磁铁继续运动时，与霍尔 IC 的距离又重新拉大，霍尔 IC 输出重新跳变为高电平，且不存在损坏 IC 的可能。提问：（b）接近式与（c）滑过式哪一种不易损坏？为什么？

在图 2-17（d）中，磁铁和霍尔接近开关保持一定的间隙、均固定不动。软铁制作的分流翼片与运动部件联动。当它移动到磁铁与霍尔接近开关之间时，磁力线被屏蔽（分流），无法到达霍尔接近开关，所以此时霍尔接近开关输出跳变为高电平。改变分流翼片的宽度可以改变霍尔接近开关的高电平与低电平的占空比。

思考：电梯“平层”如何利用分流翼片的原理？

二、认识干簧管接近开关

干簧管是干式舌簧管的简称，是一种有触点的开关元件，具有结构简单，体积小，便于控制等优点。干簧管与永磁体配合可制成磁控开关，用于报警装置及电子玩具；与线圈配合可制成干簧管继电器，用于迅速切换电子设备的电路。

1．干簧管接近开关的工作原理

干簧管接近开关的工作原理如图 2-18 所示。由恒磁铁或线圈产生的磁场施加于干簧管开关上，使干簧管两个磁簧磁化，使一个磁簧在触点位置上生成 N 极，另一个磁簧在触点位置上生成 S 极。若生成的磁场吸引力克服了磁簧的弹性阻力，磁簧由于吸引力作用接触导通，即电路闭合。一旦磁场吸引力消除，磁簧因弹力作用又重新分开，即电路断开。图 2-19 所示为安装在气缸（其内部活塞上带有磁环）上的专用干簧管接近开关。

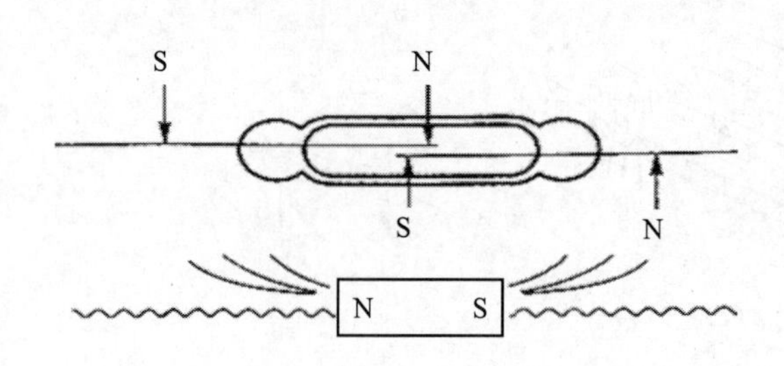

图 2-18　干簧管接近开关工作原理

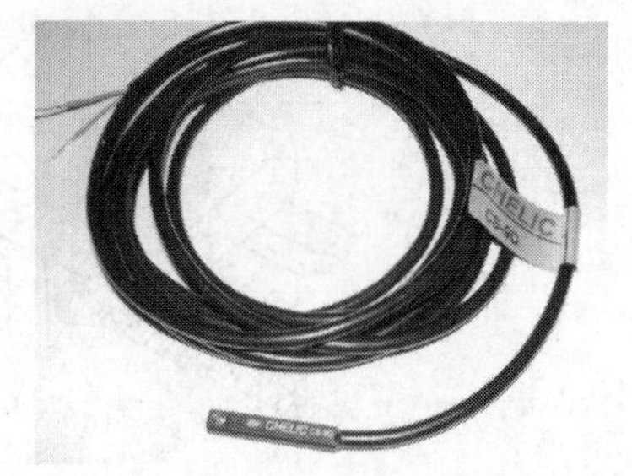

图 2-19　气缸专用干簧管接近开关

2．干簧管接近开关的应用

图 2-20（a）所示为活塞上带有磁环的气缸，将图 2-19 所示干簧管接近开关

安装在气缸壁上或缸体槽内，用于检测活塞的位置。图 2-20（b）是带磁性开关气缸的内部结构图。当气缸中随活塞移动的磁环靠近开关时，舌簧开关的两根簧片被磁化而相互吸引，触点闭合；当磁环移开离开开关后，簧片失磁，触点断开。触点闭合或断开时发出电控信号，在 PLC 的自动控制中，可以利用该信号判断气缸的运动状态或所处的位置，以确定气缸是否推出到位或是返回到位。在磁性开关上设置的 LED 用于显示其信号状态，供调试时使用。磁性开关动作时，输出信号“1”，LED 亮；磁性开关不动作时，输出信号“0”，LED 不亮。磁性开关的安装位置可以调整，调整方法是松开它的紧固螺栓，让磁性开关顺着气缸滑动，到达指定位置后，再旋紧紧固螺栓。

磁性开关有蓝色和棕色 2 根引出线，使用时蓝色引出线应连接到 PLC 输入公共端，棕色引出线应连接到 PLC 输入端。磁性开关的内部电路如图 2-21 中虚线框内所示。

图 2-22 所示为利用气缸组成的简易机械手，利用干簧管接近开关检测气动手爪夹紧与放松，通过 PLC（可编程控制器）控制其动作。

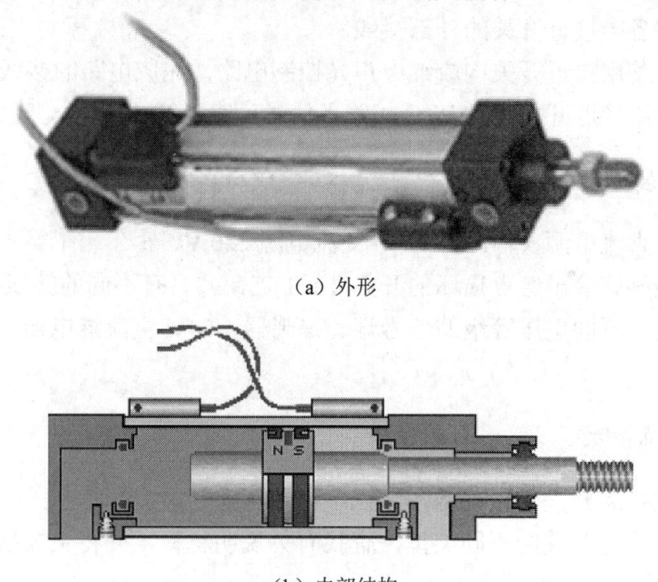

（a）外形

（b）内部结构

图 2-20　带干簧管接近开关的气缸

活动：观察干簧管传感器在气缸活塞位置检测中的应用，阅读相关技术说明，了解使用方法和技术参数；按照前面训练的结果分析其接线方法。

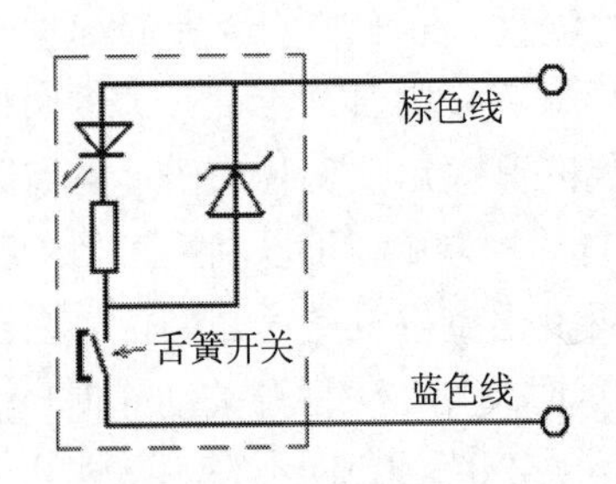

图 2-21　磁性开关内部电路

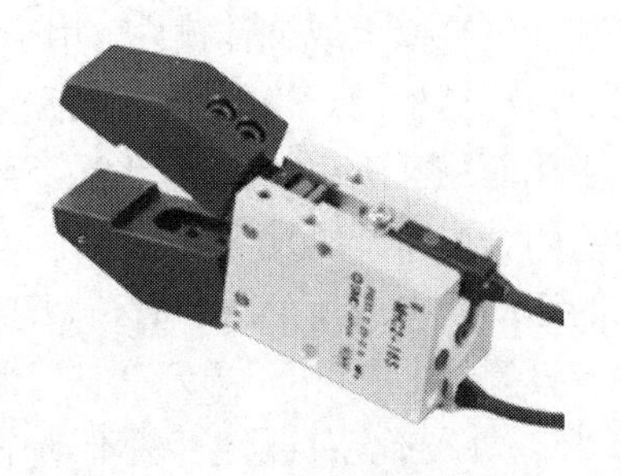

图 2-22　带干簧管接近开关的气爪

三、磁性物体位置检测训练

（一）训练目标

（1）认识各种不同类型的磁性接近开关，并熟悉主要技术指标。

（2）掌握各类接近开关的外部接线。

（3）能够使用接近开关构成继电声光控制电路，完成电路的接线和调试。

（4）能够用接近开关作为 PLC 的输入信号，实现 PLC 对声、光信号的控制。

（二）训练设备

万用表、直流电源（输出可调）、交流电源 220 V、霍尔、干簧管和磁性接近开关若干（最好有输出触点损坏的开关 1～2 支，并且有不同的接线方式）、PLC 控制装置一套、不同电压等级的信号灯、蜂鸣器、24V 直流继电器、电工工具、导线若干。

（三）训练步骤

（1）根据接近开关的相关基本知识，识别各类开关，并将开关分类。

（2）根据接近开关的不同类型，查找有关说明材料，并将主要技术参数填入表 2-5 中。

（3）根据图 2-23 所示，完成接近开关控制蜂鸣器 HA 和信号灯 HL 的电路接线。完成电路的接线后，用磁性材料逐渐靠近接近开关，直至开关动作，发出声、光报警。然后重复上述过程，并测试开关动作时的检测距离。

（4）依照图 2-24 所示，用三线制接近开关控制继电器，组成声、光控制电路：

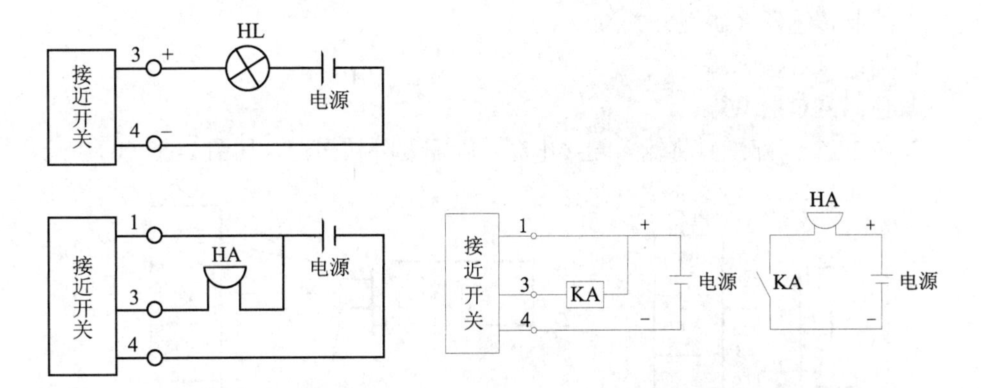

图 2-23 二线制和三线制开关声、光控制电路

图 2-24 三线制接近开关继电器控制电路

① 在训练报告上绘制控制电路图。

② 根据设计电路，选择相应的器件完成电路接线。

③ 完成电路的接线后，用磁性材料逐渐靠近接近开关，直至开关动作，发出声、光报警。然后重复上述过程，并测试开关动作时的检测距离。

（5）使用干簧管接近开关作为 PLC 的输入信号，控制声、光信号：

① 根据图 2-25 所示，PLC 控制框图，分析如何使用 PLC 完成控制要求。在指导教师的帮助下，在训练报告上完成 PLC 控制电路图。

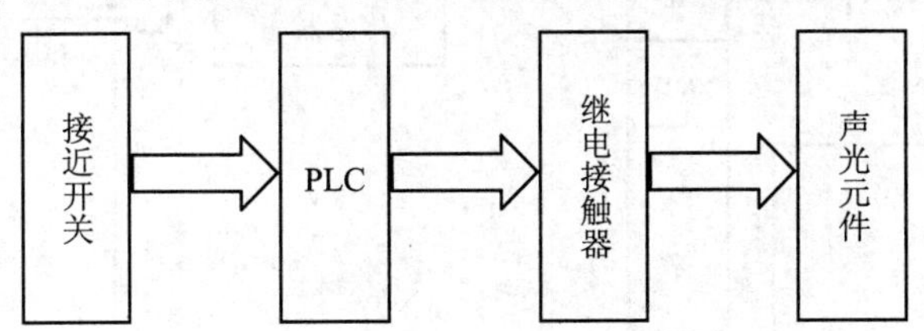

图 2-25 实现 PLC 控制电路的结构框图

三线式传感器（或接近开关）都要接工作电源，方法是：A.接在外部电源上。B.接在 PLC 内部电源上。PLC 内部也有一个 24V 电源，如容量能满足，是可用作传感器的工作电源的。图 2-26（a）所示为开关类传感器与三菱 FX_{2N} 系列 PLC 连接的示意图。三线制传感器（电感式接近开关、光电传感器、光纤传感器）接线为：

棕色：DC24V（+）

蓝色：DC0V（PLC 公共端）

黑色：PLC 输入端；

二线制传感器（磁性开关）：

棕色：PLC 输入端；

蓝色：PLC 公共端。

若在 PLC 内部没有将输入端接电源，则需要外接电源，如图 2-26（b）所示。

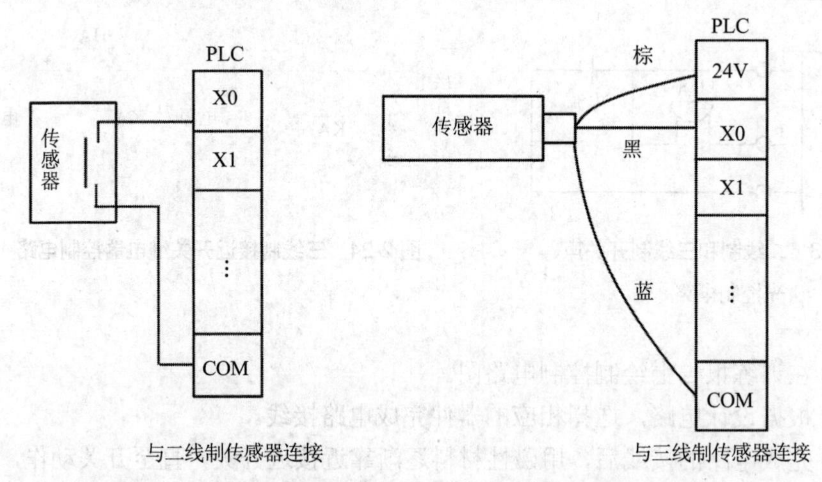

（a）开关类传感器与三菱 FX_{2N} 系列 PLC 连接

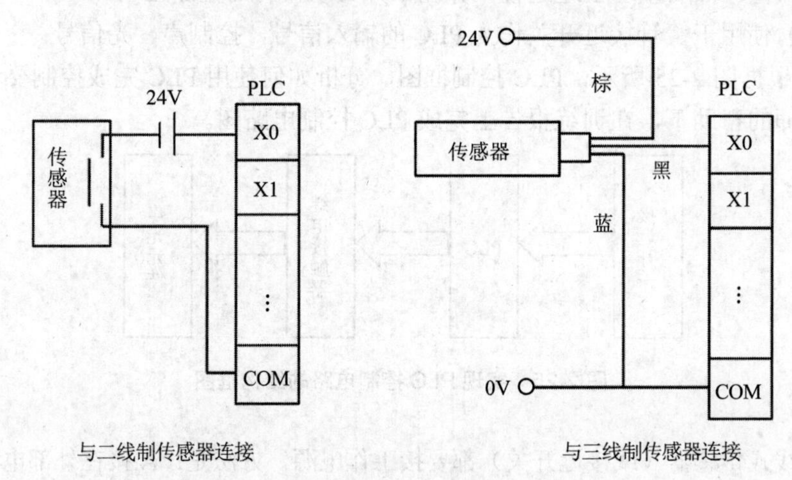

（b）开关类传感器与松下 FP 系列 PLC 连接

图 2-26 开关类传感器与三菱 FX_{2N} 系列 PLC 连接的示意图

② 明确控制要求后，根据 PLC 的信号规格，对 PLC 的输入和输出点进行分配，确定各输入、输出点的控制作用。根据控制要求，编写 PLC 的梯形图程序，并通过编程器或计算机下载到 PLC。

③ 根据 PLC 输入、输出的类型和耐压情况，选择继电器、信号灯和蜂鸣器等元件以及电源。

④ 根据电路图完成电路的接线。

⑤ 进行电路的调试。用磁性物体逐渐靠近接近开关，观察电路的工作情况，看是否能满足设计要求，并记录电路的工作情况。

⑥ 如果电路不能满足控制设计要求，试查找故障原因，并尝试排除故障。

四、磁性物体位置检测训练报告

（一）填空

1. 霍尔传感器的工作原理是应用半导体材料的（　　　）效应。将半导体置于磁场中，当有电流流过时，在半导体的两侧会产生一个（　　　　），其大小与（　　　）和（　　　　）的乘积成正比，称为（　　　　）。构成霍尔传感器的核心元件是（　　　　）。

2. 由永久磁铁或线圈产生的磁场施加于干簧管开关上，使干簧管两个磁簧（　　），使一个磁簧在触点位置上生成（　　），另一个磁簧在触点位置上生成（　　　）。若生成的磁场吸引力克服了磁簧的（　　　）力，磁簧由吸引力作用接触导通，即电路（　　　）。一旦磁场吸引力消除，磁簧因弹力作用又重新分开，即电路（　　　）。

（二）选择

1. 霍尔接近开关属于（　　），干簧管接近开关属于（　　）。

A. 接触式　　　　B. 非接触式

2. 霍尔接近开关和干簧管接近开关能检测到（　　）。

A. 金属物体　　　　B. 塑料　　　　C. 磁性物体

（三）观察思考

表 2-5　不同的磁性物体检测接近开关技术参数记录

序号	开关型号	规格型号	接线方式	输出类型	工作电流	工作电压
1						
2						
3						
4						
5						

(四) 实验原理归纳

思考题

1．锁存开关与普通霍尔接近开关的动作情况有什么不同？两者相比有什么优、缺点？

2．对于图 2-16 所示电路图，磁钢接近时触发还是远离时触发？

3．在训练步骤（4）中，如果使用一只继电器同时控制声、光信号，应该如何改进电路，试画出电路图。

4．在训练步骤（5）中，可不可以将中间继电器去掉，而直接应用 PLC 的输出端控制信号灯或蜂鸣器等负载。

任务三　金属物体近距离位置检测

[学习目标] 通过本单元的学习和训练，掌握电感式传感器和电感式接近开关的基本工作原理，熟悉电感式接近开关的外部接线，能够通过 PLC 完成声、光电路控制，掌握 PLC 电路的接线和调试。

一、认识电感式接近开关

(一) 工作原理和性能简介

电感式接近开关俗称无触点电子接近开关，其应用电磁振荡原理，由振荡器、开关电路和放大输出电路三部分组成。振荡电路产生交变磁场，当金属目标接近这一磁场并达到感应距离时，金属目标内产生涡流，反过来影响振荡器振荡。振荡变化被放大电路处理并转换成开关信号，触发驱动控制器件，完成开关量的输出。

电感式接近并关具有体积小、重复定位精确、使用寿命长、抗干扰性能好、防尘、防水、防油、耐振动等特点，广泛应用各种自动化生产线、机床、机械设备、纺织、烟草、钢铁、汽车、冶金、印刷、包装、化工、矿山、科学研究等领域。

电感式接近开关的原理和工作波形如图 2-27 和图 2-28 所示。

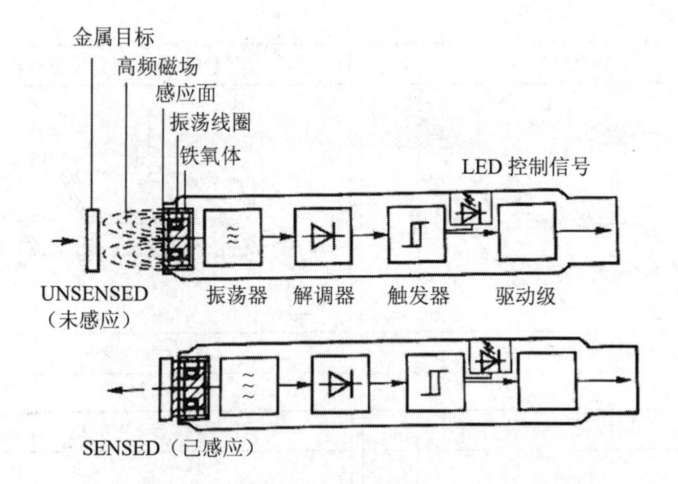

图 2-27 电感式接近开关的原理框图

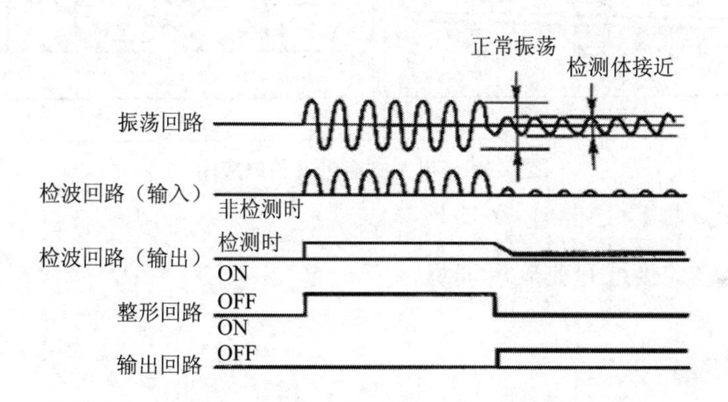

图 2-28 电感式接近开关的工作波形

（二）电感式接近开关的应用

电感式接近开关在实际生产中的应用情况如图 2-29 所示。

加工物件定位检出

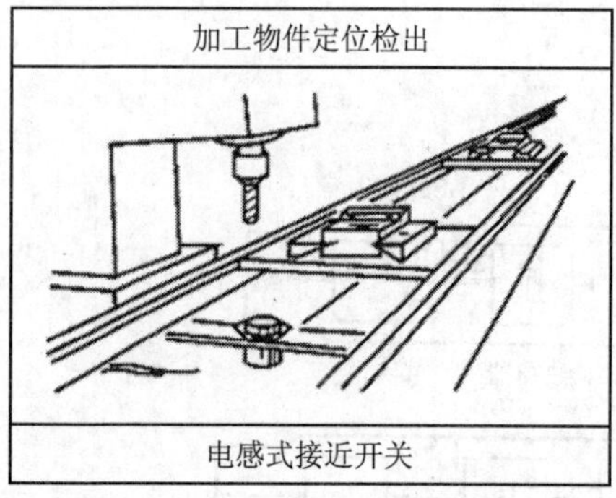

电感式接近开关

潮湿环境加工物件定位检出

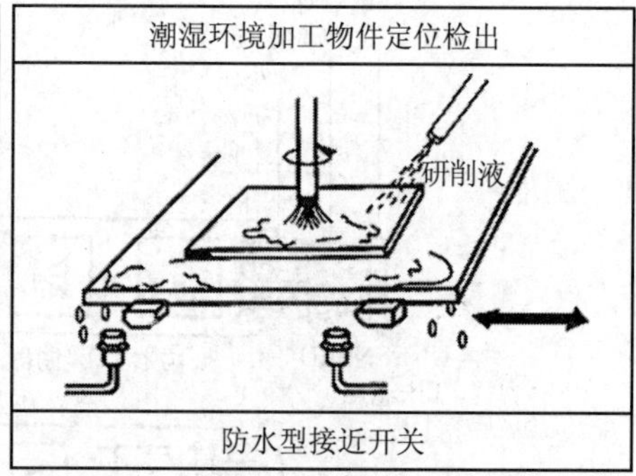

防水型接近开关

加工物件通过或定位检出

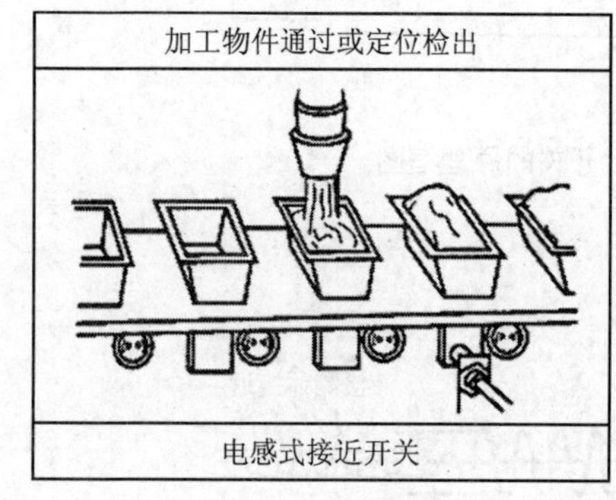

电感式接近开关

模具上下准位检出

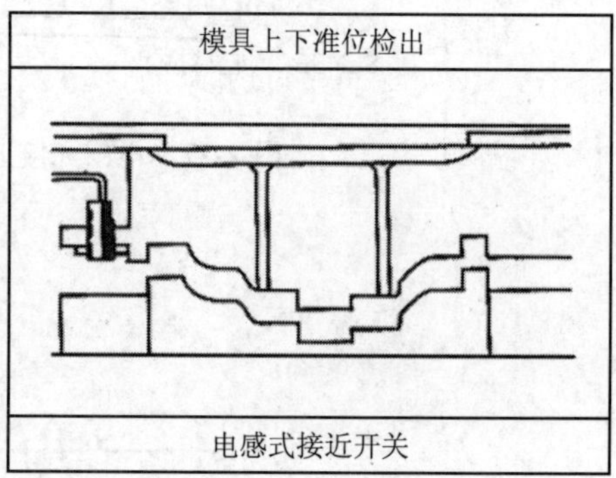

电感式接近开关

图 2-29　电感式接近开关的应用

二、电感式接近开关应用训练

（一）训练目标

（1）熟悉电感式接近开关的主要技术指标。

（2）掌握电感式接近开关的外部接线。

（3）用接近开关作为 PLC 的输入信号，实现 PLC 对交流电动机单方向运行的控制。

（二）训练设备

万用表、直流电源（输出可调）、交流电源 220V、电感式接近开关（不同接线方式）、PLC 控制装置一套、三相异步电动机、信号灯、蜂鸣器、24 V 直流继电器、电工工具、导线若干。

（三）训练步骤

在电动机正常运行时，当被检测物体接近接近开关时，接近开关触点动作，发出控制信号，电动机停止运转。

（1）观察电感式接近开关的外部结构，阅读有关说明材料，熟悉接近开关的主要技术指标，并将主要技术参数填入表 2-6 中。

（2）根据控制要求编写 PLC 的 I/O 分配表，填入表 2-7 中。

（3）编写 PLC 程序，并下载到 PLC。

（4）根据图 2-30 所示原理图完成 PLC 控制电动机主电路的接线。

（5）根据图 2-31 所示接线图，完成 PLC 外部接线。

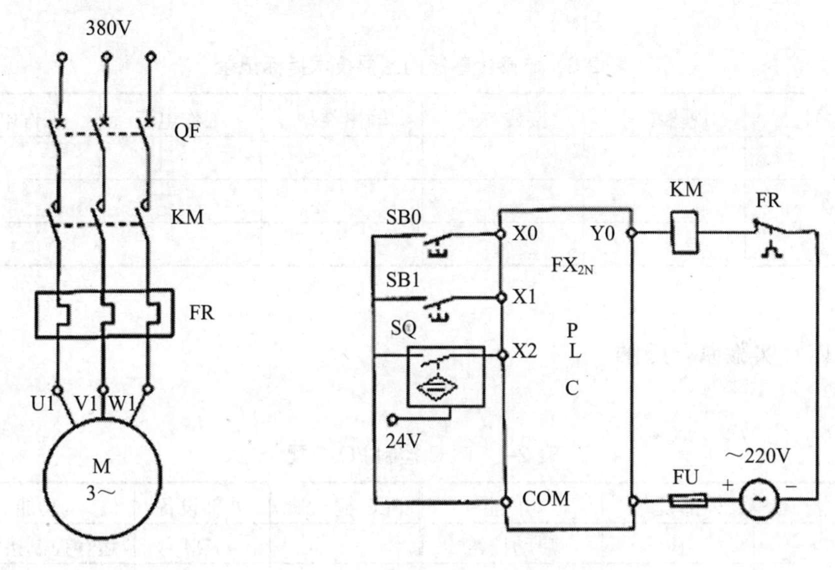

图 2-30　电动机主电路　　　图 2-31　PLC 接线

（6）完成电路的接线后，按下启动按钮，使电动机正常运转，然后将被检测材料逐渐接近接近开关，直至开关动作，PLC 控制电动机，电动机停止转动。

三、电感式接近开关应用训练报告

（一）填空

电感式接近开关俗称（　　　　　　　　　），其应用（　　　　　　　　　）原理，由（　　　　　　　）、（　　　　　　　）和（　　　　　　　　）三部分组成。

振荡电路产生交变磁场，当金属目标接近这一磁场并达到感应距离时，金属目标内产生（　　　　　　　　），反过来影响振荡器振荡。

（二）选择

1．电感式接近开关检测（　）。

A．金属物体　　B．塑料　　C．磁性物体

2．电感式接近开关的有效检测距离为（　）。

A．几毫米到几十毫米　　B．几厘米到几十厘米　　C．几米到几十米

（三）观察思考

表 2-6　电感传感器的主要技术指标记录

序号	规格型号	接线方式	输出类型	工作电流	工作电压
1					
2					
3					

（四）实验原理归纳

表 2-7　PLC 控制 I/O 分配

PLC 输入端	外部设备	功　能	PLC 输出端	外部设备	功能
	SB0	启动按钮		KM	运行控制接触器
	SB1	停止按钮			
	SQ	接近开关			

思考题

在本次训练中，如果 PLC 的输出点工作电压是 24V，将不能直接控制交流接触器。如出现此情况，将如何实现 PLC 控制，试完成电路设计、接线和调试。

任务四 其他物体位置检测

[学习目标] 通过本单元的学习和训练，认识光电接近开关和电容式接近开关，熟悉其技术指标。掌握光电和电容式传感器的基本工作原理，了解光电接近开关和电容式接近开关的应用情况，并完成相应的控制要求。

一、认识光电接近开关

光电传感器是一种将光信号转换为电信号的传感器。光电传感器具有结构简单，精度高，响应速度快，非接触等优点，故广泛应用于各种检测技术中。光电传感器的优点如下所述。

（1）检测距离长

如果在对射型中保留 10 m 以上的检测距离等，便能实现其他检测手段（磁性、超声波等）无法达到的长距离检测。

（2）对检测物体的限制少

由于以检测物体引起的遮光和反射为检测原理，所以不像接近开关等将检测物体限定在金属，它可对玻璃、塑料、木材、液体等几乎所有物体进行检测。

（3）响应时间短

光本身为高速，并且传感器的电路都由电子零件构成，所以不包含机械性工作时间，响应时间非常短。

（4）分辨率高

能通过高级设计技术使投光光束集中在小光点，或通过构成特殊的受光光学系统，来实现高分辨率。也可进行微小物体的检测和高精度的位置检测。

（5）可实现非接触的检测

可以无须机械性地接触检测物体实现检测，因此不会对检测物体和传感器造成损伤。因此，传感器能长期使用。

（6）可实现颜色判别

通过检测物体形成的光的反射率和吸收率根据被投光的光线波长和检测物体的颜色组合而有所差异。利用这种性质，可对检测物体的颜色进行检测。

（7）便于调整

光电传感器的检测对象有可见光、不可见光，其中不可见光有紫外线、近红外线等。另外，光的不同波长对光电传感器的影响也各不相同。因此，要根据光的性质，即光的波长和响应速度来选用相应的传感器。在投射可视光的类型中，投光光束是眼睛可见的，便于对检测物体的位置进行调整。

（一）光电器件

光电器件是光电传感器中最重要的部件，常见的有真空光电器件和半导体元件。光电器件是将光信号转换为电信号的一种传感器件，它是构成光电传感器的主要部件。光电器件工作的基础是光电效应。在光线作用下，物体导电性能改变的现象称为内光电效应，如光敏电阻等就属于这类光电器件。在光线作用下，能使电子逸出物体表面的现象称为外光电效应，如光电管、光电倍增管就属于这类光电器件。在光线作用下能使物体产生一定方向电动势的现象称为光生伏特效应，如光电池、光电晶体管等就属于这类光电器件。

1．光敏电阻

光敏电阻主要由半导体材料制成。光敏电阻没有极性，纯粹是一个电阻器件，使用时既可以加直流电压，也可以加交流电压。

图 2-32 所示为光敏电阻的原理结构。它是涂于玻璃底板上的一层半导体物质，半导体的两端装有金属电极，金属电极与引出线端连接，光敏电阻就通过引线端接入电路。为了防止周围介质的影响，在半导体光敏层上覆盖了一层漆膜，漆膜的成分应使它在光敏层最敏感的波长范围内透射率最大。无光照时，光敏电阻阻值很大，电路中电流很小。当光敏电阻受到一定波长范围光线的照射时，它的阻值急剧减小，电路中电流迅速增大。

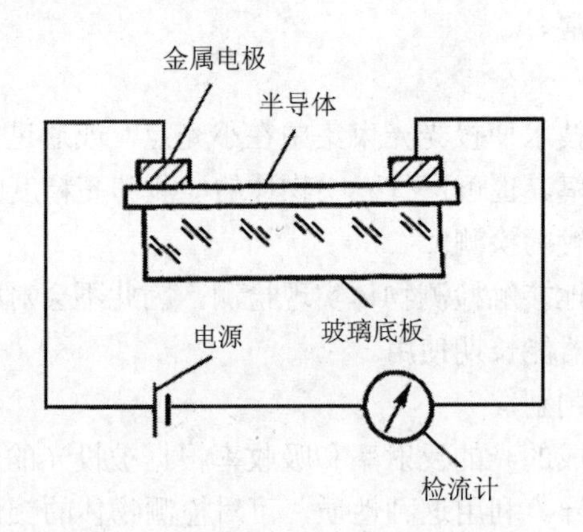

图 2-32　光敏电阻的结构和工作原理

2．光电二极管和光电晶体管

光电二极管的结构与普通的二极管相似。它装在透明玻璃中，其 PN 结装在管的顶部，可以直接受到光照，如图 2-33 所示。光电二极管在电路中一般处于反向工作状态，如图 2-34 所示。在没有光照时，光电二极管的反向电阻很大，光电流很小，该反向电流称为暗电流；光照时，反向电阻减小，形成光电流，光的照度越大，光电流越大。因此，光电二极管不受光照时，处于截止状态；受到光照射时，处于导通状态。

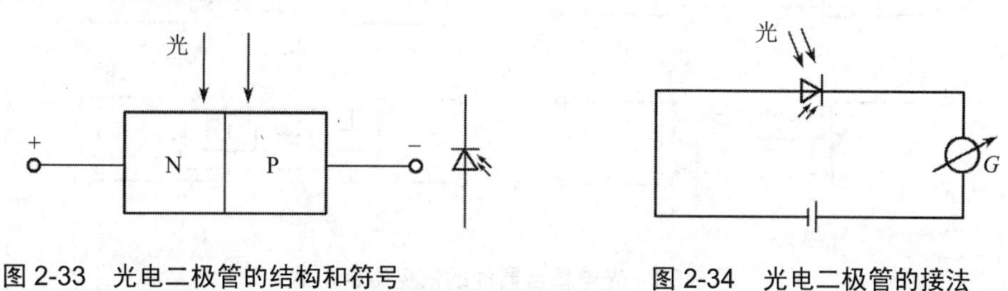

图 2-33 光电二极管的结构和符号　　图 2-34 光电二极管的接法

光电晶体管与普通的晶体管很相似，如图 2-35 所示。当光照射在集电极上时形成光电流，相当于普通晶体管的基极电流增加，因此集电极电流是光电流的β倍，所以光电晶体管具有放大作用。

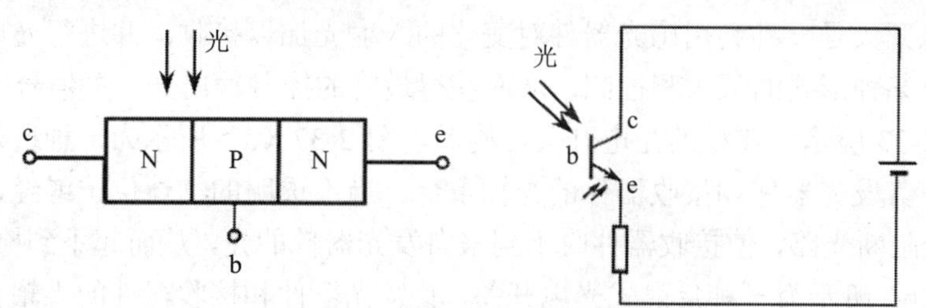

图 2-35 NPN 型光电晶体管结构和基本电路

3. 光电耦合器件

光电耦合器件是将发光器件（如发光二极管）和光电接收器件合并使用，以光作为媒介传递信号的光电器件。光电耦合器件中的发光器件通常是半导体发光二极管，光电接收器件有光敏电阻、光电二极管、光电晶体管或光电晶闸管等。根据结构和用途的不同，光电耦合器件又可分为用于实现电隔离的光电耦合器件和用于检测有无物体的光电开关。

（1）光电耦合器件

光电耦合器件的发光和接收器件都封装在一个外壳内，一般有金属封装和塑料封装两种。耦合器件的常见组合形式如图 2-36 所示。图 2-36（a）所示组合形式结构简单，成本较低，输出电流较大，可达 100 mA，响应时间为 3～4 μs。图

2-36（b）所示形式结构简单，成本较低，响应时间短，约为 1 μs，但输出电流小，在 50～300 μA。图 2-36（c）所示形式传输效率高，但只适于较低频率的装置。图 2-36（d）所示为一种高速、高传输效率的新颖器件。

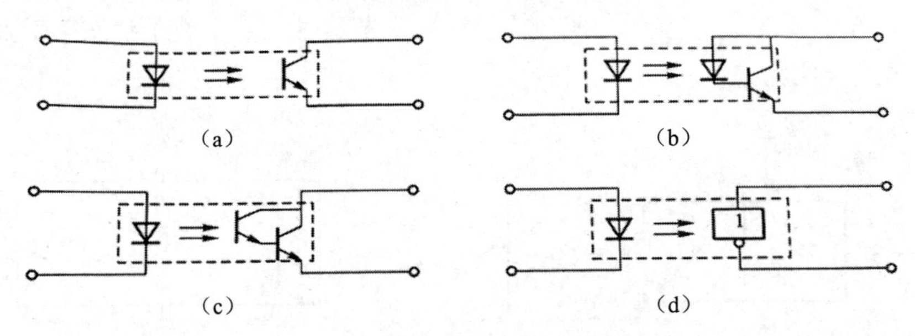

图 2-36　光电耦合器件的常见组合形式

光电耦合器件实际上是一个电量隔离转换器，它具有抗干扰和单向传输的功能，广泛应用于电路隔离、电平转换、噪声抑制、无触点开关及固态继电器等。

（2）光电开关

光电开关是一种利用感光器件对变化的入射光加以接收，并进行光电转换，同时加以某种形式的放大和控制，从而获得最终的控制输出开、关信号的器件。

图 2-37 所示为典型的光电开关结构图。图 2-37（a）所示为一种透射式的光电开关，其发光器件和接收器件的光轴重合。当不透明的物体位于或经过它们之间时，会阻断光路，使接收器件收不到来自发光器件的光，从而起不到检测作用。图 2-37（b）所示为一种反射式光电开关，其发光器件和接收器件的光轴在同一平面以某一角度相交，交点一般为待测物体所在位置。当有物体经过时，接收器件将接收到从物体表面反射的光，没有物体时则接收不到反射光。

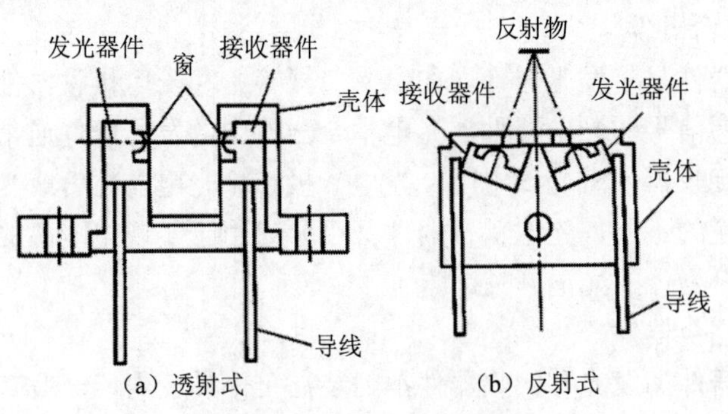

图 2-37　光电开关的结构

光电开关的特点是小型、高速、非接触。用光电开关检测物体时，大部分只需其输出信号有高、低（1、0）之分即可。

（二）光电开关的工作原理

光电开关的工作原理是投光器发出来的光被物体阻断或部分反射，利用光敏三极管、光敏二极管、光敏电阻或光敏电池检测反射回的光的强弱或有无光线，从而检测是否存在物体（图 2-38）。光电开关根据使用原理可分为对射式、漫反射式、会聚型反射式及反射板型反射式四种类型。用户可根据实际需要决定所采用的光电开关的类型。

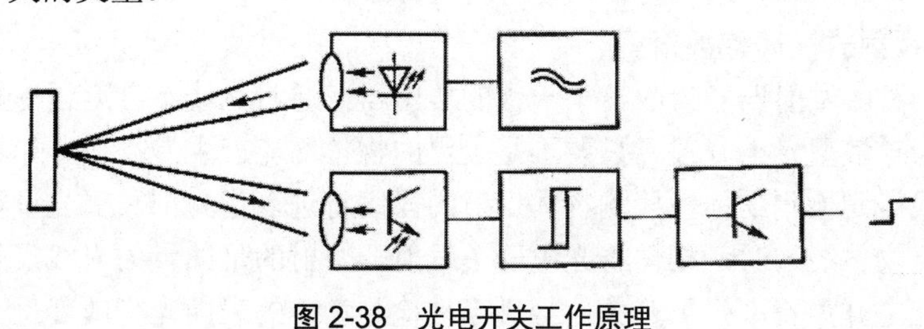

图 2-38　光电开关工作原理

1. 对射式

对射式光电开关包含了在结构上相互分离且光轴相对放置的发射器（投光器）和接收器（受光器），发射器发出的光线直接进入接收器，当被检测物体经过发射器和接收器之间且阻断光线时，光电开关就产生了开关信号。当检测物体为不透明时，对射式光电开关是最可靠的检测装置（图 2-39）。

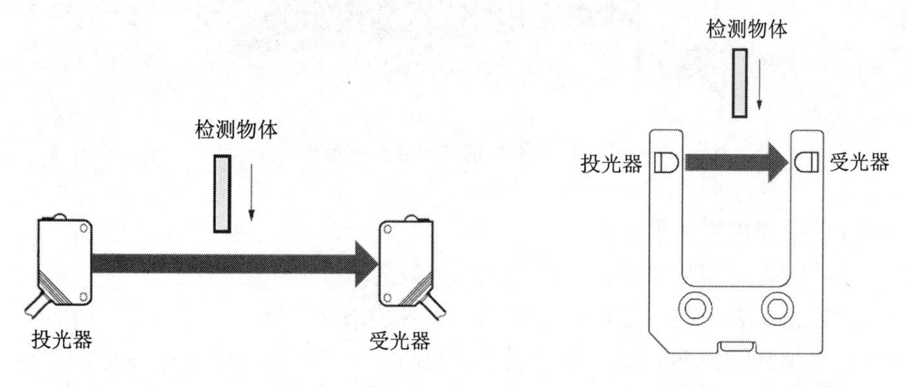

图 2-39　对射式光电开关的工作原理

图 2-40　槽形光电开关工作原理

对射式光电开关的特点：

➢ 动作的稳定度高，检测距离长（数厘米～数米）；

➢ 即使检测物体通过的线路变化，检测位置也不变；

➢ 检测物体的光泽、颜色、倾斜等的影响很少。

此外，检测方式与对射型相同，在传感器形状方面，也有投光受光部一体化，称为槽形的种类，如图 2-40 所示。它通常采用标准的 U 字形结构，其发射器和接收器分别位于 U 形槽的两边，并形成光轴，当被检测物体经过 U 型槽且阻断光轴时，光电开关就产生了开关量信号。槽式光电开关比较适合检测高速运动的物体，并且它能分辨透明与半透明物体，使用安全可靠。

2．漫反射式（简称散射型）

它是一种集发射器和接收器于一体的传感器，通常光线不会返回受光部，因此也称其为扩散型光电开关。只要不是全黑的物体均能产生漫反射。如果投光部发出的光线碰到检测物体，检测物体反射的光线将进入受光部，受光量将增加。当有被检测物体经过时，物体将光电开关发射器发射的足够量的光线反射到接收器，于是光电开关就产生了开关信号。当被检测物体的表面光亮或其反光率极高时，漫反射式的光电开关是首选的检测模式，其原理如图 2-41 所示。

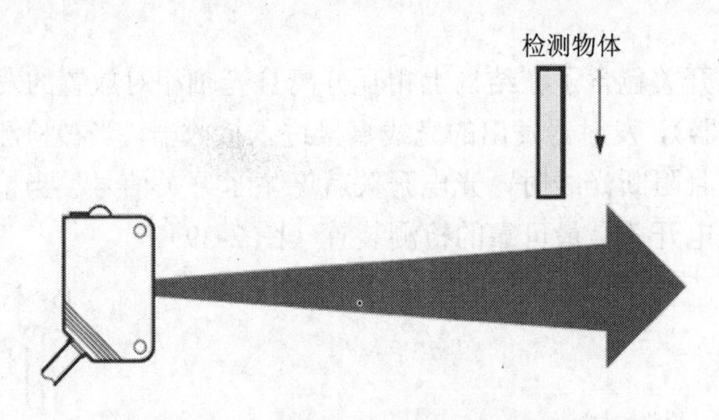

图 2-41　漫反射式光电开关原理

漫反射式光电开关的特点：

➢ 检测距离与被测物的黑度有关，一般为数厘米～数米；

➢ 便于安装调整，漫反射式光电开关安装最为方便；

➢ 在检测物体的表面状态（颜色、凹凸）中光的反射光量会变化，检测稳定性也会变化。

3. 会聚型反射式

会聚型反射式光电开关的工作原理类似于漫反射式光电开关，然而其投光器与受光器聚焦于被检测物体某一距离，只有当物体出现在焦点时，光电开关才有动作，其原理如图 2-42 所示。与扩散反射型相同，接收从检测物体发出的反射光进行检测。设置为在投光器和受光器上仅入射正反射光，仅对离开传感器一定距离（投光光束与受光区域重叠的范围）的检测物体进行检测。图 2-42（b）中，可在（A）位置检测物体，但在（B）位置无法检测。

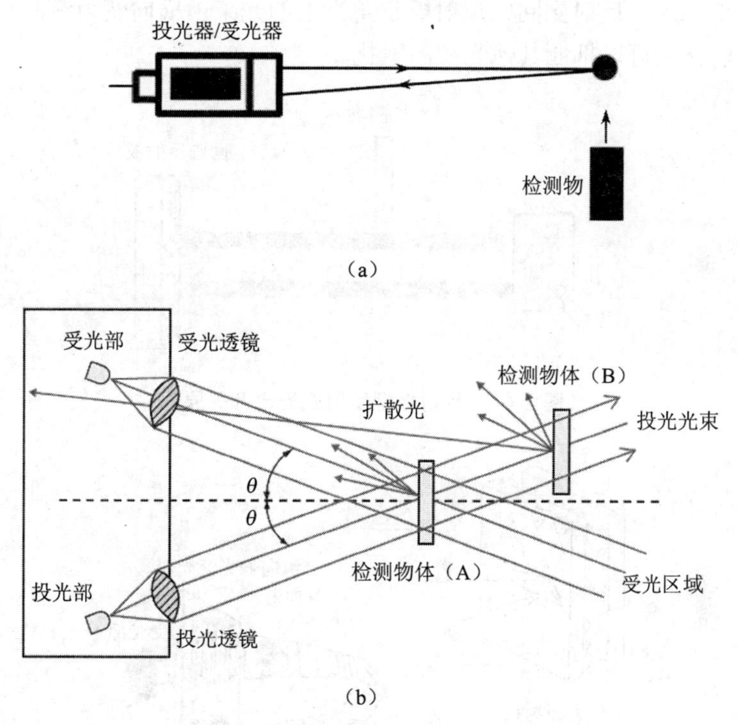

图 2-42 会聚型反射式光电开关原理

会聚型反射式光电开关的特点：

- 可检测微妙的段差；
- 限定与传感器的距离，只在该范围内有检测物体时进行检测；
- 不易受检测物体的颜色的影响；
- 不易受检测物体的光泽、倾斜的影响。

4. 反射板型反射式

反射板型反射式光电开关也是将投光器与受光器置于一体，不同于其他模式的是，它采用反射板将光线反射到光电开关，光电开关与反射板之间的物体虽然也会反射光线，但其效率远低于反射板，相当于切断光束，故检测不到反射光。反射板型反射式光电开关的原理如图 2-43 所示。反射板反射型光电开关采用较为方便的单侧安装方式，但需要调整反射板的角度以取得最佳的反射效果。反射板通常使用三角棱镜，它对安装角度的变化不太敏感，有的还采用偏光镜，它能将光源发出的光转变成偏振光（波动方向严格一致的光）反射回去，提高抗干扰能力。如图 2-44 所示，采用镜面抑制反射式光电开关，受光器只能接收来自回归反射板的光束。此时反射到回归反射板三角锥上的光束由横向变为纵向，受光器只能接收纵向光，可以抑制其他光源的干扰。

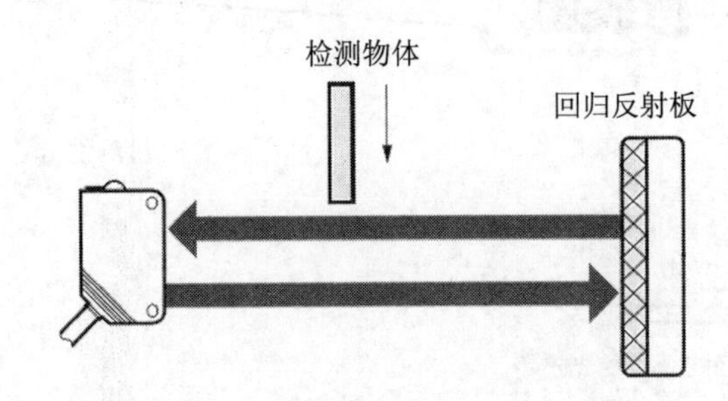

图 2-43　反射板型反射式光电开关原理

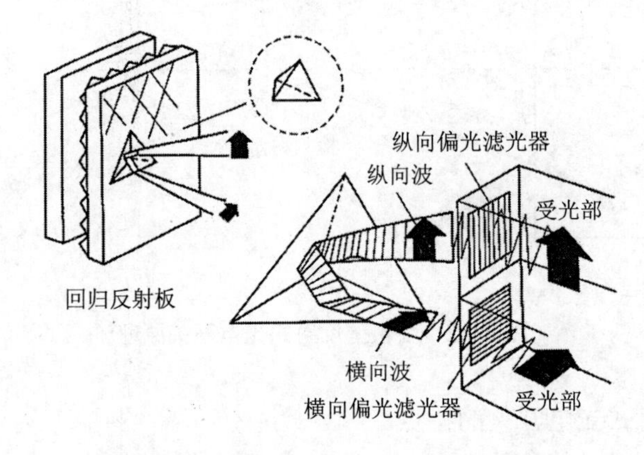

图 2-44　镜面抑制反射式光电开关原理

反射板型反射式光电开关的特点：

- 检测距离为数厘米～数米；
- 布线・光轴调整方便（可节省工时）；
- 检测物体的颜色、倾斜等的影响很少；

➢ 光线通过检测物体两次，所以适合透明体的检测；
➢ 检测物体的表面为镜面体的情况下，根据表面反射光的受光不同，有时会与无检测物体的状态相同，无法检测。这种影响可通过 MSR 功能来防止。

5. 光纤传感器

光纤传感器也是光电传感器的一种。光纤传感器具有下述优点：抗电磁干扰、可工作于恶劣环境，传输距离远，使用寿命长，此外，由于光纤头具有较小的体积，所以可以安装在很小空间的地方。光纤放大器根据需要来放置，比如有些生产过程中烟火、电火花等可能引起爆炸和火灾，而光能不会成为火源，不会引起爆炸和火灾，所以可将光纤探测头设置在危险场所，将放大器单元设置在非危险场所进行使用。安装位置示意如图 2-45 所示。

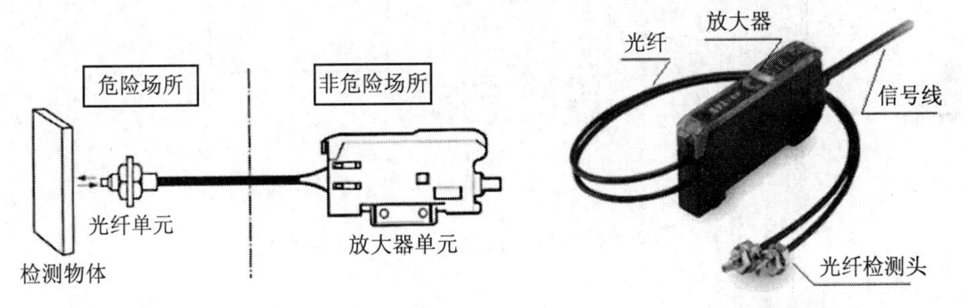

图 2-45 光纤传感器的安装位置　　图 2-46 光纤传感器组件

光纤型传感器由光纤检测头、光纤放大器两部分组成，放大器和光纤检测头是分离的两个部分，光纤检测头的尾端分成两条光纤，使用时分别插入放大器的两个光纤孔。光纤传感器组件如图 2-46 所示。放大器的安装示意图见图 2-47。

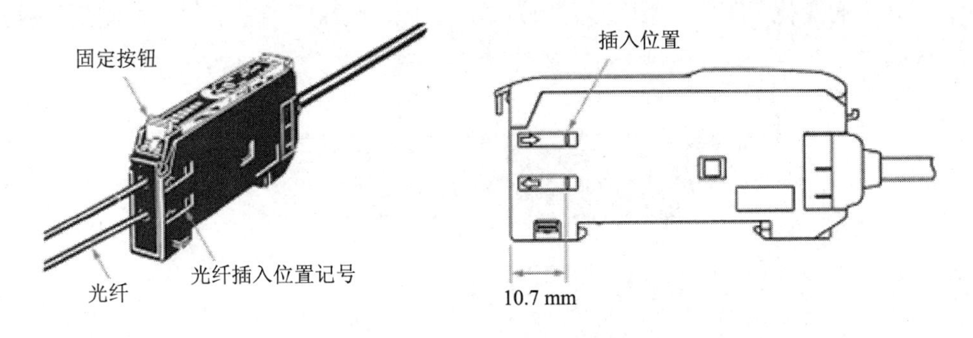

图 2-47 光纤放大器的安装示意图

光纤式光电接近开关的放大器的灵敏度调节范围较大。当光纤传感器灵敏度调得较小时，反射性较差的黑色物体，光电探测器无法接收到反射信号；而反射性较好的白色物体，光电探测器就可以接收到反射信号。反之，若调高光纤传感器灵敏度，则即使对反射性较差的黑色物体，光电探测器也可以接收到反射信号。

图 2-48 给出了根据检测对象的不同调节灵敏度，实现对不同颜色的工件的检测的示意图。

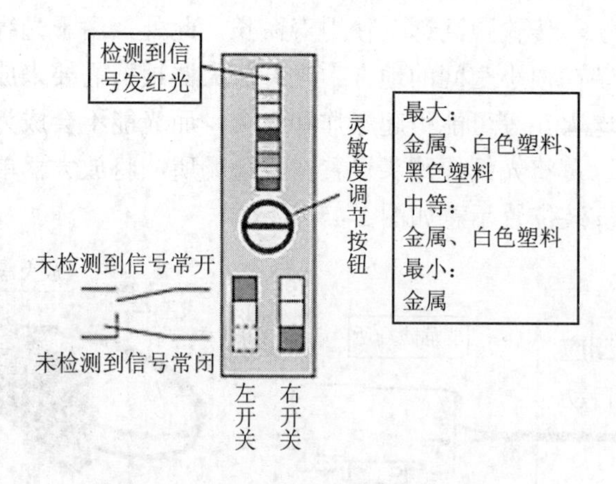

图 2-48　光纤放大器的灵敏度调节

（1）识别工件（金属、白色塑料、黑色塑料）（灵敏度最高）。

（2）识别金属工件、白色塑料工件（灵敏度中等）。

（3）识别金属工件（灵敏度最低）。

图 2-49 给出了放大器单元的俯视图，调节其中部的旋转灵敏度高速旋钮就能进行放大器灵敏度调节（顺时针旋转灵敏度增大）。调节时，会看到“入光量显示灯”发光的变化。当探测器检测到物料时，“动作显示灯”会亮，提示检测到物料。

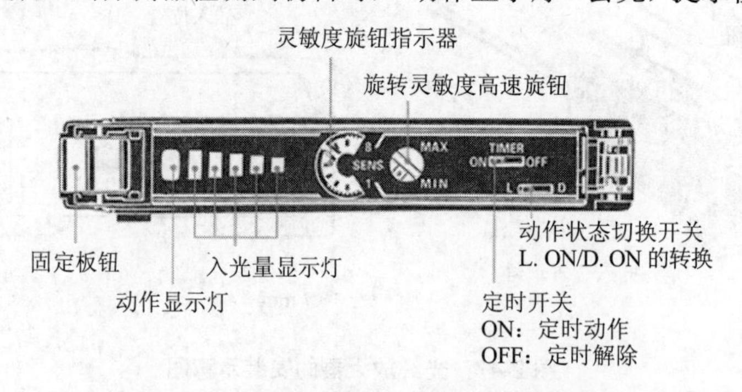

图 2-49　光纤传感器放大器单元的俯视图

E3Z-NA11 型光纤传感器电路如图 2-50 所示，接线时请注意根据导线颜色判断电源极性和信号输出线，切勿把信号输出线直接连接到电源+24V 端。

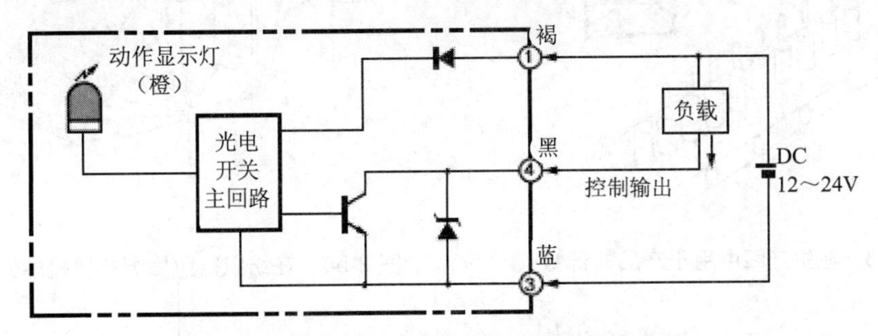

图 2-50　E3X-NA11 型光纤传感器电路框图

（三）光电开关的应用

光电开关广泛应用在工业控制、自动化包装线及安全装置中作为光控制和光探测装置，可在自动控制中用于物体检测、产品计数、料位检测、尺寸控制、安全报警及作为计算机输入接口等。

光电开关的具体应用情况有如图 2-51 所示在生产线中检测厚纸箱；如图 2-52 所示在啤酒生产线中检测酒瓶的有无；有如图 2-53 所示在生产线中用于产品的计数；有如图 2-54 所示在纺织行业检测梳棉机的断条。

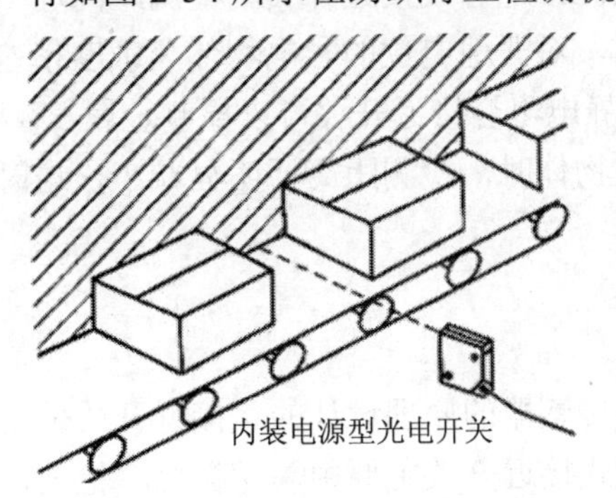

图 2-51　生产线中检测厚纸箱

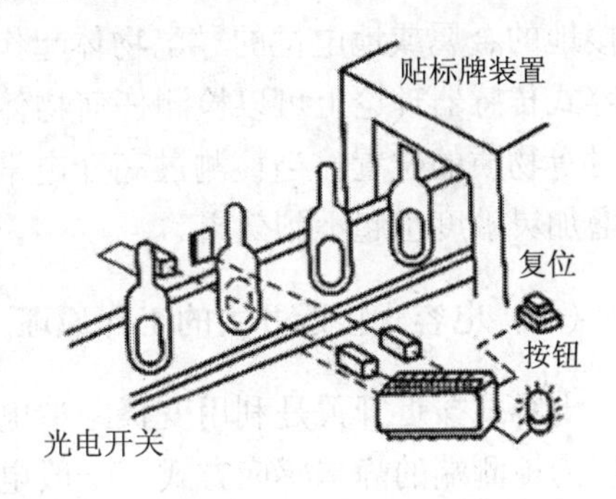

图 2-52　啤酒生产线中检测酒瓶的有无

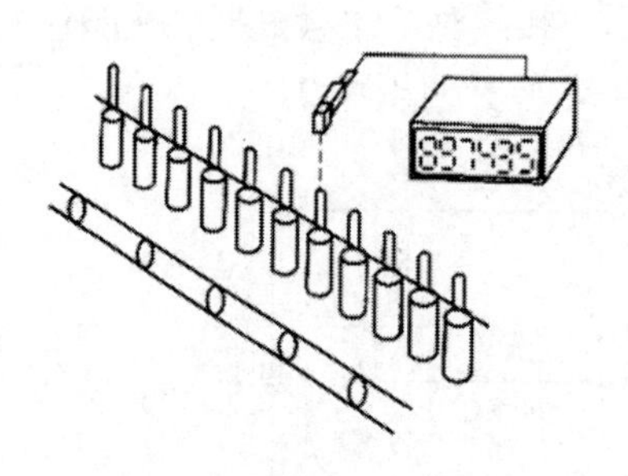

图 2-53　在生产线中用于产品的计数

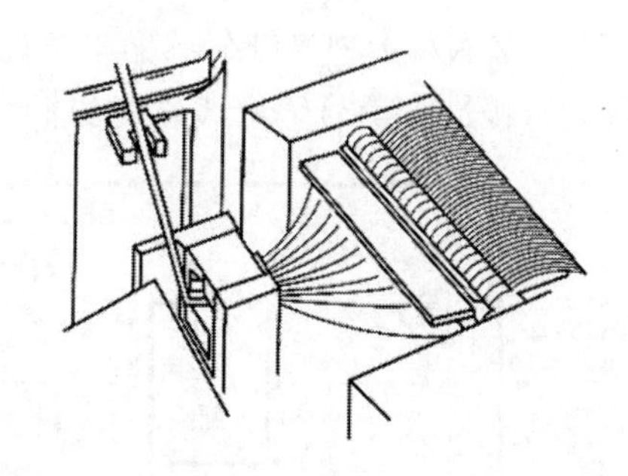

图 2-54　在纺织行业检测梳棉机的断条

二、认识电容式接近开关

电容传感器是一种能将被测变量转换成电容量变化的传感器件。这类传感器近年来有了比较大的发展。它不但用于位移、振动、角度、加速度等机械量的精密测量，而且正逐步应用于压力、压差、液面、料面、成分含量等项目的检测。电容传感器正越来越广泛地应用于自动监测。

电容式接近开关主要用于定位或开关报警控制等场合。它具有无抖动、无触点、非接触监测等长处，其抗干扰能力、耐腐蚀性等都比较好。此外，还具有体积小、功耗低、寿命长等优点。

与电感式接近开关、霍尔接近开关相比，电容式接近开关的检测距离远。它对接地的金属或地电位的导电物体起作用，对非地电位的导电物体灵敏度稍差。电容式传感器理论上可以检测任何物体，静电电容接近开关可以检测金属、塑料、木材等物质的位置。当检测过高介电常数物体时，检测距离要明显减小，这时即使增加灵敏度也起不到效果。

（一）电容式接近开关的工作原理

电容式接近开关是利用变极距型电容传感器的原理设计的。接近开关采用以电极为检测端的静态感应方式。一般电容式接近开关主要由高频振荡、检波、放大、整形及开关量输出等部分组成。电容式接近开关的振荡电路及其他电路与电容传感器基本相同。

1．电容式接近开关的工作原理

电容式接近开关的感应面由两个同轴金属电极构成，很像打开的电容器电极（图 2-55）。电极 A 和电极 B 连接在高频振子的反馈电路中。该高频振子在无测试目标时不感应。当测试目标接近传感器表面时，它就进入了由这两个电极构成的电场，引起 A、B 间的耦合电容增加，电路开始振荡。每一类振荡的振幅均由一组数据分析电路测得，并形成开关信号。其原理如图 2-56 所示。

2. 静电电容接近开关

静电电容接近开关采用以电极为检测端的静电感应方式，其原理如图 2-57 所示。静电电容接近开关根据从振荡电路取出的电极电容变化，使振荡电路振荡或停振，从而输出检测信号。

静电电容接近开关的检测对象可为多种多样的固体或液体，广泛应用于液位的检测。

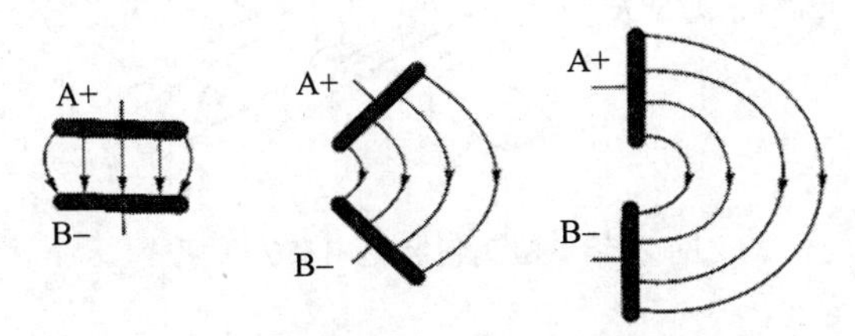

图 2-55 电容式接近开关示意图

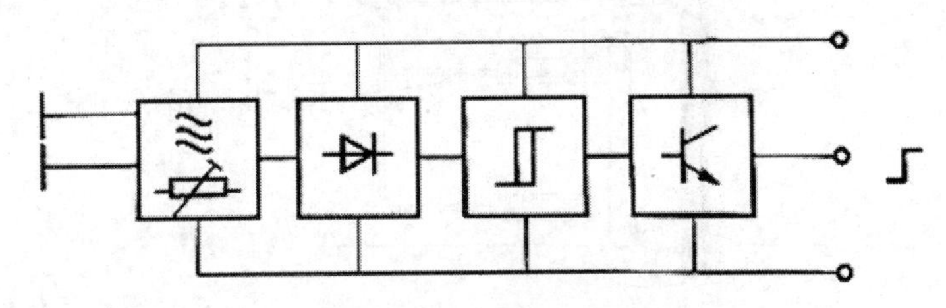

图 2-56 电容式接近开关原理

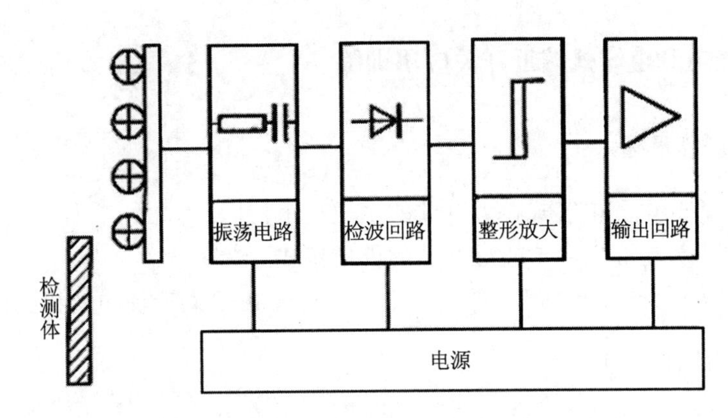

图 2-57 静电电容接近开关原理

（二）电容式接近开关的应用

（1）在自动化生产线上，检测包装箱内有无牛奶，如图 2-58 所示。

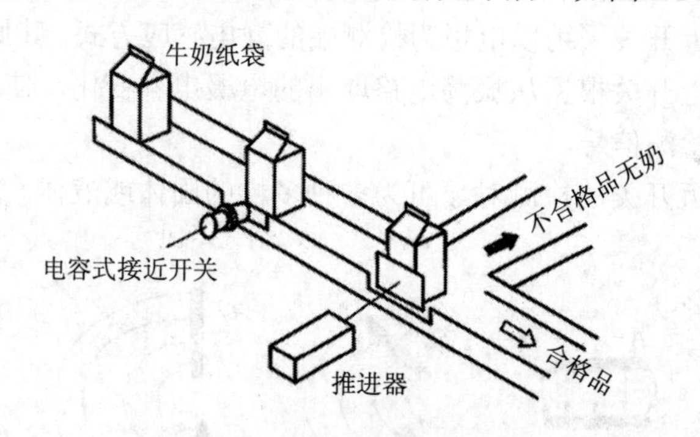

图 2-58　检测包装箱内有无牛奶

（2）检测料位或液位，如图 2-59 所示。

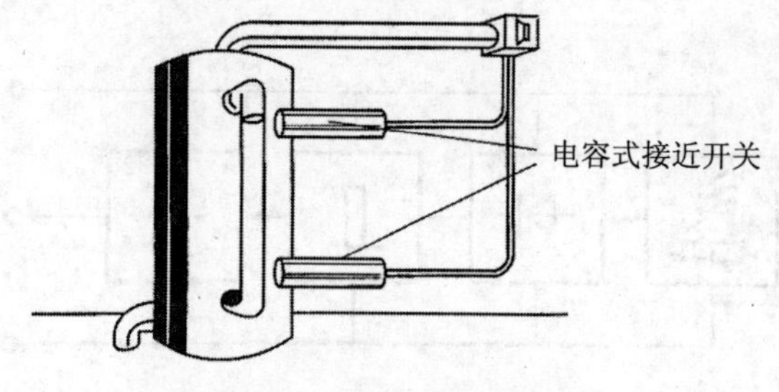

图 2-59　检测料位或液位

三、光电和电容式接近开关应用训练

（一）训练目标

（1）熟悉光电和电容式接近开关的主要技术指标。
（2）掌握光电和电容式接近开关的外部接线。
（3）用接近开关作为 PLC 的输入信号，实现 PLC 对交流电动机的运行控制。

（二）训练设备

万用表、直流电源（输出可调）、交流电源 220 V、光电开关、电容式接近开关（不同接线方式）、PLC 控制装置一套、三相异步电动机、信号灯、蜂鸣器、24V

直流继电器、电工工具、导线若干。

（三）训练步骤

在一个模拟的运输传送带上，当光电开关检测到有物体时，电动机运行，将货物运送到相应位置；当电容式接近开关检测到物体时，电动机停止运行，并发出控制信号使气动装置发出动作，将检测物搬运到另一条流水线。控制流程如图 2-60 所示。

（1）观察光电、电容式接近开关的外部结构，阅读有关说明材料，熟悉接近开关的主要技术指标，并将主要技术参数填入表 2-8 中。

（2）根据控制要求进行 PLC 的 I/O 分配并填入表 2-9 中。

（3）编写 PLC 程序，并下载到 PLC。

（4）根据图 2-61 所示原理完成 PLC 控制电动机主电路接线，使接触器 KM1 的动合触点经电源控制气动阀的线圈。

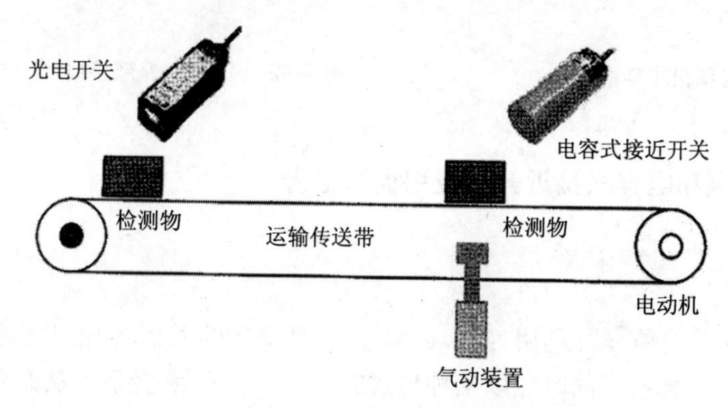

图 2-60 训练控制流程示意图

（5）根据图 2-62 所示接线图完成 PLC 的外部接线。

（6）完成电路的接线后，将检测物放置到运输传送带上，电动机正常运转。当检测物逐渐接近电容式接近开关时，电容式接近开关动作，PLC 控制电动机停止运行，气动阀动作，将检测物推到另一条运输传送带上，整个流程结束。

当有货物再次被光电开关检测到时，重复上述流程。

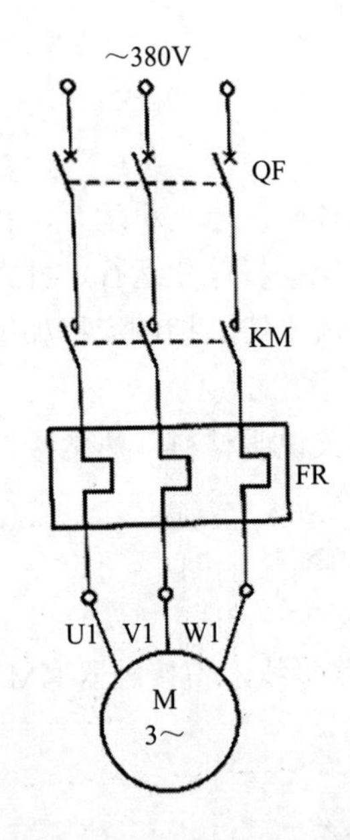

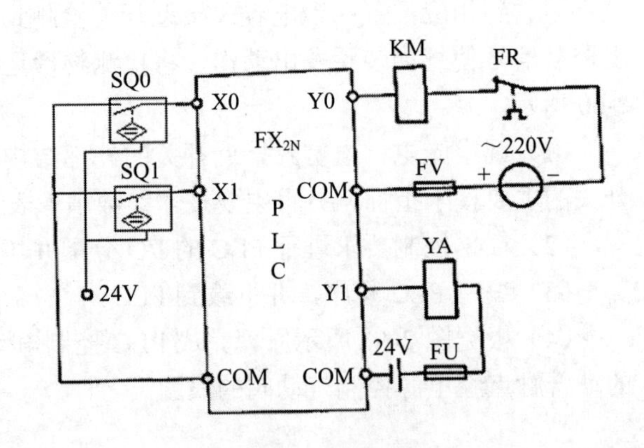

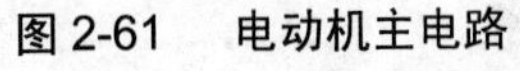

图 2-61　电动机主电路　　　　图 2-62　PLC 外部接线

四、光电和电容式接近开关应用训练报告

(一) 填空

1. 光电开关是一种利用（　　　　　）对变化的入射光加以接收，并进行（　　　　　）转换，同时加以某种形式的（　　　　）和控制，从而获得最终的控制输出（　　　　）信号的器件。

2. 光电开关根据使用原理分为（　　　　　）、（　　　　　　）、（　　　　　）和（　　　　　）四种类型。

3. 与电感式接近开关、霍尔接近开关相比，电容式接近开关检测距离（　　　）。（　　　　　　　）可以检测金属、塑料、木材等物质的位置。

(二) 选择

1. 光敏电阻在光照射下，阻值（　）。

A. 变小　　　　　　B. 不变　　　　　C. 变大

2. 镜面抑制反射光电开关受到光干扰时（　）

A. 无法正常工作　　B. 可以正常工作

（三）观察思考

表 2-8　训练用接近开关主要技术指标记录

序号	规格型号	接线方式	输出类型	工作电流	工作电压
1					
2					
3					
4					

（四）实验原理归纳

表 2-9　PLC I/O 分配

PLC 输入端	外部设备	功　能	PLC 输出端	外部设备	功　能
	SQ0	光电开关		KM	电动机运行控制接触器
	SQ1	电容式接近开关		YA	气动装置控制电磁换向阀

思考题

1．若将光电开关换成电感式开关是否可以？

2．采用对射式光电开关将如何设计控制电路？

实训一　开关类传感器应用实训

一、实训目标

（1）熟悉光电、电感等各类接近开关的主要技术指标。

（2）掌握光电、电感等各类接近开关的外部接线。

（3）用接近开关作为 PLC 的输入信号，实现 PLC 对交流电动机、气动装置的运行控制。

二、实训设备

万用表、交流电源 220 V、光电开关、电感式接近开关、PLC 控制装置一套、三相异步电动机、气动装置、信号灯、电工工具、导线若干。

三、实训步骤

如图 2-63 所示，在自动化生产线的分拣单元，当光电传感器检测到有物体时，电动机运行，传送带将物料运送到相应位置（要求第一组同学将料运送到槽一，第二组同学将料运送到槽二，第三组同学将料运送到槽三）时，PLC 控制电动机停止运行，并发出控制信号使相应的推料气缸发出动作，将检测物推送到相应的滑槽；而当检测物逐渐接近电感接近开关时，如果是金属物体，电感式接近开关动作，电动机停止运行，红色警示灯以 1 Hz 闪烁。

（1）根据有关接近开关的基本知识，识别各类开关。首先将开关分类，看看本组共有哪些不同的开关。

（2）观察实验室内各种接近开关的外部结构，阅读有关说明材料，熟悉接近开关的主要技术指标，并将主要技术参数填入表 2-10 中。

（3）根据控制要求进行 PLC 的 I/O 分配并填入表 2-11 中。

（4）编写 PLC 程序，并下载到 PLC。

（5）完成电动机主电路接线。

（6）完成 PLC 的外部接线。

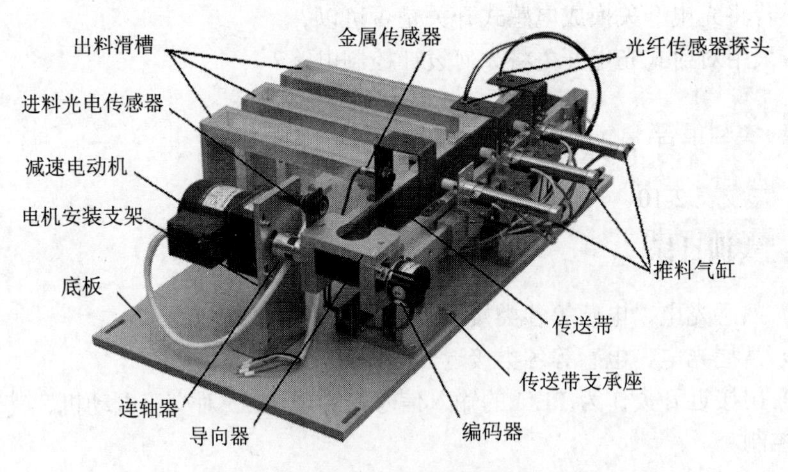

图 2-63　分拣单元示意图

（7）完成电路的接线后，将检测物放置到运输传送带上，电动机正常运转。当物体到达相应位置时，PLC 控制电动机停止运行，气动阀动作，将检测物推到相应的滑槽，整个流程结束。而当金属物体逐渐接近电感接近开关时，电感式接近开关动作，传送带电动机停止运行，并且红色警示灯闪烁。

当有物料再次被光电开关检测到时，重复上述流程。

表 2-10　接近开关主要技术指标记录

序号	开关类型	规格型号	接线方式	输出类型	工作电流	工作电压	外　形	检测对象
1								
2								
3								
4								
5								
6								

表 2-11　PLC I/O 分配

PLC 输入端	外部设备	功　能	PLC 输出端	外部设备	功　能
	SQ0	光电开关		KM0	电动机运行控制接触器
	SQ1	电感式光电开关		YA	气动装置控制电磁换向阀

四、实验报告

1．完成表 2-10、表 2-11；
2．画出电动机主电路图；
3．画出 PLC 外部接线图；
4．给出梯形图。

任务五　认识光电编码器

编码器（码盘）是一种旋转式位置传感器，它的转轴通常与被测旋转轴连接，随被测轴一起转动。它能将被测轴的角位移转换成二进制编码或一串脉冲。

编码器分类：绝对式编码器和增量式编码器。

一、绝对式编码器

绝对式编码器按照角度直接进行编码，可直接把被测转角用数字代码表示出来。N 位绝对式编码器有 N 个码道，最外层的码道对应码盘的最低位。绝对式编码器输出的 N 位二进制数反映了运动物体所处的绝对位置，根据位置的变化情况，可以判别出旋转的方向。根据内部结构和检测方式，绝对式编码器有接触式、光电式等形式。

（1）接触式编码器

接触式编码器结构如图 2-64 所示。它在一个不导电的基体上做成许多有规律的导电金属区，其中阴影部分为导电区，用“1”表示，其他部分为绝缘区，用“0”表示。

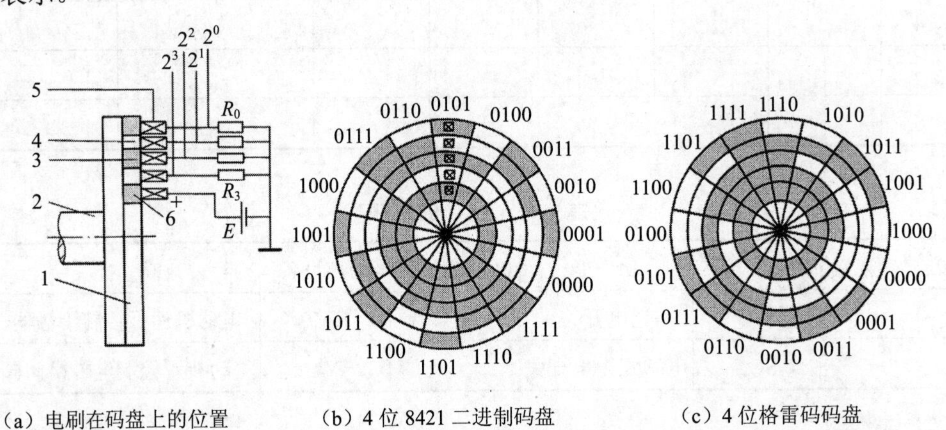

（a）电刷在码盘上的位置　（b）4 位 8421 二进制码盘　（c）4 位格雷码码盘

1—码盘；2—转轴；3—导电体；4—绝缘体；5—电刷；6—激励公用轨道（接电源正极）

图 2-64　接触式码盘

（2）光电式编码器

如图 2-65 所示，光电式编码器每一码道有一个光耦合器，用来读取该码道的 0、1 数据。光电式编码器的特点是没有接触磨损，允许转速高。码盘材料：不锈钢薄板、玻璃码盘。

光电式编码器的测量精度取决于它所能分辨的最小角度，而这与码盘上的码道数 n 有关，即最小能分辨的角度及分辨率为：

$$\alpha=360°/2^n \tag{2-1}$$

$$分辨率=1/2^n \tag{2-2}$$

（a）光电码盘的平面结构（8 码道）

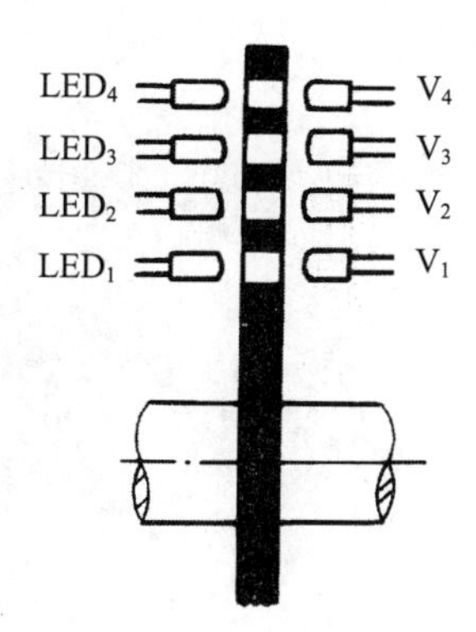

（b）光电码盘与光源、光敏元件的对应关系（4 码道）

图 2-65 光电式编码器

思考

码道越多，位数 n 越大，所能分辨的角度 α 会怎样？

若要提高分辨力，就必须增加码道数，即二进制位数。

例：某 12 码道的绝对式角编码器，其每圈的位置数为 2^{12}=4 096，能分辨的角度为 $\alpha=360°/2^{12}=5.27'$；若为 13 码道，则能分辨的角度为 $\alpha=360°/2^{13}=2.64'$。

二、增量式编码器

增量式光电码盘结构示意如图 2-66 所示。光电码盘与转轴连在一起。光电增量式编码器的码盘上有均匀刻制的光栅。码盘可用玻璃材料制成，表面镀上一层不透光的金属铬，然后在边缘制成向心的透光狭缝。透光狭缝在码盘圆周上等分，数量从几百条到几千条不等。这样，整个码盘圆周上就被等分成 n 个透光的槽。增量式光电码盘也可用不锈钢薄板制成，然后在圆周边缘切割出均匀分布的透光槽。

光电码盘的光源最常用的是自身有聚光效果的发光二极管。当光电码盘随工作轴一起转动时，光线透过光电码盘和光栏板狭缝，形成忽明忽暗的光信号。光敏元件把此光信号转换成电脉冲信号，输出与转角的增量成正比的脉冲，通过信号处理电路后，向数控系统输出脉冲信号，也可由数码管直接显示位移量。用计数器来计脉冲数就可以知道旋转的速度。增量式光电码盘工作原理如图 2-67 所示。

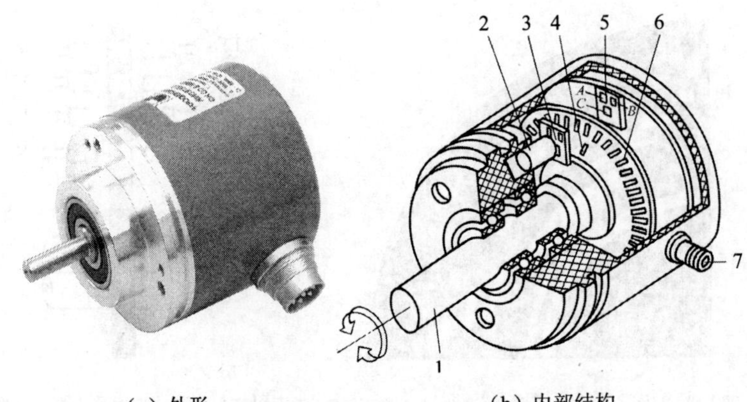

（a）外形　　（b）内部结构

1—转轴；2—发光二极管；3—光栏板；4—零标志位光槽；

5—光敏元件；6—码盘；7—电源及信号线连接座

图 2-66　增量式光电码盘结构示意图

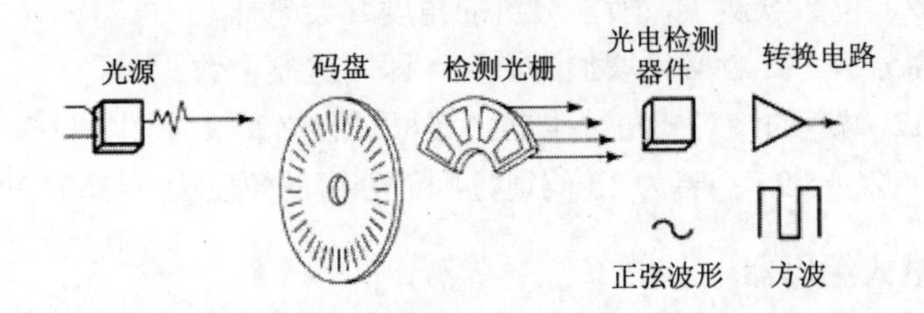

图 2-67　增量式光电码盘工作原理

光电编码器的测量准确度与码盘圆周上的狭缝条纹数 n 有关，能分辨的角度 α 为

$$\alpha = 360°/n \tag{2-3}$$

$$分辨率=1/n \tag{2-4}$$

例：

码盘边缘的透光槽数为 1 024 个，则能分辨的最小角度 α=360°/1 024=0.352°。

光电增量式编码器的码盘上刻有均匀的光栅。码盘旋转时，输出与转角的增量成正比的脉冲，需要用计数器来计脉冲数。根据输出信号的个数，有 3 种增量式编码器：

（1）单通道增量式编码器

单通道增量式编码器内部只有一对光耦合器，只能产生一个脉冲序列。

（2）双通道增量式编码器

双通道增量式编码器又称为 A、B 相型编码器，内部有两对光耦合器，能输出相位差为 90° 的两组独立脉冲序列。如果使用 A、B 相型编码器，PLC 可以识别出转轴旋转的方向。

为了判断转轴旋转的方向，必须在光栏板上设置两个狭缝，其距离是码盘上的两个狭缝距离的（m+1/4）倍，m 为正整数，并设置了两组对应的光敏元件，如图 2-68 中的 A、B 光敏元件，有时也称为 cos、sin 元件。光电编码器的输出波形如图 2-68 所示，正转和反转时两路脉冲的超前、滞后关系刚好相反。如果 A 超前于 B，判断为正向旋转；反之，A 滞后于 B，判断为反向旋转（图 2-69）。

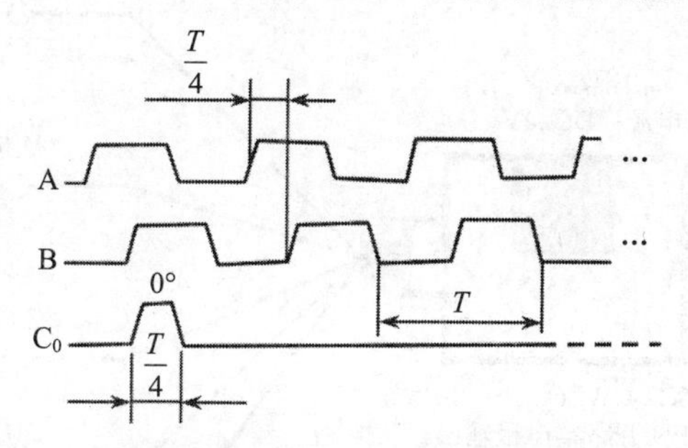

图 2-68　光电编码器的输出波形

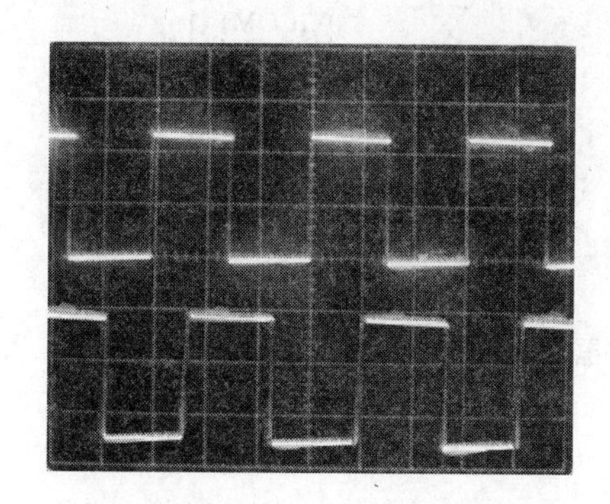

（a）A 超前于 B，判断为正向旋转

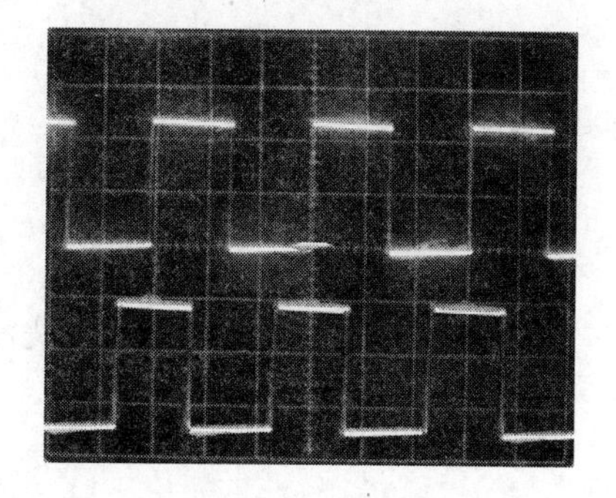

（b）A 滞后于 B，判断为反向旋转

图 2-69　光电编码器的辨向

（3）三通道增量式编码器

这种编码器内部除了有双通道增量式编码器的两对光耦合器外，为了得到码盘转动的绝对位置，还须设置一个基准点，如图 2-66 中的“零位标志槽”。在码盘的另外一个通道有一个透光段，码盘每转一圈，零位标志槽对应的光敏元件产生一个脉冲（图 2-68 中的 C_0 脉冲），该脉冲称为 Z 相零位脉冲，用作系统清零信号或坐标原点，以减少测量的积累误差。

增量式编码器一般与 PLC 的高速计数器一起使用。PLC 的普通计数器的计数过程与扫描方式有关，CPU 通过每一个扫描周期读取一次被测信号的方法来捕捉被测信号的上升沿，被测信号的频率较高时，会丢失计数脉冲，因此普通计数器的工作频率很低，一般仅有几十赫兹。用高速计数器可以实现高速运动的精确控制，并且与 PLC 的扫描周期关系不大。图 2-70 为 OMRON 公司的 E6B2-CWZ6C 型光电编码器的端子连线图，高速计数器的应用详见本教材项目四之任务三。

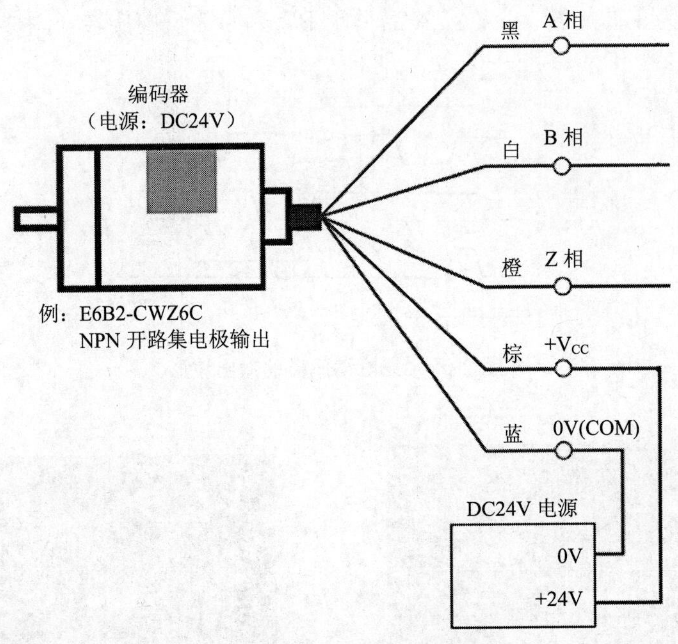

图 2-70　光电编码器的端子连线

三、编码器的应用

编码器除了能直接测量角位移或间接测量直线位移外，还有数字测速。

由于增量式编码器的输出信号是脉冲形式，因此，可以通过测量脉冲频率或周期的方法来测量转速。编码器可代替测速发电机的模拟测速，而成为数字测速装置。编码器测速原理如图 2-71 所示。

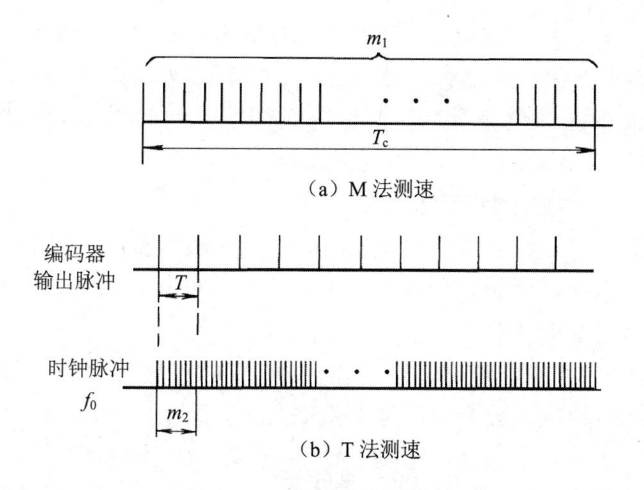

图 2-71 M 法和 T 法测速原理

1. M 法测速

在一定的时间间隔 t_s 内（又称闸门时间，如 10 s、1 s、0.1 s 等），用角编码器所产生的脉冲数来确定速度的方法称为 M 法测速。

若角编码器每转产生 N 个脉冲，在闸门时间间隔 t_s 内得到 m_1 个脉冲，则角编码器所产生的脉冲频率 f 为

$$f = \frac{m_1}{t_s} \tag{2-5}$$

则转速 n（单位为 r/min）为

$$n = 60\frac{f}{N} = 60\frac{m_1}{t_s N} \tag{2-6}$$

例 2-1 某角编码器的指标为 2 048 个脉冲/r（即 N=2 048 p/r），在 0.2 s 时间内测得 8 K 脉冲（1 K=1 024），即 t_s=0.2 s，m_1=8 K=8 192 个脉冲，f=8 192/0.2 s=40 960 Hz，求转速 n。

解：角编码器轴的转速为

$$n = 60\frac{m_1}{t_s N} = 60\frac{8\,192}{2\,048\times 0.2}\text{r/min} = 1\,200\text{r/min}$$

适合于 M 法测速的场合：要求转速较快，否则计数值较少，测量准确度较低。

例如，角编码器的输出脉冲频率 f=1 000 Hz，闸门时间 t_s=1 s 时，测量精度可达 0.1%左右；而当转速较慢时，角编码器输出脉冲频率的较低，±1 误差（多或少计数一个脉冲）将导致测量精度的降低。

闸门时间 t_s 的长短对测量精度的影响：t_s 取得较长时，测量精度较高，但不能反映速度的瞬时变化，不适合动态测量；t_s 也不能取得太小，以至于在 t_s 时段内得到的脉冲太少，而使测量精度降低。例如，脉冲的频率 f 仍为 1 000 Hz，t_s 缩短到 0.01 s 时，此时的测量准确度将降到 10%左右。

2. T 法测速（适合于低转速场合）

用编码器所产生的相邻两个脉冲之间的时间来确定被测转速的方法称为 T 法测速。在 T 法测速中，必须使用标准频率 f_c（其周期为 T_c，例如 1 μs）的脉冲作为测量编码器周期 T 的“时钟”。

编码器每转产生 N 个脉冲，用已知频率 f_c 作为时钟，填充到编码器输出的两个相邻脉冲之间的脉冲数为 m_2，则转速（r/min）为

$$n = 60\frac{f}{N} = 60\frac{f_c}{Nm_2} \tag{2-7}$$

T 法测速举例：

例 2-2 有一增量式光电编码器，其参数为 1 024 p/r，测得两个相邻脉冲之间的时钟脉冲数为 3 000，时钟频率 f_c 为 1 MHz，则转速（r/min）为

$$n = 60\frac{f_c}{Nm_2} = 60\frac{1\times10^6}{1\,024\times3\,000}\text{r/ min} = 19.53\text{ r/ min}$$

思考题

如图 2-72 所示，用每转 2 000 条刻线的增量编码器测电动机转速，已知时钟脉冲为 2 MHz，在 10 个编码器脉冲间隔的时间里，计数器共计数 10 000 个时钟脉冲，试求电动机转速 n？

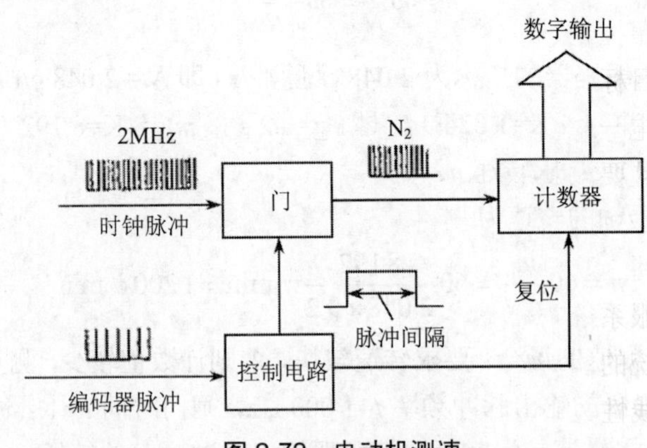

图 2-72 电动机测速

项目三　伺服控制技术应用

伺服源自英文单词“Servo”，顾名思义，就是指系统跟随外部指令进行人们所期望的运动，其中，运动要素包括位置、速度和力矩等物理量。伺服系统（servo-system，i.e，servo mechanism）的定义有多种，在机电一体化装置中，它是指以机械位置或角度作为控制对象的自动控制系统。

任务一　了解伺服控制系统

一、伺服系统及其分类

伺服控制系统是一种能够跟踪输入的指令信号进行动作，从而获得精确的位置、速度及动力输出的自动控制系统，也叫随动系统。伺服系统是自动控制系统的一类，它的输出变量通常是机械或位置的运动，它的根本任务是实现执行机构对给定指令的准确跟踪，即实现输出变量的某种状态能够自动、连续、精确地复现输入指令信号的变化规律。

如防空雷达控制就是一个典型的伺服控制过程，它是以空中的目标为输入指令要求，雷达天线要一直跟踪目标，为地面炮台提供目标方位；加工中心的机械制造过程也是伺服控制过程，位移传感器不断地将刀具进给的位移传送给计算机，通过与加工位置目标比较，计算机输出继续加工或停止加工的控制信号。

绝大部分机电一体化系统都具有伺服功能，机电一体化系统中的伺服控制是为执行机构按设计要求实现运动而提供控制和动力的重要环节。

按控制理论，伺服系统一般分为：开环伺服系统、闭环伺服系统和半闭环伺服系统三类。如图 3-1 所示为伺服系统的三类基本形式。

（1）开环伺服系统

开环伺服系统的能换部件主要是步进电机或电液脉冲马达，其指令脉冲个数与转过的角度呈线性关系，故开环系统一般不用位置检测元件实现定位，它通过指令脉冲的个数控制位移量，借助指令脉冲的频率控制其运动速度。该系统结构简单，易于控制，但精度差，低速不平稳，高速扭矩小。它一般适用于运动精度要求不太高的场合，例如轻载负载变化不大或经济型数控机床一般采用这种系统。

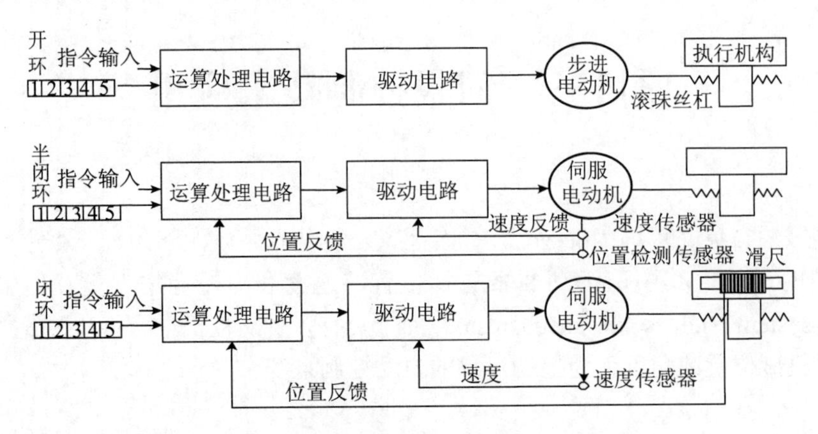

图 3-1 伺服电动机控制方式的基本形式

（2）闭环伺服系统

闭环伺服系统是误差控制随动系统，对于数控机床，其进给系统的误差是CNC 输出的位置指令和机床工作台（或刀架）实际位置的差值。显然，开环伺服系统不能反映运动的实际位置，因此需要有位置检测系统。该系统测出实际位移量或者实际所处位置，并将测量值反馈给 CNC 装置，与指令进行比较，求得误差，因此构成闭环位置控制。由于闭环伺服系统是反馈控制，反馈测量系统精度一般比较高，所以系统传动链的误差，环内各元件的误差以及运动中造成的误差都可以得到补偿，从而大大提高了跟随精度和定位精度。闭环数控机床的分辨率多数为 1 μm，定位精度可达±0.01～±0.005 mm；高精度的分辨率可达 0.1 μm。整个装置的精度主要取决于测量系统的制造精度和安装精度。

（3）半闭环伺服系统

半闭环伺服系统的位置检测元件不直接安装在装置的最终运动部件上，最终运动部件的位置需要经过中间机械传动部件的转换才能获得，因而为间接测量。也就是说，整个装置的传动链有一部分在位置闭环以外，这之外的传动误差就不能获得完全补偿，因而这种伺服系统的精度低于闭环伺服系统，即半闭环伺服系统。

半闭环伺服系统和闭环伺服系统的不同点在于闭环系统环内包括较多的机械传动部分，传动误差均可被补偿。理论上精度可以达到很高。但由于受机械变形、温度变化、振动以及其他影响，系统稳定性难以调整。此外，机床运行一段时间后，由于机械传动部件的磨损、变形及其他因素的改变，容易使系统稳定性改变，精度发生变化。因此，目前使用半闭环系统较多。只在具备传动部件精密度高、性能稳定、使用过程温差变化不大的高精度数控机床上才使用全闭环伺服系统。

二、伺服系统的结构组成

机电一体化的伺服控制系统的结构、类型繁多，但从自动控制理论的角度来分析，伺服控制系统一般包括比较环节、控制器、执行环节、被控对象、检测环节五部分。伺服系统的结构组成如图 3-2 所示。

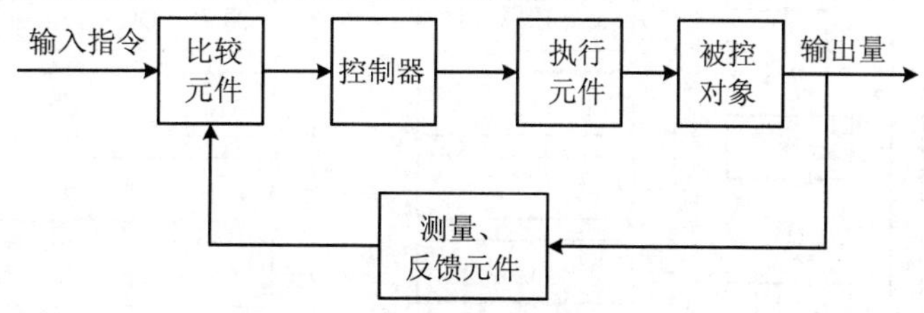

图 3-2 伺服系统的结构组成

比较环节是将输入的指令信号与系统的反馈信号进行比较，以获得输出与输入间的偏差信号，通常由专门的电路或计算机来实现；控制器通常是计算机或 PID 控制电路；其主要任务是对比较元件输出的偏差信号进行变换处理，以控制执行元件按要求动作；执行元件按控制信号的要求，将输入的各种形式的能量转化成机械能，驱动被控对象工作，机电一体化系统中的执行元件一般指各种电机或液压、气动伺服机构等。被控对象是指被控制的机构或装置，是直接完成系统目的的主体，一般包括传动系统、执行装置和负载；检测环节指能够对输出进行测量，并转换成比较环节所需要的量纲的装置，一般包括传感器和转换电路。

三、伺服系统的技术要求

机电一体化伺服系统要求具有精度高、响应速度快、稳定性好、负载能力强和工作频率范围大等基本要求，同时还要求体积小、重量轻、可靠性高和成本低等。

四、执行元件类型及特点

伺服系统的执行元件主要有电动机、电磁铁、油缸和液压马达等，是伺服控制系统的动力部件。它是将电能转换为机械能的一种能量转换装置。由于它们的工作可在很宽的速度和负载范围内受到连续而精确地控制，因而在机电一体化产品中得到了广泛的应用。

根据使用能量的不同，可以将执行元件分为电气式、液压式和气压式等几种类型。电气式将电能变成电磁力，并用该电磁力驱动执行机构运动。液压式先将电能变换为液压能并用电磁阀改变压力油的流向，从而使液压执行元件驱动执行机构运动。气压式与液压式的原理相同，只是将介质由油改为气体而已。图 3-3 分类列出了这几种执行元件。

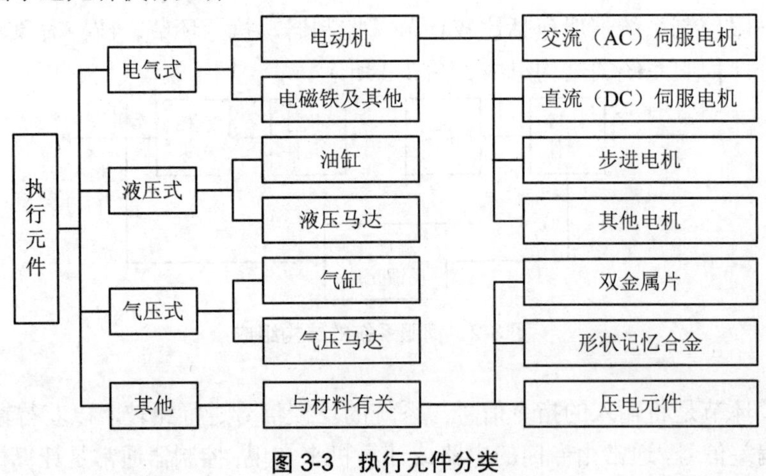

图 3-3 执行元件分类

1. 电气执行元件

电气执行元件包括直流（DC）伺服电机、交流（AC）伺服电机、步进电机以及电磁铁等，是最常用的执行元件。电气伺服系统全部采用电子器件，操作维护方便，可靠性高。它们没有噪声、污染和维修费用高等问题，但反应速度和低速力矩不如液压系统高。借助于电力电子技术、计算机技术、控制技术的发展，电气伺服系统已经具有较高的性能，在很多场合已经取代液压伺服系统并成为主流。

2. 液压式执行元件

液压式执行元件主要包括往复运动油缸、回转油缸、液压马达等，其中油缸最为常见。在同等输出功率的情况下，液压元件具有重量轻、快速性好等特点。目前，世界上已开发了各种数字式液压执行元件，其定位性能好。例如电—液伺服马达和电—液步进马达，这些马达与电动机相比有转矩大的优点，可以直接驱动执行机构，适合于重载的高速驱动。对一般的电—液伺服系统，可采用电—液伺服阀控制油缸的往复运动。电液伺服系统具有在低速下可以得到很高的输出力矩，以及刚性好、时间常数小、反应快和速度平稳等优点。然而，液压系统需要油箱、油管等供油系统，体积大。此外，还有漏油、噪声等问题，故从 20 世纪 70 年代起逐步被电气伺服系统代替。一般在有特殊要求的场合才采用电液伺服系统，液压伺服马达主要用在负载较大的大型伺服系统中，在中、小型伺服系统中则多采用直流或交流伺服电动机。液压式执行元件如图 3-4 所示。各种执行元件的特点如表 3-1 所示。

图 3-4 液压式执行元件

3. 气压式执行元件

气压式执行元件除了用压缩空气做工作介质外，与液压式执行元件没有区别。气压式执行元件如图 3-5 所示。具有代表性的气压执行元件有气缸、气压马达等。气压驱动虽可得到较大的驱动力、行程和速度，但由于空气黏性差，具有可压缩性，故不能在定位精度要求较高的场合使用。气压式执行元件的特点是介质来源方便，成本低，速度快，无环境污染；缺点是功率较小，动作不平稳，有噪声，难以伺服。气动执行元件用于工件夹紧、输送等自动化生产线。

图 3-5 气压式执行元件

表 3-1　执行元件的特点

种类	特点	优点	缺点
电气式	可使用商用电源；信号与动力的传送方向相同；有交流和直流之别，应注意电压之大小	操作简便；编程容易；能实现定位伺服；响应快，易与 CPU 相接，体积小，动力较大，无污染	瞬时输出功率大；过载差，特别是由于某种原因卡住时，会引起烧毁事故，易受外部噪声影响
气压式	空气压力源的压力为 5×10^5～7×10^5 Pa；要求操作人员技术熟练	气源方便，成本低；无泄漏污染；速度快、操作比较简单	功率小，体积大，动作不够平稳；不易小型化；远距离传输困难；工作噪声大、难以伺服
液压式	要求操作人员技术熟练；液压源压力为 20×10^5～80×10^5 Pa	输出功率大，速度快，动作平稳，可实现定位伺服；易与 CPU 相接，响应快	设备难以小型化；液压源或液压油要求严格（杂质、温度、油量、质量）；易泄漏且有污染

任务二　认识伺服电动机

[学习目标]

1. 了解伺服电动机的特点、用途、分类；
2. 认识伺服电动机的结构；
3. 熟悉伺服电动机的基本工作原理和主要运行性能；
4. 了解伺服电动机的控制方式。

一、概述

1. 什么叫伺服电机

伺服电动机又称执行电动机，在自动控制系统中，用作执行元件，把所收到的电压信号转换成电动机轴上的角位移或角速度输出，转轴的转向和转速随控制电压的方向和大小而改变。伺服电动机可控性好，反应迅速，是自动控制系统和计算机外围设备中常用的执行元件。

如图 3-6 所示，雷达系统中扫描天线的旋转，流量和温度控制中阀门的开启，数控机床中刀具的运动，甚至连船舰方向舵与飞机驾驶盘的控制都是由伺服电动机来带动的。

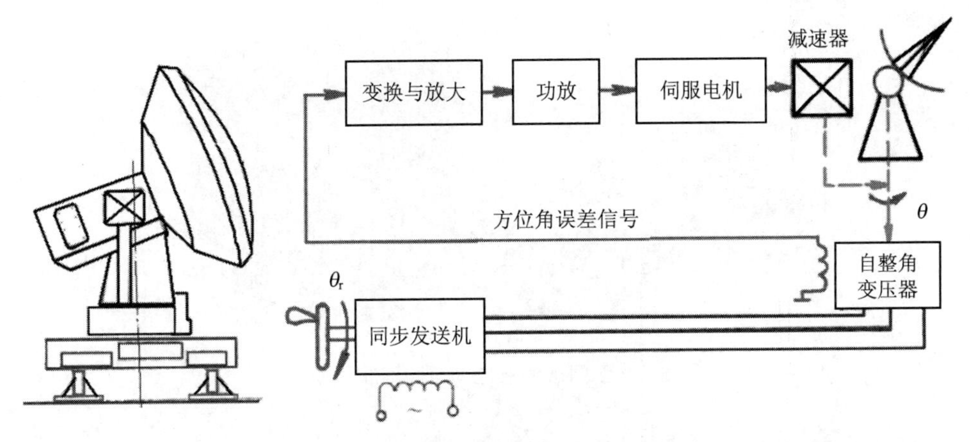

图 3-6 伺服电机在自控制系统中的典型应用

在雷达天线系统中，雷达天线是由交流伺服电动机拖动的。当天线发出去的无线电波遇到目标时，就会被反射回来送给雷达接收机。雷达接收机将目标的方位和距离确定后，向伺服电动机送出电信号，伺服电动机按照电信号拖动雷达天线跟踪目标转动。被跟踪目标若是飞机，飞机速度时快时慢、一会儿向东，一会儿向西，拖动天线的伺服电动机就时快时慢、一会儿正转，一会儿反转。因此，自动控制系统对伺服电动机的要求是：电动机转速受信号电压的控制，控制信号大，电机转速快；信号小，转速慢；信号为零，电机不转；信号极性相反，电机反转。

2．伺服电动机最大特点

在有控制信号输入时，伺服电动机就转动；没有控制信号输入，它就停止转动。改变控制电压的大小和相位（或极性）就可改变伺服电动机的转速和转向。

3．伺服电机与普通电机相比具有如下特点

（1）调速范围宽广。伺服电动机的转速随着控制电压改变，能在宽广的范围内连续调节。

（2）转子的惯性小，即能实现迅速启动、停转。

（3）控制功率小，过载能力强，可靠性好。

4．伺服电动机典型生产厂家

（1）德国西门子，产品外形如图 3-7 所示。

图 3-7　西门子伺服电动机和伺服驱动器

（2）美国科尔摩根，产品外形如图 3-8 所示。

图 3-8　科尔摩根伺服电动机和伺服驱动器

（3）日本松下及安川，产品外形如图 3-9 和图 3-10 所示。

图 3-9　松下交流伺服电机及驱动器

图 3-10　安川伺服电机驱动器

按伺服电动机使用电源性质不同，可分为直流伺服电动机和交流伺服电动机。交流伺服电机的输出功率一般为 0.1～100 W，电源频率分 50 Hz、400 Hz 等多种。它的应用很广泛，如用在各种自动控制、自动记录等系统中。

二、直流伺服电动机

直流伺服电动机的基本结构和工作原理与普通直流他励电动机相同，所不同的是它制造得比较细长一些，以便满足快速响应的要求。直流伺服电动机的电枢电流很小，换向并不困难，因此都不装换向磁极，并且转子做得细长，气隙较小，磁路不饱和，电枢电阻较大。直流伺服电动机通常用于功率稍大的系统中，其输出功率一般为 1～600 W。

1. 直流伺服电动机的分类

直流伺服电动机按励磁方式可分为电磁式和永磁式两种（图 3-11）。电磁式直流伺服电动机的磁场由励磁绕组产生，一般用他励式；永磁式直流伺服电动机的磁场由永久磁铁产生。为了满足自动控制系统的要求，减少转子的转动惯量，其电枢结构常用有无槽电枢、盘型电枢、空心杯电枢等型式。

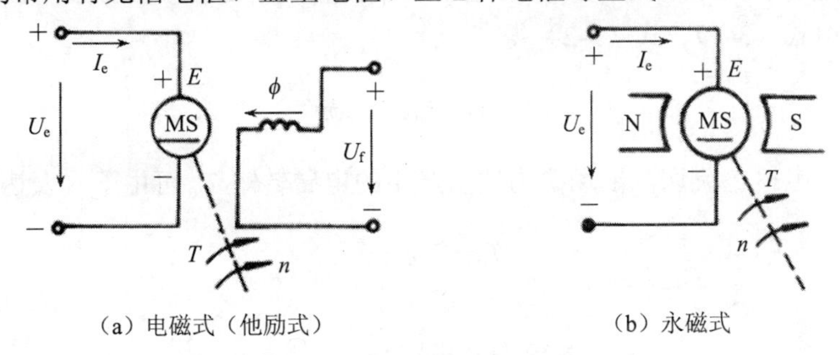

图 3-11 直流伺服电动机接线

2. 直流伺服电动机的基本结构及工作原理

直流伺服电动机主要由磁极、电枢、电刷及换向片组成（图 3-12）。

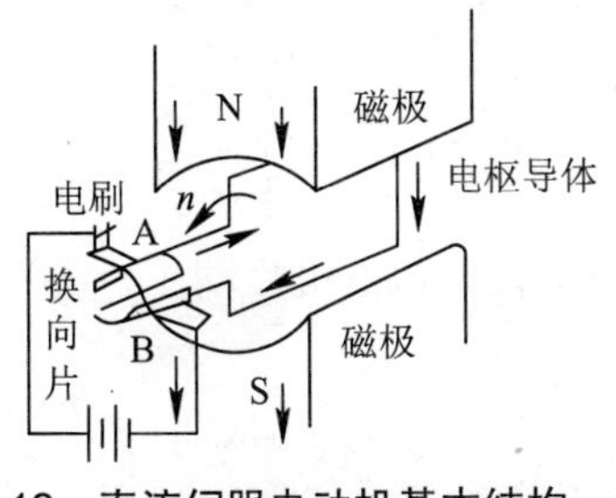

图 3-12 直流伺服电动机基本结构

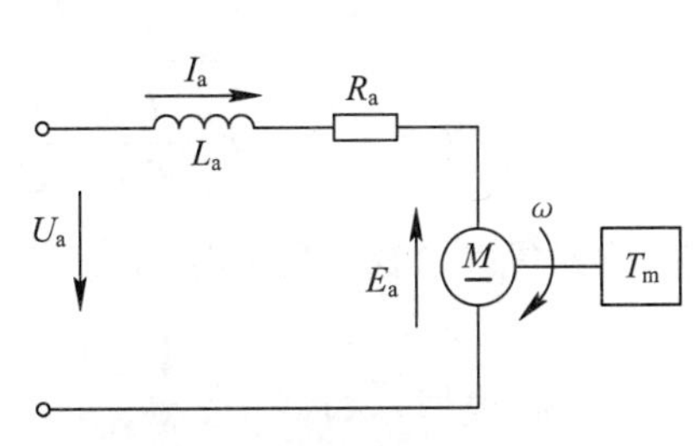

图 3-13 电枢等效电路

直流伺服电动机的工作原理与普通小型他励直流电动机相同，其转速由信号电压控制。信号电压若加在电枢绕组两端，称为电枢控制；若加在励磁绕组两端，则称为磁场控制。

3．直流伺服电动机的特性分析

直流伺服电动机采用电枢电压控制时的电枢等效电路如图 3-13 所示。当电动机处于稳态运行时，回路中的电流 I_a 保持不变，则电枢回路中的电压平衡方程式为

$$E_a=U_a-I_aR_a \tag{3-1}$$

式中，E_a 是电枢反电动势；U_a 是电枢电压；I_a 是电枢电流；R_a 是电枢电阻。转子在磁场中以转速 n 切割磁力线时，电枢反电动势 E_a 与转速 n 之间存在如下关系

$$Ea=C_e\phi n \tag{3-2}$$

式中，C_e 是电动势常数，仅与电动机结构有关；ϕ是定子磁场中每极的气隙磁通量。由式（3-1）、式（3-2）得

$$U_a-I_aR_a=C_e\phi n \tag{3-3}$$

此外，电枢电流切割磁场磁力线所产生的电磁转矩 T_m 可由下式表达

$$T_m=C_m\phi I_a$$

则

$$I_a=\frac{T_m}{C_m\phi} \tag{3-4}$$

式中，C_m 是转矩常数，仅与电动机结构有关。

将式（3-4）代入式（3-3）并整理，可得到直流伺服电动机运行特性的一般表达式

$$n=\frac{U_a}{C_e\phi}-\frac{R_a}{C_eC_m\phi^2}T_m \tag{3-5}$$

由此可以得出空载（T_m＝0，转子惯量忽略不计）和电机启动（n＝0）时的电机特性：

（1）当 T_m＝0 时，有

$$n = \frac{U_a}{C_e \phi} \tag{3-6}$$

n 称为理想空载转速。可见，转速与电枢电压成正比。

（2）当 $n=0$ 时，有

$$T_m = T_d = \frac{C_m \phi}{R_a} U_a \tag{3-7}$$

式中，T_d 称为启动瞬时转矩，其值也与电枢电压成正比。如果把转速 n 看做电磁转矩 T_m 的函数，即 $n=f(T_m)$，则可得到直流伺服电动机的机械特性表达式为

$$n = n_0 - \frac{R_a}{C_e C_m \phi^2} T_m \tag{3-8}$$

式中，n_0 是常数，$n_0 = \dfrac{U_a}{C_e \phi}$

如果把速度 n 看做电枢电压 U_a 的函数，即 $n=f(U_a)$，则可得到直流伺服电动机的调节特性表达式

$$n = \frac{U_a}{C_e \phi} - kT_m \tag{3-9}$$

式中，k 是常数，$k = \dfrac{R_a}{C_e C_m \phi^2}$

根据式（3-8）和式（3-9），给定不同的 U_a 值和 T_m 值，可分别绘出直流伺服电动机的机械特性曲线和调节特性曲线如图 3-14、图 3-15 所示。

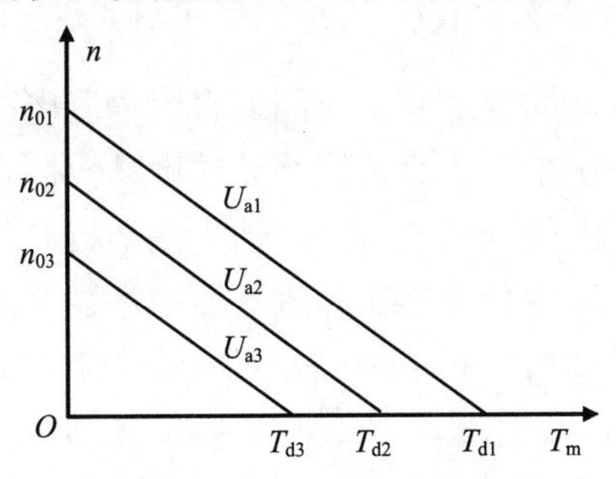

图 3-14 直流伺服电动机机械特性

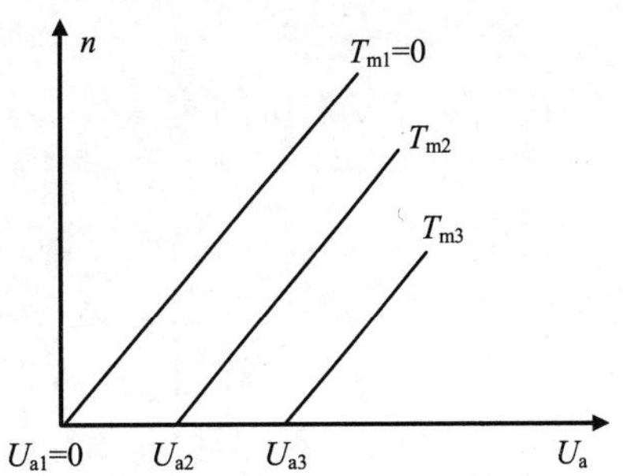

图 3-15 直流伺服电动机的调节特性

由图 3-14 可见，直流伺服电动机的机械特性是一组斜率相同的直线簇。每条机械特性和一种电枢电压相对应，与 n 轴的交点是该电枢电压下的理想空载角速度，与 T_m 轴的交点则是该电枢电压下的启动转矩。

由图 3-15 可见，直流伺服电动机的调节特性也是一组斜率相同的直线簇。每条调节特性和一种电磁转矩相对应，与 U_a 轴的交点是启动时的电枢电压。

从图中还可看出，调节特性的斜率为正，说明在一定的负载下，电动机转速随电枢电压的增加而增加；而机械特性的斜率为负，说明在电枢电压不变时，电动机转速随负载转矩增加而降低。

由式（3-8）可以看出，直流伺服电动机转速和转向的控制可以通过改变控制电压 U_a 或改变磁通 ϕ 来实现。改变控制电压的方法称为电枢控制，改变磁通的方法称为磁场控制。由于电枢控制具有响应迅速、机械特性硬、线性度好的优点，在机电一体化系统中大都采用电枢控制方式（永磁式伺服电动机只能采取电枢控制）。

从直流伺服电动机机械特性曲线图中可以看出，在一定负载转矩下，当磁通 ϕ 不变时，如果升高电枢电压 U_a，电动机的转速就上升；反之，转速下降。

通过以上分析，得到直流伺服电动机的优点是具有线性的机械特性，启动转矩大，调速范围大。直流伺服电动机与交流伺服电动机的特性相比，前者的堵转转矩大，特性曲线硬，且线性度好。

但是直流伺服电机存在的缺点是有换向器，结构较复杂：①它的电枢绕组在转子上不利于散热；②由于绕组在转子上，转子惯量较大，不利于高速响应；③电刷和换向器易磨损需要经常维护、限制电机速度、换向时会产生电火花限制了它的应用环境。

如果能将电刷和换向器去掉，再把电枢绕组移到定子上，就可克服这些缺点。交流伺服电机就是这种结构的电机。

4．直流伺服系统

由于伺服控制系统的速度和位移都有较高的精度要求，因而直流伺服电动机通常以闭环或半闭环控制方式应用于伺服系统中。直流伺服系统的闭环控制是针对伺服系统的最后输出结果进行检测和修正的伺服控制方法，而半闭环控制是针对伺服系统的中间环节（如电动机的输出速度或角位移等）进行监控和调节的控制方法。它们都对系统输出进行实时检测和反馈，并根据偏差对系统实施控制。两者的区别仅在于传感器检测信号的位置不同，由此导致设计、制造的难易程度不同，工作性能不同，但两者的设计与分析方法基本上是一致的。闭环和半闭环控制的位置伺服系统的结构原理分别如图 3-16、图 3-17 所示。

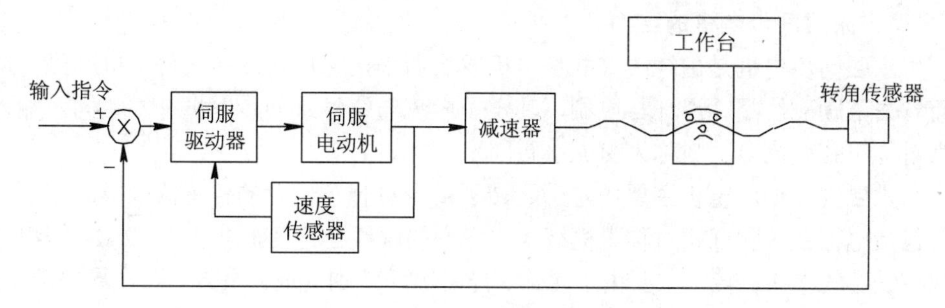

图 3-16 半闭环伺服系统结构原理

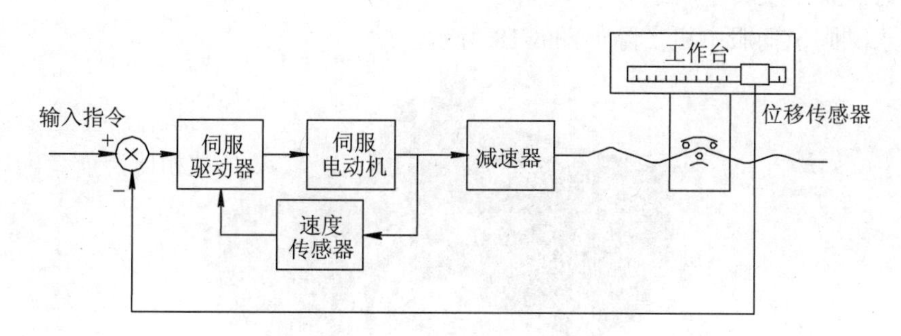

图 3-17 闭环伺服系统结构原理

三、交流伺服电动机

长期以来，在要求调速性能较高的场合，一直占据主导地位的是直流调速系统。但直流电动机都存在一些固有的缺点，如电刷和换向器易磨损，维护困难；换向器换向时会产生火花，结构复杂，制造成本高等。而交流电动机，特别是笼型异步电动机没有上述缺点，且转子转动惯量较直流电动机小，使得动态响应更好。随着新型大功率电力电子器件、变频技术、现代控制理论以及微机数控等在实际应用中取得的重要进展，到了 20 世纪 80 年代，交流伺服驱动技术取得突破性的发展。

交流伺服电动机分为同步型和异步型两类。在机电一体化生产系统中广泛采用同步型交流伺服电动机。近年来，随着电力电子技术、微电子技术、新型电机控制理论和稀土永磁材料的快速发展，永磁同步电动机（Permanent Magnet Synchronous Motor，PMSM）得以迅速的推广应用。

1．永磁同步电机的结构

永磁同步电机是由绕线式同步电机发展而来，它用永磁体代替了电励磁，从而省去了励磁线圈、滑环与电刷，其定子电流与绕线式同步电机基本相同，输入为对称正弦交流电，故称为交流永磁同步电机。

永磁同步伺服电机主要由定子、转子及测量转子位置的传感器构成。定子主要包括电枢铁芯和三相对称电枢绕组，它们的轴线在空间彼此相差 120°。绕组嵌放在铁芯的槽中；转子主要由永磁体、导磁轭和转轴构成。永磁体贴在导磁轭上，导磁轭为圆筒形，套在转轴上；当转子直径比较小时，可以直接把永磁体贴在导磁轴上。转子同轴连接有位置、速度传感器，用于检测转子磁极相对于定子绕组的相对位置以及转子转速。

永磁同步伺服电机实际如图 3-18 所示。

图 3-18　伺服电机

2．永磁同步电机的原理

永磁同步电机产生旋转磁场的机理同三相感应电机一样，电机当其对称三相绕组接通对称三相电源后，流过绕组的电流在定转子气隙中建立起旋转磁场，其转速为：

$$n_s = \frac{60f}{p}(\text{r/min}) \tag{3-10}$$

式中，f 是电源频率；p 是定子极对数。

即磁场的转速正比于电源频率，反比于定子的极对数；磁场的旋转方向取决于绕组电流的相序。

与普通同步电机不同的是，永磁同步电机的转子用永磁体代替。当永磁同步电动机的定子通入对称三相交流电时，定子将产生一个以同步转速推移的旋转磁场。两个磁场相互作用产生转矩。定子绕组产生的旋转磁场可看做一对旋转磁极吸引转子的磁极随其一起旋转。在稳态情况下，转子的转速恒为磁场的同步转速。于是，定子旋转磁场与转子的永磁体产生的主极磁场保持静止，它们之间相互作用，产生电磁转矩拖动转子旋转，进行电机能量转换。当负载发生变化时，转子的瞬时转速就会发生变化，这时，如果通过传感器检测转子的位置和速度，根据转子永磁体磁场的位置，利用逆变器控制定子绕组中电流的大小，相位和频率，便会产生连续的转矩作用到转子上，这就是闭环控制的永磁同步电机的工作原理。

3. 基于PLC的交流永磁同步伺服系统

（1）永磁交流伺服系统的基本结构

伺服系统是自动控制系统的一类，它的输出变量通常是机械或位置的运动，它的根本任务是实现执行机构对给定指令的准确跟踪，即实现输出变量的某种状态能够自动、连续、精确地复现输入指令信号的变化规律。它与一般的反馈控制系统一样，也是由控制器、被控对象、反馈测量装置等部分组成（图3-19）。

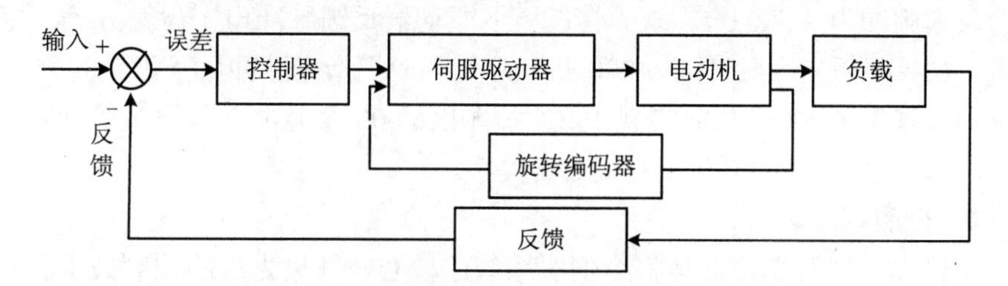

图3-19 伺服系统总结构框图

（2）永磁交流伺服系统的基本原理

伺服主要靠脉冲来定位，由图3-19可以看出，输入给控制器PLC后，PLC发命令（如脉冲个数，固定频率的脉冲等）给伺服驱动器，伺服驱动器驱动伺服电机按命令执行，基本上可以这样理解，伺服电机接收到1个脉冲，就会旋转1个脉冲对应的角度，从而实现位移。伺服电机每旋转一个角度，都会发出对应数量的脉冲，通过旋转编码器反馈电机的执行情况，与接收到的命令进行对比并在内部进行调整，使其与接收到的命令一致。如此一来，系统就会知道发了多少脉冲给伺服电机，同时通过旋转编码器又反馈了多少脉冲回来，这样，就能够很精确地控制电机的转动，从而实现精确的定位，可以达到0.001 mm。而负载的运动情况（位置、速度等）通过相应传感器反馈到控制器输入端与输入命令进行比较，实现闭环控制。当然，伺服系统也可以是半闭环控制。

（3）电子齿轮的概念

在位置控制模式下，等效的单闭环系统如图 3-20 所示。

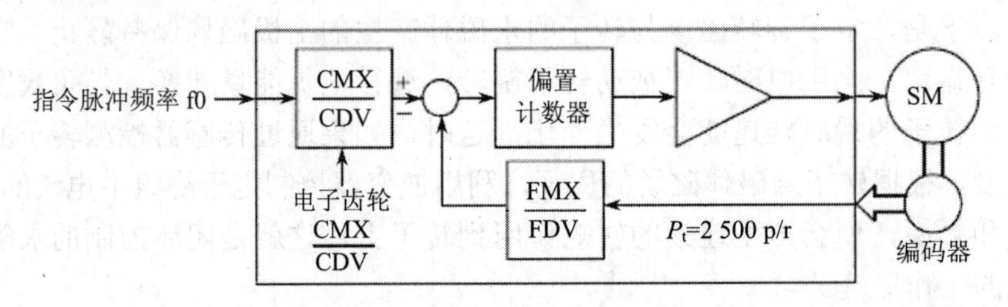

图 3-20　等效的单闭环位置控制系统

图 3-20 中，指令脉冲信号和电机编码器反馈脉冲信号进入驱动器后，均通过电子齿轮变换才进行偏差计算。电子齿轮实际是一个分-倍频器，合理搭配它们的分-倍频值，可以灵活地设置指令脉冲的行程。

例如 YL-335B 所使用的松下 MINAS A4 系列 AC 伺服电机驱动器，电机编码器反馈脉冲为 2 500 p/r。缺省情况下，驱动器反馈脉冲电子齿轮分-倍频值为 4 倍频。如果希望指令脉冲为 6 000 p/r，那么就应把指令脉冲电子齿轮的分-倍频值设置为 10 000/6 000。从而实现 PLC 每输出 6 000 个脉冲，伺服电机旋转一周，驱动机械手恰好移动 60 mm 的整数倍关系。

4．伺服驱动器

可以说，伺服驱动器是整个伺服系统的核心，其集先进的控制技术和控制策略为一体，使其非常适用于高精度、高性能要求的伺服驱动领域。交流永磁同步伺服驱动器主要由伺服控制单元、功率驱动单元、通信接口单元、伺服电动机及相应的反馈检测器件组成，其中伺服控制单元包括位置控制器、速度控制器和电流控制器等。

目前主流的伺服驱动器均采用数字信号处理器（DSP）作为控制核心，其优点是可以实现比较复杂的控制算法，实现数字化、网络化和智能化。功率器件通常采用以智能功率模块（IPM）为核心设计的驱动电路，IPM 内部集成了驱动电路，同时具有过电压、过电流、过热、欠压等故障检测保护电路。伺服驱动器结构组成如图 3-21 所示。

伺服驱动器大体可以划分为功能比较独立的功率板和控制板两个模块。功率板（驱动板）是强电部分，其中包括两个单元，一是功率驱动单元，IPM 用于电机的驱动；二是开关电源单元，为整个系统提供数字和模拟电源。控制板是弱电部分，是电机的控制核心也是伺服驱动器技术核心控制算法的运行载体。控制板通过相应的算法输出 PWM 信号，作为驱动电路的驱动信号，来改逆变器的输出功率，以达到控制三相永磁式同步交流伺服电机的目的。

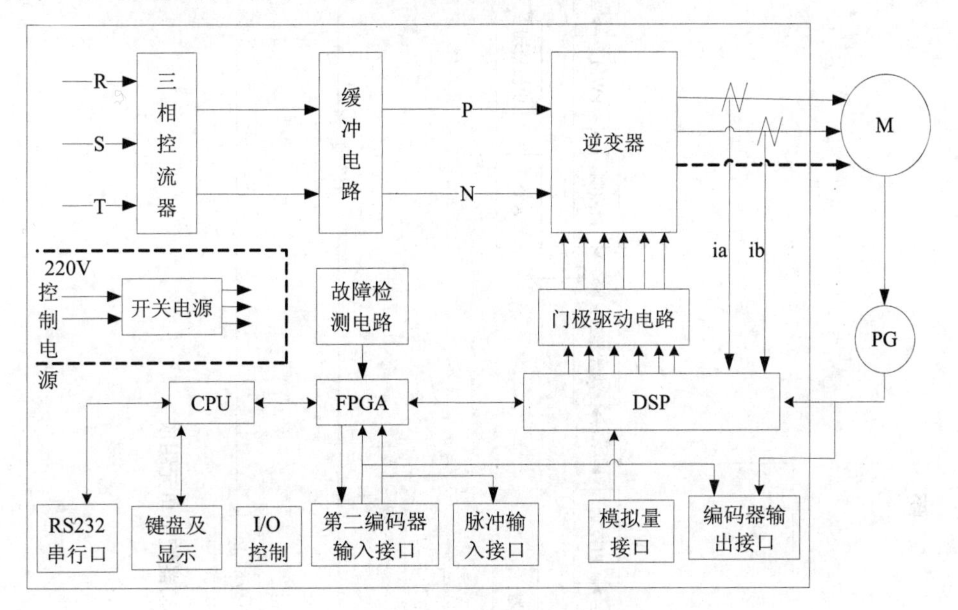

图 3-21 伺服驱动器内部结构

交流伺服电机驱动器中一般都包含有位置回路、速度回路和力矩回路，一般商用 PMSM 驱动器控制单元组成框图如图 3-22 所示。使用时可将驱动器、电机和运动控制器结合起来组合成不同的工作模式，以满足不同的应用要求。

常见的工作模式有三类：位置方式、速度方式、力矩方式。

（1）位置方式

这种模式下，位置回路、速度回路和力矩回路都在驱动器中执行，驱动器接收运动控制器送来的位置指令信号。伺服系统用作定位控制时，位置指令输入到位置控制器，速度控制器输入端前面的电子开关切换到位置控制器输出端。同样，电流控制器输入端前面的电子开关切换到速度控制器输出端。因此，位置控制模式下的伺服系统是一个三闭环控制系统，两个内环分别是电流环和速度环。以脉冲及方向指令信号形式为例：脉冲个数决定了电机的运动位置；脉冲的频率决定了电机的运动速度；而方向信号电平的高低决定了电机的运动方向。这与步进电机的控制有相似之外，但脉冲的频率要高一些，以适应伺服电机的高转速。

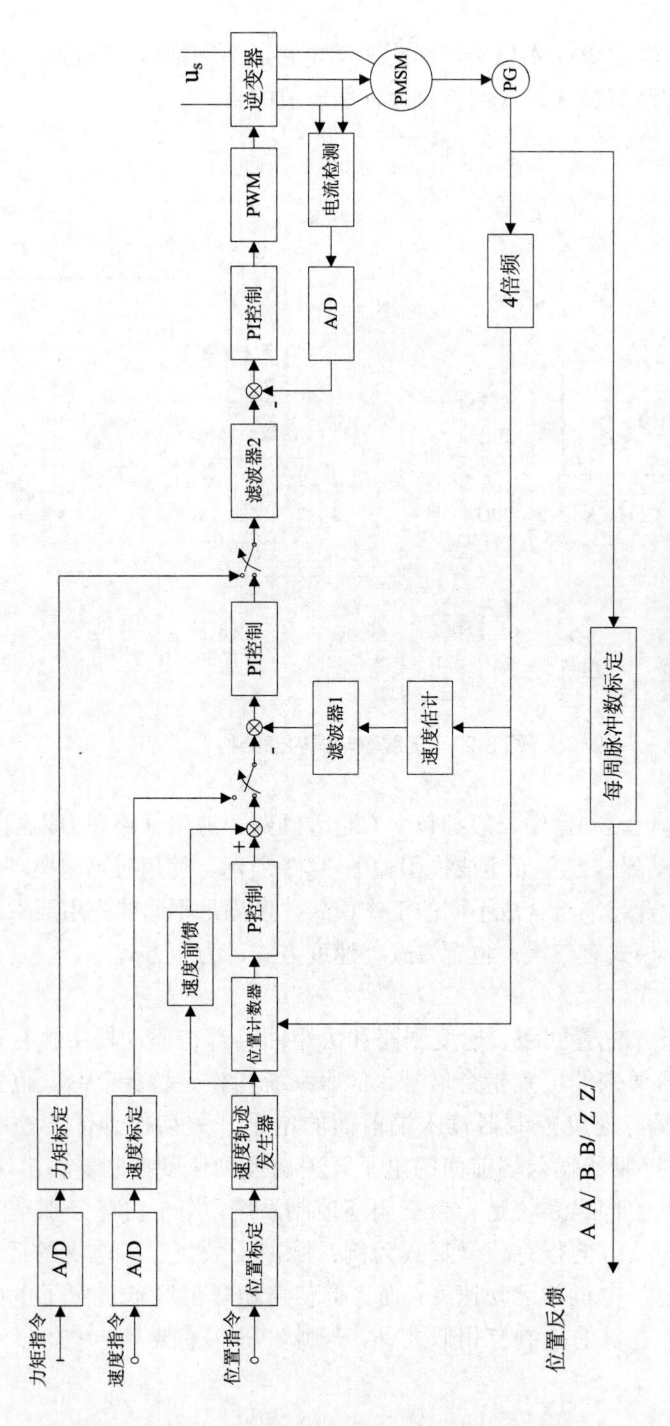

图 3-22 伺服驱动器控制单元组成

（2）速度方式

驱动器内仅执行速度回路和力矩回路，由外部的运动控制器执行位置回路的所有功能。这时运动控制器输出±10 V范围内的直流电压作为速度回路的指令信号。正电压使电机正向旋转，负电压使电机反向旋转，零伏对应零转速。这个信号在驱动器中经“速度标定”后由A/D转换器接入DSP，由DSP中的软件实现回路的控制。

（3）力矩方式

驱动器仅实现力矩回路，由外部的运动控制器实现位置回路的功能。这时系统中往往没有速度回路。力矩回路的指令信号是由运动控制器输出±10 V范围内的直流电压信号。正电压对应正转矩，负电压对应负转矩，零伏对应零力矩输出。这个信号经力矩标定后送入DSP，由DSP中的软件实现回路的控制。力矩回路一般也采用PI控制规律，但大多数制造商已在出厂时调整好控制参数，用户无法修改这些参数。

5．伺服电机编码器

反馈元件在伺服系统中担任重要的作用，它不仅能测量电机位置，还能测量其转速，通过反馈构成闭环系统，是伺服系统高精度的保证。如图3-23所示，伺服电机编码器安装在电机后端，其转盘（光栅）与电机同轴。伺服电机控制精度取决于编码器精度。

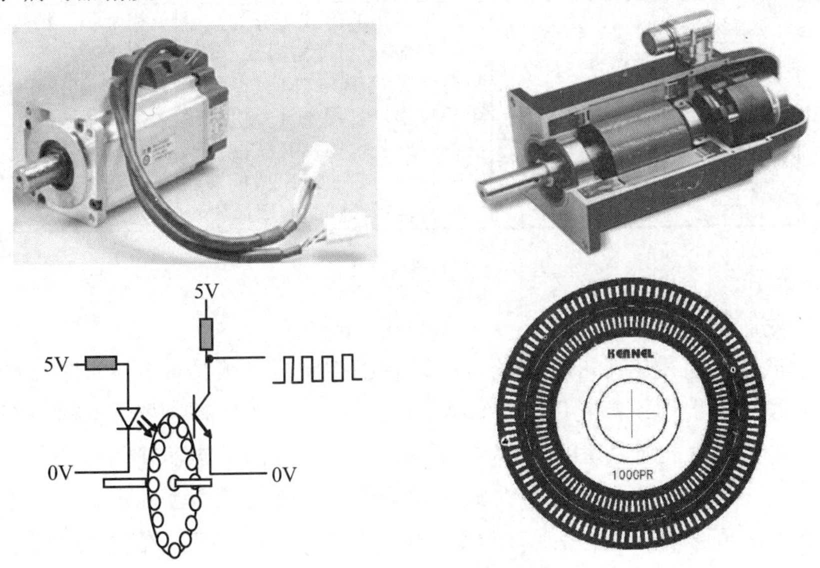

图3-23　伺服电机编码器

6．特点

与普通直流伺服电动机相比较，普通交流伺服电动机的特点是：它不需要电刷和换向器，因而避免了由于存在电刷和换向器而引起的一系列弊病。此外，它的转动惯量、体积和重量一般来说也较小。缺点是：输出功率和转矩较小；转矩特性和调节特性的线性度不及直流伺服电动机好；其效率也较直流伺服电动机为低。各种伺服电机的性能、特点比较如表 3-2 所示。

表 3-2　伺服电机性能特点比较

电机类型	主要特点	构造与工作原理	控制方式
直流伺服电机	只需接通直流电即可工作，控制特别简单：启动转矩大、体积小、重量轻、转速和转矩容易控制、效率高需要定时维护和更换电刷，使用寿命短、噪声大	由永磁体定子、线圈转子、电刷和换向器构成。通过电刷和换向器使电流方向不断随着转子的转动角度而改变，实现连续旋转运动	转速控制采用电压控制方式，因为控制电压与电机转速成正比。转矩控制采用电流控制方式，因为控制电流与电机转矩成正比
交流伺服电机	没有电刷和换向器，不需维护，也没有产生火化的危险；驱动电路复杂，价格高	按结构分为同步电机和异步电机，转子是由永磁体构成的为同步电机，转子是由绕组形成的电磁铁构成的为异步电机。无刷直流电机，结构与同步电机相同，特性与直流电机相同	分为电压控制和频率控制两种方式。异步电机通常采用电压控制方式
步进电机	直接用数字信号进行控制，与计算机的接口比较容易；没有电刷，维护方便、寿命长：启动、停止、正转、反转容易控制。步进电机的缺点是能量转换效率低，易失步等	按产生转矩的方式可分为永磁体式（PM），可变磁阻式（VR）和混合式（HB）。PM 式产生的转矩较小，多用于计算机外围设备和办公设备；VR 式能够产生中等转矩，而 HB 式能够产生较大转矩，因此应用最广	单相励磁：精度高，但易失步；双相励磁：输出转矩大，转子过冲小，常用方式，但效率低：单—双相励磁：分辨率高，运转平稳

7．选用

（1）控制器的选择

由于伺服电机是由脉冲驱动的，所以相应控制器必须具备发脉冲的功能。又因为伺服系统一般用于高精度，高转速的应用场合，所以控制器又必须具备发高频脉冲的功能。因此选用 PLC 作为控制器的话，一般的继电器输出接口频率已不能满足要求，况且继电器输出寿命短，并不适合用于快速通断的场合。那么，我们必须选择带高速晶体管输出接口 PLC。例如三菱 FX_{1N}-40MT、信捷 XC3-32RT-E、XCC-32T 等，带晶体管输出的型号。

（2）伺服驱动器的选择

选择一个伺服驱动器，关键看负载及控制要求，主要是以下几点：

① 电机轴上负载力矩的折算和加减速力矩的计算；

② 计算负载惯量，惯量的匹配，负载惯量小于 3 倍电机转子惯量。但实际越小越好，这样对精度和响应速度好；

③ 再生电阻的计算和选择，对于伺服，一般 2 kW 以上，要外配置；

④ 扭矩计算：连续工作扭矩小于伺服电机额定扭矩，瞬时最大扭矩小于伺服电机最大扭矩；

⑤ 转速限制选择和负载需要转速选择，连续工作速度小于电机额定转速。

（3）伺服电机的选择

伺服电机的选择方法与驱动器相同，都是根据负载选择的，选择好伺服驱动器后一般伺服电机也就选择好了，电机是与其驱动机构相配套的。例如驱动器选择了 DS2-20P2，则伺服电机就选具有相同功率的 MS-60ST-M00630-20P2。

（4）反馈元件的选择

一般选择结构简单，机械平均寿命长，抗干扰能力强，可靠性高，适合长距离传输的光电编码器。而光电编码的精度决定了系统的精度，编码器的线数越高其精度越高。

四、YL-335B 中的伺服电机

在 YL-335B 的输送单元中，采用了松下 MHMD022P1U 永磁同步交流伺服电机，及 MADDT1207003 全数字交流永磁同步伺服驱动装置作为运输机械手的运动控制装置。该伺服电动机外观及各部分名称如图 3-24 所示。

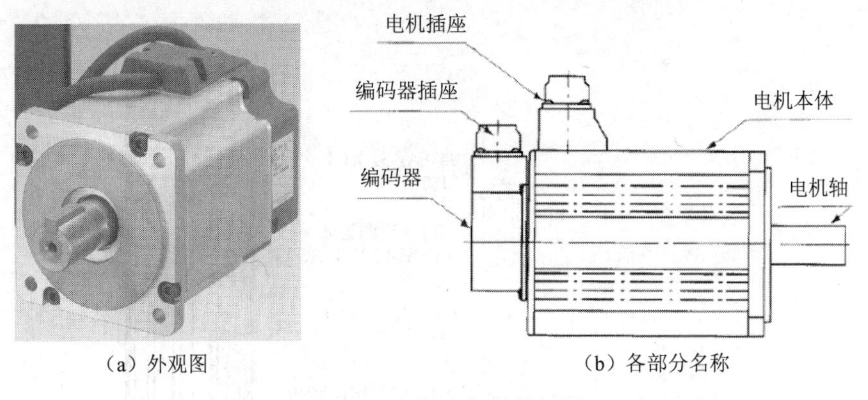

（a）外观图　　（b）各部分名称

图 3-24　伺服电机结构概图

MHMD022P1U 的含义：MHMD 表示电机类型为大惯量；02 表示电机的额定功率为 200 W；2 表示电压规格为 200 V；P 表示编码器为增量式编码器，脉冲数为 2 500 p/r；分辨率 10 000；输出信号线数为 5 根线。

MADDT1207003 的含义：MADDT 表示松下 A4 系列 A 型驱动器；T1 表示最大瞬时输出电流为 10 A；2 表示电源电压规格为单相 200 V；07 表示电流监测器额定电流为 7.5 A；003 表示脉冲控制专用。驱动器的外观和面板如图 3-25 所示。

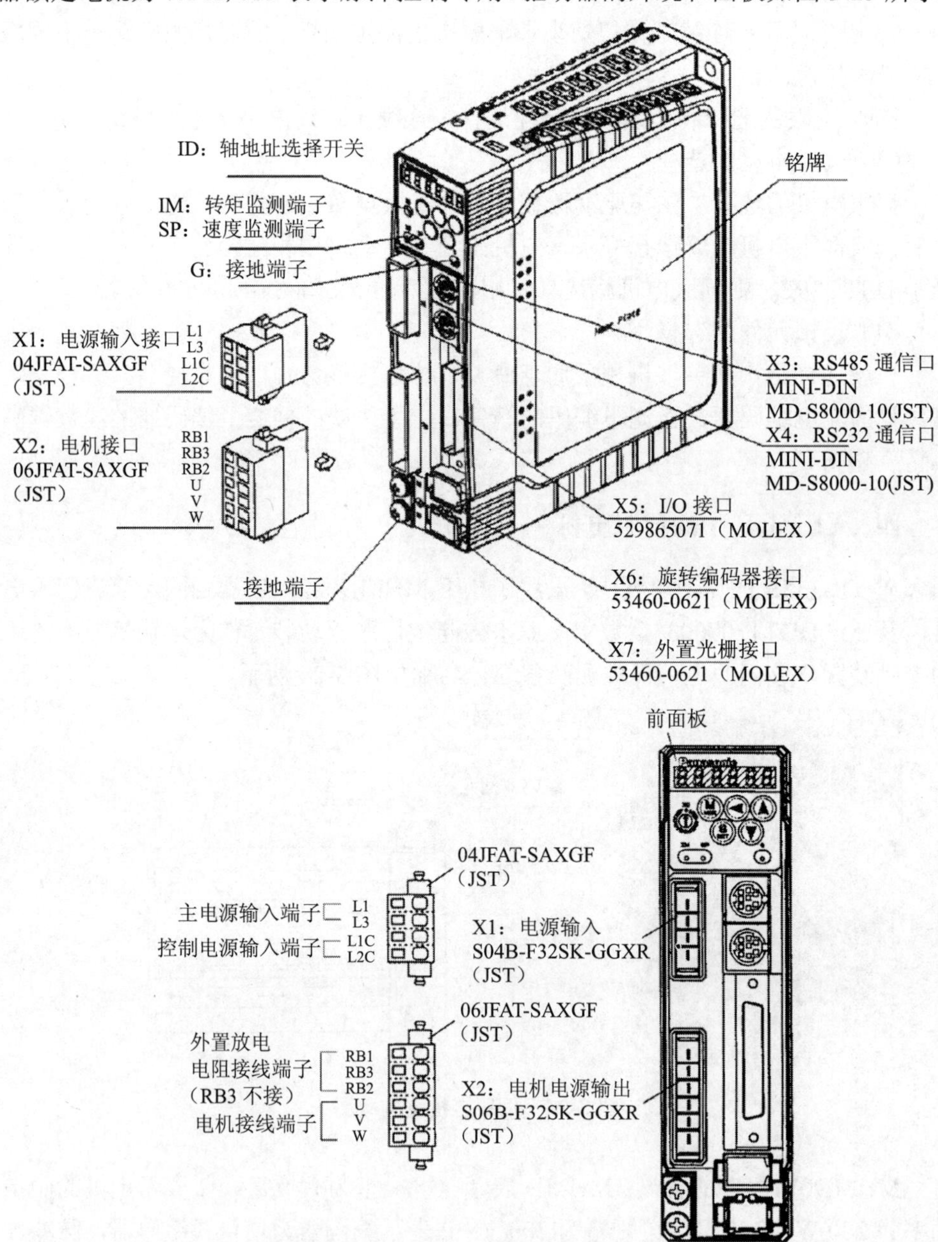

图 3-25　驱动器的外观和面板

下面着重介绍该伺服驱动器的接线和参数设置。

（1）接线

MADDT1207003 伺服驱动器面板上有多个接线端口，其中：

X1：电源输入接口，AC220V 电源连接到 L1、L3 主电源端子，同时连接到控制电源端子 L1C、L2C 上。

X2：电机接口和外置再生放电电阻器接口。U、V、W 端子用于连接电机。必须注意，电源电压务必按照驱动器铭牌上的指示，电机接线端子（U、V、W）不可以接地或短路，交流伺服电机的旋转方向不像感应电动机可以通过交换三相相序来改变，必须保证驱动器上的 U、V、W、E 接线端子与电机主回路接线端子按规定的次序一一对应，否则可能造成驱动器的损坏。电机的接线端子和驱动器的接地端子以及滤波器的接地端子必须保证可靠地连接到同一个接地点上。机身也必须接地。RB1、RB2、RB3 端子是外接放电电阻，MADDT1207003 的规格为 100 Ω/10W，YL-335B 没有使用外接放电电阻。

X6：连接到电机编码器信号接口，连接电缆应选用带有屏蔽层的双绞电缆，屏蔽层应接到电机侧的接地端子上，并且应确保将编码器电缆屏蔽层连接到插头的外壳（FG）上。

X5：I/O 控制信号端口，其部分引脚信号定义与选择的控制模式有关，不同模式下的接线请参考《松下 A 系列伺服电机手册》。YL-335B 输送单元中，伺服电机用于定位控制，选用位置控制模式。所采用的是简化接线方式，如图 3-26 所示。

（2）伺服驱动器的参数设置与调整

松下的伺服驱动器有七种控制运行方式，即位置控制、速度控制、转矩控制、位置/速度控制、位置/转矩、速度/转矩、全闭环控制。位置方式就是输入脉冲串来使电机定位运行，电机转速与脉冲串频率相关，电机转动的角度与脉冲个数相关；速度方式有两种，一种是通过输入直流-10V～+10V 指令电压调速；另一种是选用驱动器内设置的内部速度来调速；转矩方式是通过输入直流-10V～+10V 指令电压调节电机的输出转矩，这种方式下运行必须要进行速度限制，有两种方法：① 设置驱动器内的参数来限制；② 输入模拟量电压限速。

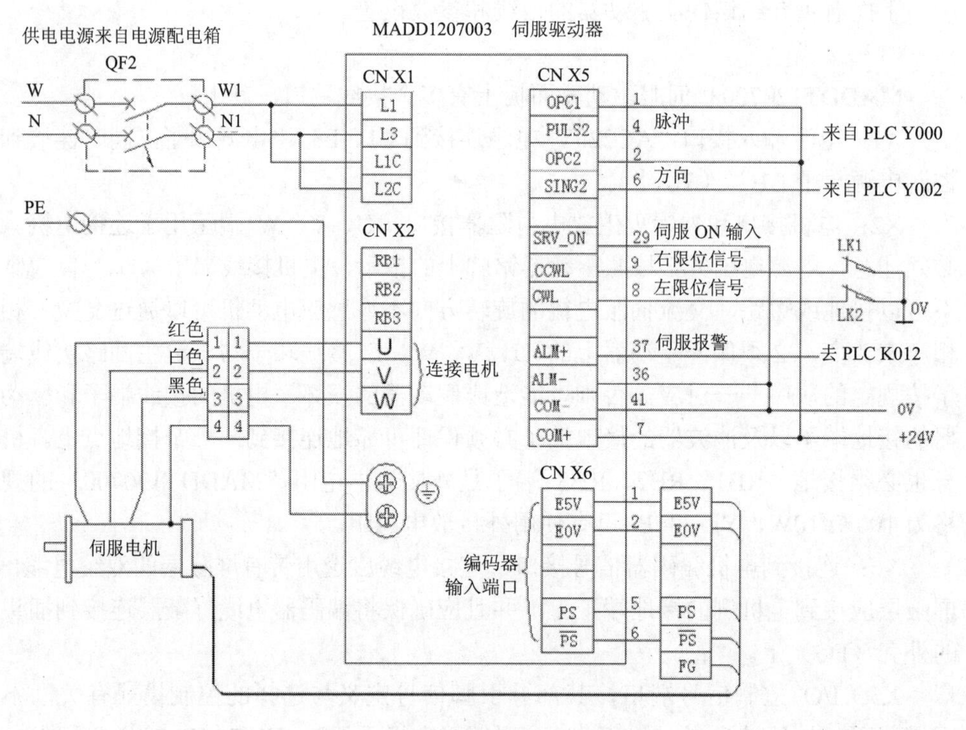

图 3-26 伺服驱动器电气接线图

思考题

1. 什么是伺服控制？为什么机电一体化系统的运动控制往往是伺服控制？

2. 机电一体化系统的伺服驱动有哪几种形式？各有什么特点？

3. 比较直流伺服电动机和交流伺服电动机的适用环境差别。

4. 了解伺服电动机的机械特性有什么意义，习惯性称呼机械特性硬的含义是什么？

任务三 认识步进电动机

步进电动机作为执行元件，是机电一体化的关键产品之一，广泛应用在各种家电产品中，例如打印机、磁盘驱动器、玩具、雨刷、震动寻呼机、机械手臂和录像机等。另外步进电动机也广泛应用于各种工业自动化系统中。由于通过控制脉冲个数可以很方便地控制步进电机转过的角位移，且步进电机的误差不积累，可以达到准确定位的目的。还可以通过控制频率很方便地改变步进电机的转速和加速度，达到任意调速的目的，因此步进电动机可以广泛地应用于各种开环控制系统中。

基本要求

- 掌握步进电动机步距角和步进电动机转速的数学表达式及其物理意义；
- 了解步进电动机环形分配器的基本原理及其硬、软件的实现方法；
- 了解不同类型步进电动机的驱动电路及其优缺点；
- 掌握步进电动机的结构、运行特性及影响因素。

一、步进电动机的分类、结构和工作原理

步进电动机是一种把脉冲信号转换成相应的线位移或角位移的控制电机，也称为脉冲电动机。一般电动机是连续旋转的，而步进电动机的转动是一步一步进行的。作为数字控制系统中的执行元件，把每一个输入的脉冲信号，步进电动机就转动一个角度，即每输入一个脉冲电信号，转子前进一步，带动机械移动一小段距离，故称步进电动机。

通过改变脉冲频率和数量，即可实现调速和控制转动的角位移大小。步进电动机的角位移量或线位移量与电脉冲数成正比，它的转速或线速度与脉冲频率成正比。通过改变脉冲频率的高低可以在很大范围内实现电动机的调速，并能快速启动、制动，改变脉冲顺序，可改变转动方向。

步进电动机定子绕组的通电状态每改变一次，它的转子便转过一个确定的角度，即步距角；改变步进电动机定子绕组的通电顺序，转子的旋转方向随之改变。步进电机具有较高的定位精度，其最小步距角可达 0.75 度，转动、停止、反转反应灵敏、可靠。在开环数控系统中得到了广泛的应用，如数控机床、自动记录仪表、数-模变换装置、线切割机等。

步进电动机的相数是指电机内部的定子线圈组数，目前常用的有二相、三相、四相、五相步进电动机。步进电动机种类很多，从结构看，可分为励磁式和反应式两种。区别在于励磁式步进电动机的转子上有励磁线圈，反应式步进电动机的转子上没有励磁线圈。图 3-27 为国产的步进电动机的型号。

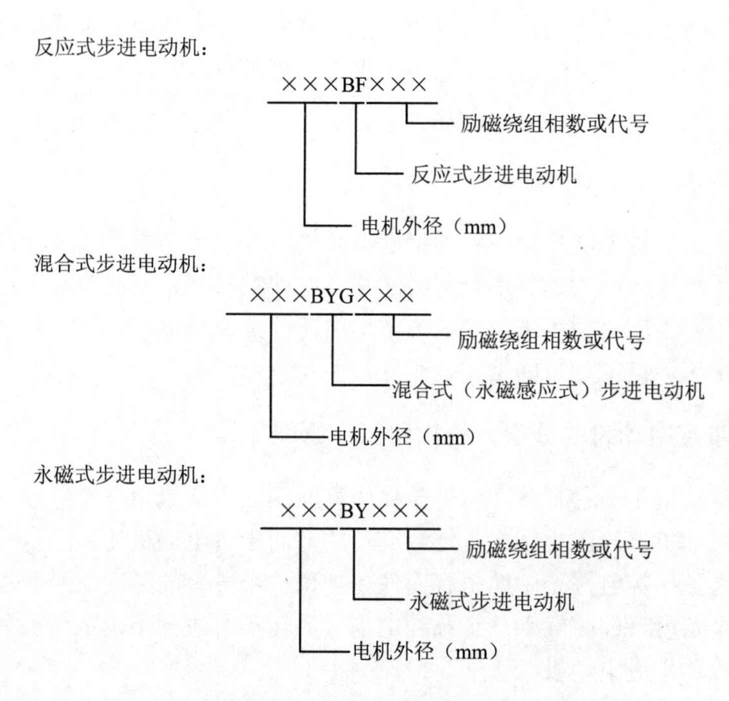

图 3-27　步进电动机的型号

（1）反应式步进电动机

反应式步进电动机的定子为硅钢片叠成的凸极式，极身上套有控制绕组。转子无绕组，定子绕组励磁后产生反应力矩，使转子转动。这是我国步进电动机发展的主要类型。

定子每相有一对磁极，分别位于内圆直径的两端。转子为软磁材料的叠片叠成。转子外圆为凸出的齿状，均匀分布在转子外圆四周，转子中并无绕组。反应式步进电机一般为三相，可实现大转矩输出，步进角一般为 1.5°，但噪声和振动都很大。图 3-28 是一台三相六极反应式步进电动机模型。定子内圆周均匀分布着六个磁极，磁极上有励磁绕组，每两个相对的绕组组成一相，联成 A、B、C 三相。转子上则均匀分布着 4 个齿。

反应式步进电动机的特点是结构简单，工作可靠，运行频率高，步距角小。由于反应式步进电动机转子上的齿不必充磁，故可做得很小，即齿数可以很多，齿距角小，转角分辨率高，一般 0.75°～9°。反应式步进电动机可用于数控设备和机器人。反应式步进电动机一般为三相，可实现大转矩输出，步进角一般为 1.5°，但噪声和振动都很大。

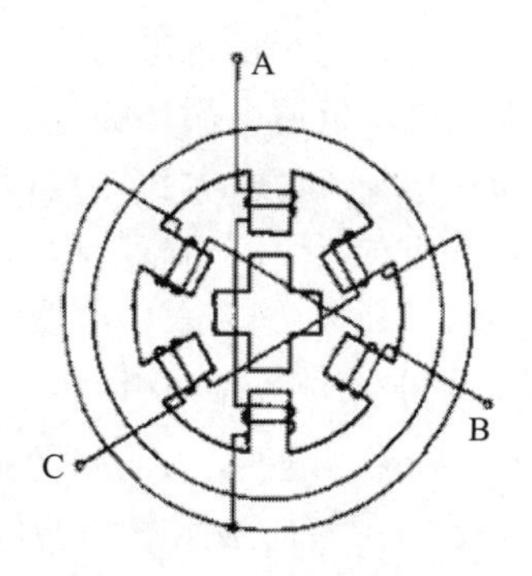

图 3-28 步进电动机的结构示意

（2）混合式步进电动机

混合式步进电动机是指混合了永磁式和反应式的优点，代表步进电动机的最新进展。但结构相对复杂，成本高。混合式步进电动机的转子由永久磁钢和齿盘组成，永久磁钢只有一对磁极，制造容易。齿盘上的齿不必充磁，可做得很小，齿数较多，故具有反应式步进电动机的步距角小，位置分辨率高优点。转子具有永久磁场，与定子磁极间吸力大，故具有永磁式电动机的体积小、省电和有定位转矩等优点。它又分为两相和五相。两相步距角一般分为 1.8°而五相步距角一般为 0.72°。这种步进电动机的应用最为广泛。

（3）永磁式步进电动机

永磁式步进电动机的转子或定子一方具有永久磁钢，另一方由软磁材料制成。定子磁极对转子的吸引力，较反应式大，获得相同转矩时，永磁式步进电动机的体积小，耗电量也小。永磁式步进电动机转子的电磁阻尼较大，可缩短每步的停转时间。当电源切断后，转子受永磁体磁场作用，有定位转矩，被锁住在断电时的位置上，即转子不会漂移。永磁式步进电动机一般为两相，转矩和体积较小，效率高，造价低，但由于转子需充磁，限制了齿数，步距角较大，一般为 7.5°～15°，最大 90°。永磁式步进电动机可用于记录仪和空调机。

下面以常用的反应式步进电动机为例分析其工作原理。

工作时，步进电动机的控制绕组不直接接到单相或三相正弦交流电源上，也不能简单地和直流电源接通。它受电脉冲信号控制，靠一种叫环形分配器的电子开关器件，通过功率放大后使控制绕组按规定顺序轮流接通直流电源。如果步进电动机绕组的每一次通断电操作称为一拍，每拍中只有一相绕组通电，其余绕组断电，则这种通电方式称为单相通电方式。三相步进电动机的单相通电方式称为三相单三拍通电方式。如果步进电动机通电循环的每拍中都有两相绕组通电，则这种通电方式称为双相通电方式。三相步进电动机采用双相通电方式时，称为三相双三拍通电方式。如果步进电动机通电循环的各拍中交替出现单、双相通电状态，则这种通电方式称为单双相轮流通电方式。三相步进电动机采用单双相轮流通电方式时，每个通电循环中共有六拍，因而又称为三相六拍通电方式。

1．三相单三拍控制方式

第一拍：如图 3-29 所示，设 A 相首先通电（B、C 不通电），A—A′轴线方向有磁通，并通过转子形成闭合回路，这时，A—A′极就成为电磁铁的 N、S 极，在磁场的作用下，转子齿极总是力图转向磁阻最小的位置，也就是转到转子 1、3 齿对齐 A、A′的位置，如图 3-29（a）所示。

第二拍：如图 3-29（b）所示，接通 B 相绕组（A、C 不通电），由于磁通具有力图通过磁阻最小路径的特点，转子便顺时针方向转过 30°，它的 2、4 齿与 B、B′对齐。

第三拍：如图 3-29（c）所示，接通 C 相绕组（A、B 不通电），同样，又顺时方向转过 30°，它的 1、3 齿与 C、C′对齐。

依此类推，靠电子开关将脉冲信号一个接一个发出，按 A→B→C→A……顺序接通，则转子便顺时针方向一步一步地转动起来，所以称为步进电动机。我们将转子每次转过的角度称为步距角，用 α 表示。这里每步的转角为 30°。电流变换三次，磁场旋转一周，转子前进一个齿距角，转子为 4 个齿，其齿距角为 90°。如果改变通电顺序，按 A→C→B→A……顺序通电，则转子便逆时方向转动。转子转动的快慢取决于脉冲信号的频率，频率越高，转动就越快；反之就越慢。

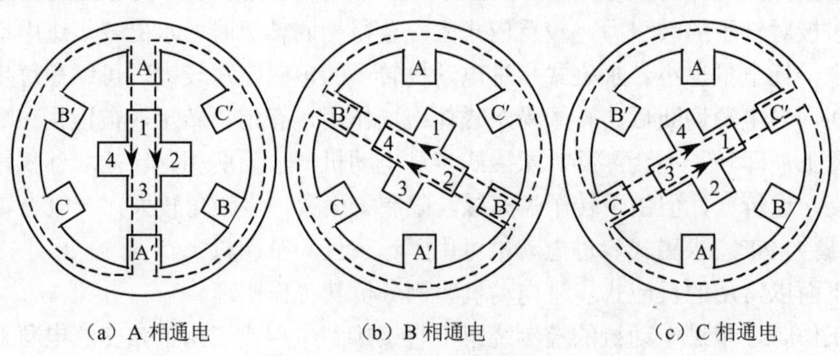

（a）A 相通电　　（b）B 相通电　　（c）C 相通电

图 3-29　单三拍通电平衡位置

这种工作方式下，三个绕组依次通电一次为一个循环周期，一个循环周期包括三个工作脉冲，所以称为三相单三拍工作方式。“三相”指三相绕组，“单”，指每次只有一相控制绕组通电。“拍”，指通电方式每改变一次，即为一“拍”，

“三拍”，就是通电方式在循序变化一周内改变了三次。上面例子的通电顺序为A→B→C→A……称为三相单三拍。如果每次有两相通电，则称为“双”。例如，三相双三拍的通电方式为：AB→BC→CA→AB……与单三拍方式相似，双三拍驱动时每个通电循环周期也分为三拍。每拍转子转过30°（步距角），一个通电循环周期（3拍）转子转过90°（齿距角）。

2．三相六拍控制方式

若按照A→AB→B→BC→C→CA→A……的顺序通电，则称为三相六拍。这种方式可以获得更精确的控制特性。A相通电，转子1、3齿与A、A′对齐，如图3-30（a）所示。A、B相同时通电，A、A′磁极拉住1、3齿，B、B′磁极拉住2、4齿，转子转过15°，到达图3-30（b）所示位置。B相通电，转子2、4齿与B、B′对齐，又转过15°。到达图3-30（c）所示位置。B、C相同时通电，C′、C磁极拉住1、3齿，B、B′磁极拉住2、4齿，转子再转过15°，到达图3-30（d）所示位置。三相反应式步进电动机的一个通电循环周期如下：A→AB→B→BC→C→CA，每个循环周期分为六拍。每拍转子转过15°（步距角），一个通电循环周期（6拍）转子转过90°（齿距角）。与单三拍相比，六拍驱动方式的步进角更小，更适用于需要精确定位的控制系统中。

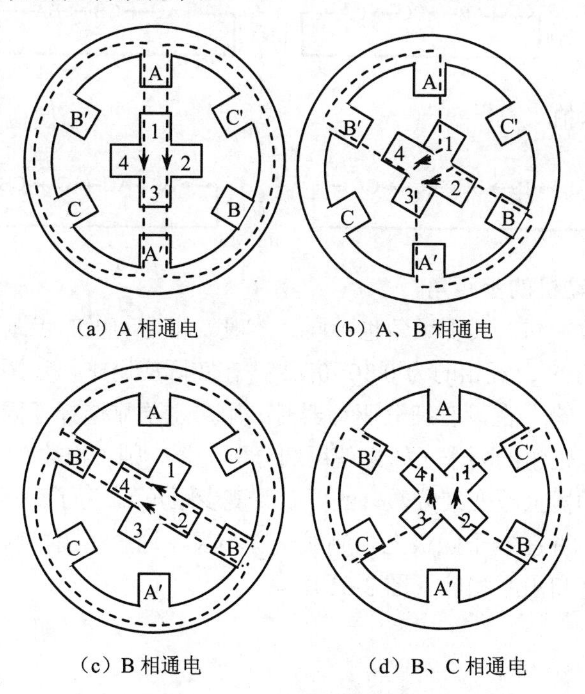

（a）A相通电　（b）A、B相通电

（c）B相通电　（d）B、C相通电

图3-30　六拍通电平衡位置

一般情况下，m 相步进电动机可采用单相通电、双相通电或单双相轮流通电方式工作，对应的通电方式分别称为 m 相单 m 拍、m 相双 m 拍或 m 相 2m 拍通电方式。

由于采用单相通电方式工作时，步进电动机的矩频特性（输出转矩与输入脉冲频率的关系）较差，在通电换相过程中，转子状态不稳定，容易失步，因而实际应用中较少采用。显然，采用单双相轮流通电方式可使步进电动机在各种工作频率下都具有较大的负载能力。

3. PLC 直接控制步进电动机

使用 PLC 直接控制步进电动机时，可使用 PLC 产生控制步进电动机所需要的各种时序的脉冲。例如三相步进电动机可采用三种工作方式：

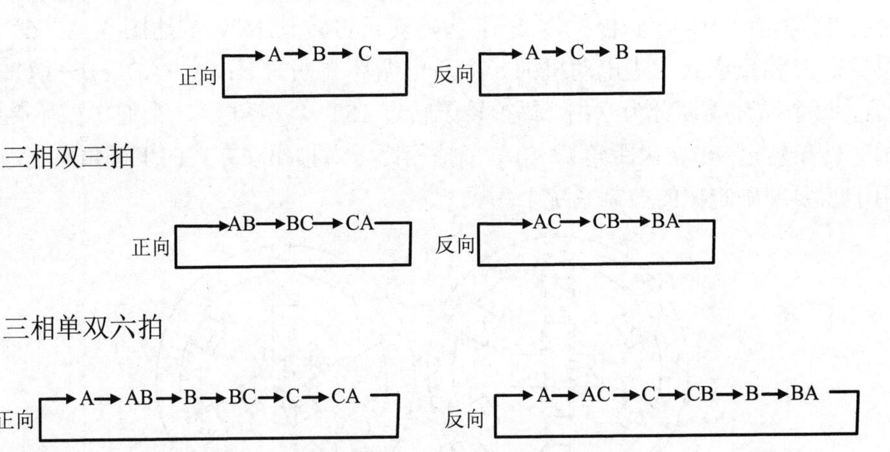

4. 步进电动机的步距角

电动机相数不同，其步距角也不同，一般二相电动机的步距角为 0.9°/1.8°、三相的为 0.75°/1.5°、五相的为 0.36°/0.72°。在实际应用中，步距角都很小，一般为 3°、1.5°和 0.75°。在没有细分驱动器时，用户主要靠选择不同相数的步进电动机来满足自己步距角的要求（如果使用细分驱动器，则“相数”将变得没有意义，用户只需在驱动器上改变细分数，就可以改变步距角）。为了获得小步距角，转子做成很多齿 z_r，并在定子磁极上也制成一些小齿，这些小齿与转子的小齿大小一样，两者的齿宽和齿距相等（图 3-31）。

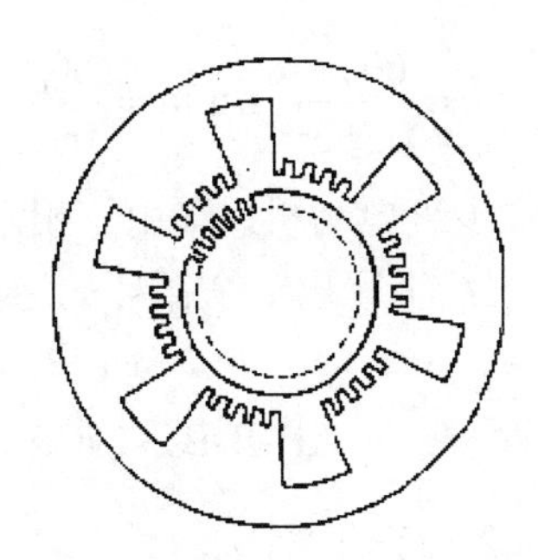

图 3-31 步进电动机定子磁极和转子齿

通电方式不仅影响步进电动机的矩频特性，对步距角也有影响。不难理解，一个 m 相步进电动机，运行拍数为 km（每个周期数），如其转子上有 z_r 个小齿，则每一拍转子转过一个步距角 α 为：

$$\alpha=\frac{360°}{kmz_r} \tag{3-11}$$

式中，k 是通电方式系数。当采用单相或双相通电方式（m 相 m 拍）时，k=1；当采用单双相轮流通电方式（m 相 $2m$ 拍）时，k=2。

例如，对于单定子 z_r=4、径向分相、反应式步进电动机，当它以三相三拍通电方式工作时，其步距角为 α=360°/3×4×1=30°。

若按三相六拍通电方式工作，则步距角为 α=360°/3×4×2=15°。

可见，采用单双相轮流通电方式还可使步距角减小一半。步进电机的步距角决定了系统的最小位移，步距角越小，位移的控制精度越高。

常见的步距角：0.4°/1.2°，0.75°/1.5°，0.9 °/1.8 °，1°/2°，1.5°/3°等。

如转子表面有 40 个齿，齿距角是 9°；采用单三拍或双三拍运行时，则步距角为 3°；当采用六拍运行时，步距角就为 1.5°。

例 3-1 某步进电机有 80 个齿，采用 3 相 6 拍方式驱动，经丝杠螺母副驱动工作台做直线运动，丝杠的导程为 4 mm。求：步进电动机的步距角。

解：

k=6/3=2

α= 360°/kmz_r =360°/2×3×80=0.75°

5．步进电动机的转速

步进电动机定子绕组通电状态的改变速度越快，其转子旋转的速度越快，即通电状态的变化频率越高，转子的转速越高。

如果脉冲信号的频率为 f，则步进电动机的转速为：

$$n = \frac{60f \cdot \alpha}{360°} \text{r/min} = \frac{60f}{kmz_r} \tag{3-12}$$

例 3-2 一台三相反应式步进电动机，采用三相六拍分配方式，转子有 40 个齿，脉冲源频率为 600Hz，求：①写出一个循环的通电程序；②求步进电动机步距角；③求步进电动机转速 n。

解：①脉冲分配方式有两种：A-AB-B-BC-C-CA、A-AC-C-CB-B-BA

②$\alpha = \dfrac{360°}{kmz_r} = 360° / (40 \times 2 \times 3) = 1.5°$

③$n = \dfrac{60f}{kmz_r} = \dfrac{60 \times 600}{40 \times 2 \times 3} = 150\ \text{r/min}$

例 3-3 若一台 BF 系列四相反应式步进电动机，其步距角为 1.8°/0.9°。试问：

①1.8°/0.9°表示什么意思？

②转子齿数为多少？

③写出四相八拍运行方式的一个通电顺序。

④在 A 相测得频率为 400 Hz 时，其每分钟的转速为多少？

解：①根据步进电动机结构的概念可知 1.8°/0.9°分别表示单四拍运行的步距角和单双八拍运行的步距角。

②$\alpha = \dfrac{360^\circ}{kmz_r}$以单四拍计算 $z_r = \dfrac{360^\circ}{1.8^\circ \times 4 \times 1} = 50$

③A-AB-B-BC-C-CD-D-DA

④$n = \dfrac{60f}{kmz_r} = \dfrac{60 \times Nf_{相}}{Nz_r} = \dfrac{60 \times 400}{50} = 480\ \text{r/min}$

综上所述，步进电动机具有结构简单，维护方便，精度高，启动灵敏，停车准确等优点。此外，步进电动机的转速决定于电脉冲频率，并与频率同步。

思考题

三相变磁阻式步进电动机，转子 80 个齿。

①要求电动机转速为 40 r/min，单双拍制通电，输入脉冲频率为多少？

②要求电动机转速为 100 r/min，单拍制通电，输入脉冲频率为多少？

二、步进电动机的驱动控制系统

步进电动机的电枢通断电次数和各相通电顺序决定了输出角位移和运动方向，控制脉冲分配频率可实现步进电动机的速度控制。因此，步进电动机控制系统一般采用开环控制方式。

1．驱动控制系统组成

步进电动机的驱动控制系统主要由环形分配器、功率驱动器、步进电动机等组成。开环步进电动机控制系统方框图如图 3-32 所示。

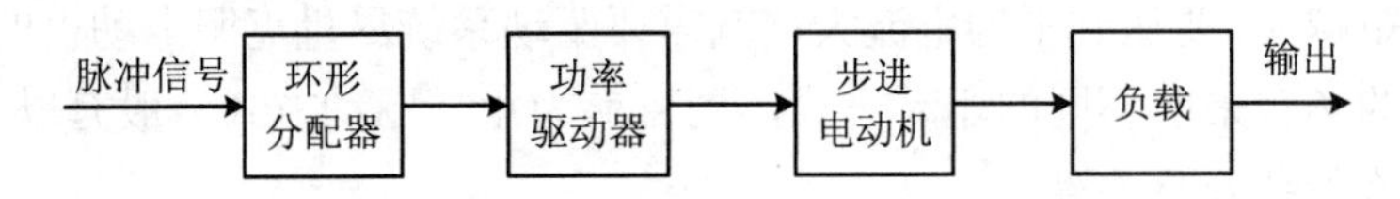

图 3-32　开环步进电动机控制系统

2．脉冲信号的产生

步进电动机在一个脉冲的作用下，转过一个相应的步距角，因此只要控制一定的脉冲数，即可精确控制步进电动机转过的相应的角度。脉冲信号一般由单片机或 CPU 产生，一般脉冲信号为方波信号。产生脉冲信号的装置及人机界面等辅助部分称为控制器。

3．信号分配

步进电动机的各绕组必须按一定的顺序通电才能正确工作，这种使电动机绕组的通断电顺序按输入脉冲的控制而循环变化的过程称为环形脉冲分配。

实现环形分配的方法有两种。一种是计算机软件分配，采用查表或计算的方法使计算机的三个输出引脚依次输出满足速度和方向要求的环形分配脉冲信号。这种方法能充分利用计算机软件资源，减少硬件成本，尤其是多相电动机的脉冲分配更能显示出这种分配方法的优点。软件环形分配器的设计方法有很多，如查表法、比较法、移位寄存器法等，它们各有特点，其中常用的是查表法。但由于软件运行会占用计算机的运行时间，因而会使插补运算的总时间增加，从而影响步进电动机的运行速度。

另一种是硬件环形分配，采用数字电路搭建或专用的环形分配器件将连续的脉冲信号经电路处理后输出环形脉冲。采用数字电路搭建的环形分配器通常由分立元件（如触发器、逻辑门等）构成，特点是体积大、成本高、可靠性差。专用的环形分配器目前市面上有很多种，如 CMOS 电路 CH250 即为三相步进电动机的专用环形分配器。

感应子式步进电动机以二、四相电机为主，四相电机工作方式有四相四拍和四相八拍二种，具体分配如下：四相四拍为 AB-BC-CD-DA-AB；四相八拍为 A-AB-B-BC-C-CD-D-DA-A，以常规二、四相，转子齿为 50 齿电动机为例。四拍运行时步距角为 $\alpha=360°/(50\times4)=1.8°$（俗称整步），八拍运行时步距角为 $\alpha=360°/$

（50×8）=0.9°（俗称半步）。

4．功率放大

功率放大是驱动系统最为重要的部分。步进电动机在一定转速下的转矩取决于它的动态平均电流而非静态电流（而样本上的电流均为静态电流）。平均电流越大电机力矩越大，要达到平均电流大这就需要驱动系统尽量克服电动机的反电势。因而不同的场合采取不同的驱动方式，到目前为止，驱动方式一般有以下几种：恒压、恒流和细分驱动等。

5．驱动器

步进电动机一经定型，其性能取决于电机的驱动电源。步进电机转速越高，力矩越大则要求电机的电流越大，驱动电源的电压越高。电压对力矩影响如图 3-33 所示。

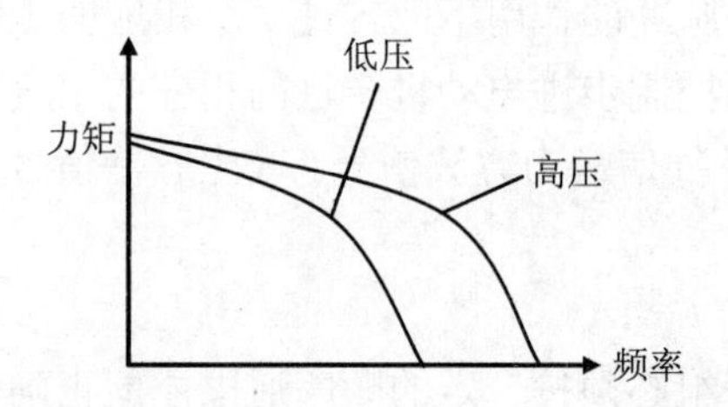

图 3-33　步进电动机在不同电压下的矩频特性

为尽量提高电机的动态性能，将信号分配、功率放大组成步进电动机的驱动电源。图 3-34 为步进电动机的驱动电源系统。

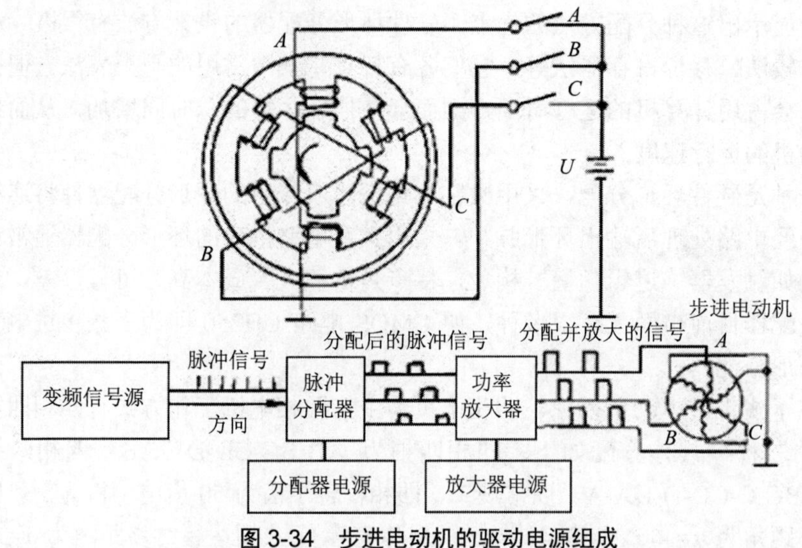

图 3-34　步进电动机的驱动电源组成

6. 细分驱动器

在步进电动机步距角不能满足使用的条件下，可采用细分驱动器来驱动步进电动机（图 3-35），细分驱动器的原理是通过改变相邻（A，B）电流的大小，以改变合成磁场的夹角来控制步进电动机运转的。因此电流控制技术是细分驱动器的关键。

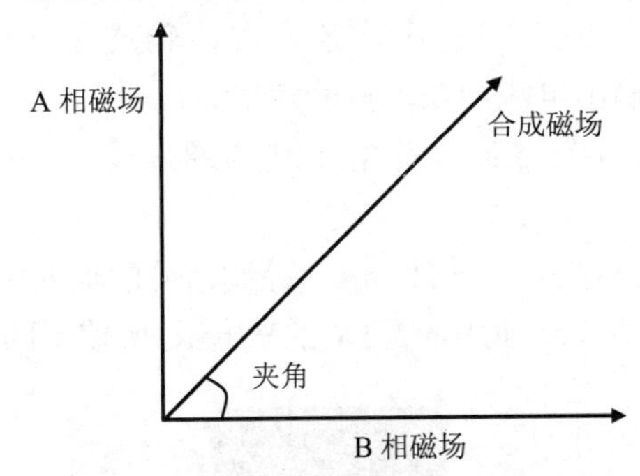

图 3-35 步进电动机的细分原理

（1）步进电动机细分控制原理

如前所述，步进电动机定子绕组的通电状态每改变一次，转子转过一个步距角。步距角的大小只有两种，即整步工作或半步工作。但在三相步进电动机的双三拍通电的方式下是两相同时通电，转子的齿和定子的齿不对齐而是停在两相定子齿的中间位置。若两相通以不同大小的电流，那么转子的齿就会停在两齿中间的某一位置，且偏向电流较大的那个齿。若将通向定子的额定电流分成 n 等份，转子以 n 次通电方式最终达到额定电流，使原来每个脉冲走一个步距角，变成了每次通电走 $1/n$ 个步距角，即将原来一个步距角细分为 n 等份，从而提高了步进电动机的精度，这种控制方法称为步进电动机的细分控制，或称为细分驱动。

（2）步进电动机细分控制的技术方案

细分方案的本质就是通过一定的措施生成阶梯电压或电流，然后通向定子绕组。在简单的情况下，定子绕组上的电流是线性变化，要求较高时可以是正弦规律变化。实际应用中可以采用如下方法：绕组中的电流以若干个等幅等宽的阶梯上升到额定值，或以同样的阶梯从额定值下降到零。这种控制方案虽然驱动电源的结构复杂，但它不改变电动机内部的结构就可以获得更小的步距角和更高的分辨率，且电动机运转平稳。

三、YL-335B 中的步进电动机驱动装置

步进电动机需要专门的驱动装置（驱动器）供电，驱动器和步进电动机是一个有

机的整体，步进电动机的运行性能是电动机及其驱动器二者配合所反映的综合效果。

一般来说，每一台步进电动机大都有其对应的驱动器，例如，Kinco 三相步进电动机 3S57Q-04056 与之配套的驱动器是 Kinco3M458 三相步进电机驱动器。图 3-36 和图 3-37 分别是它的外观图和典型接线图。图 3-37 中，驱动器可采用直流 24～40 V 电源供电。YL-335B 中，该电源由输送单元专用的开关稳压电源（DC24V8A）供给。输出电流和输入信号规格为：

① 输出相电流为 3.0～5.8 A，输出相电流通过拨动开关设定；驱动器采用自然风冷的冷却方式；

② 控制信号输入电流为 6～20 mA，控制信号的输入电路采用光耦隔离。输送单元PLC输出公共端Vcc使用的是DC24V电压，所使用的限流电阻R1为2 KΩ。

图 3-36 Kinco 3M458 外观

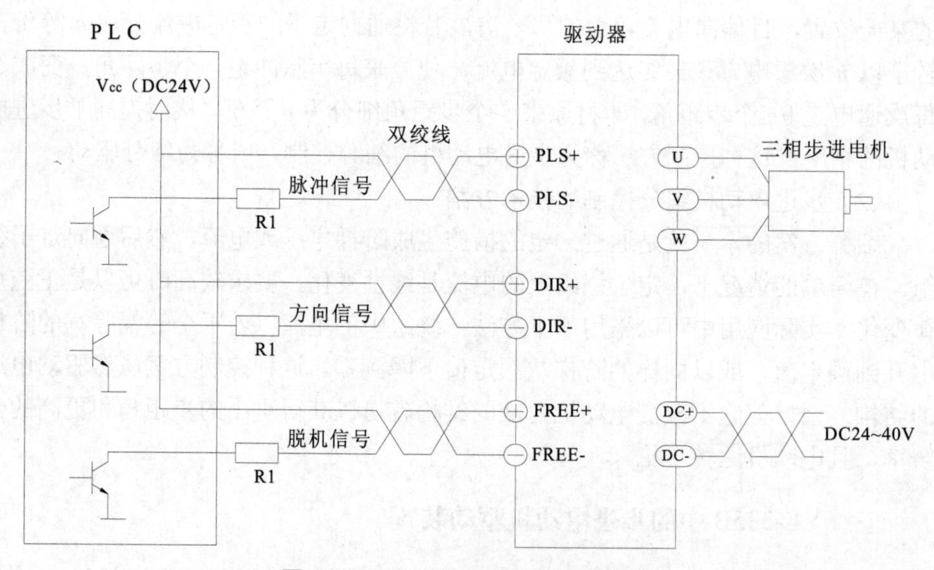

图 3-37 Kinco 3M458 的典型接线

由图 3-37 可见，步进电动机驱动器的功能是接收来自控制器（PLC）的一定数量和频率脉冲信号以及电动机旋转方向的信号，为步进电动机输出三相功率脉冲信号。

步进电动机驱动器的组成包括脉冲分配器和脉冲放大器两部分，主要解决向步进电动机的各相绕组分配输出脉冲和功率放大两个问题。

脉冲分配器是一个数字逻辑单元，它接收来自控制器的脉冲信号和转向信号，把脉冲信号按一定的逻辑关系分配到每一相脉冲放大器上，使步进电动机按选定的运行方式工作。由于步进电动机各相绕组是按一定的通电顺序并不断循环来实现步进功能的，因此脉冲分配器也称为环形分配器。实现这种分配功能的方法有多种，例如，可以由双稳态触发器和门电路组成，也可由可编程逻辑器件组成。

脉冲放大器是进行脉冲功率放大。因为从脉冲分配器能够输出的电流很小（毫安级），而步进电动机工作时需要的电流较大，因此需要进行功率放大。此外，输出的脉冲波形、幅度、波形前沿陡度等因素对步进电动机运行性能有重要的影响。3M458 驱动器采取如下一些措施，大大改善了步进电动机运行性能：

- 内部驱动直流电压达 40 V，能提供更好的高速性能。
- 具有电机静态锁紧状态下的自动半流功能，可大大降低电机的发热。而为调试方便，驱动器还有一对脱机信号输入线 FREE+和 FREE-（图 3-37），当这一信号为 ON 时，驱动器将断开输入到步进电动机的电源回路。YL-335B 没有使用这一信号，目的是使步进电动机在上电后，即使静止时也保持自动半流的锁紧状态。
- 3M458 驱动器采用交流伺服驱动原理，把直流电压通过脉宽调制技术变为三路阶梯式正弦波形电流，如图 3-38 所示。

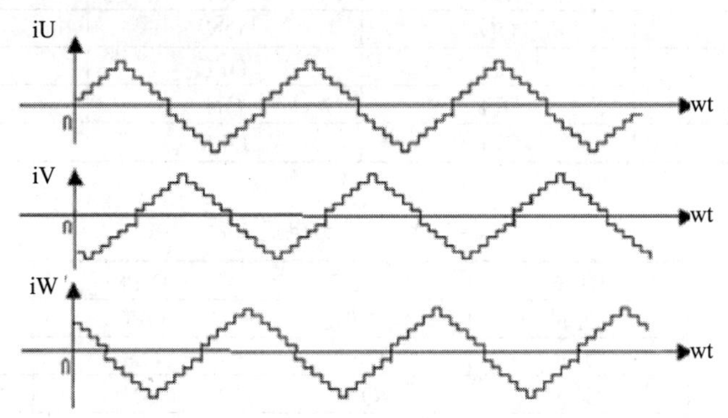

图 3-38　相位差 120°的三相阶梯式正弦电流

阶梯式正弦波形电流按固定时序分别流过三路绕组，其每个阶梯对应电机转动一步。通过改变驱动器输出正弦电流的频率来改变电机转速，而输出的阶梯数确定了每步转过的角度，当角度越小的时候，那么其阶梯数就越多，即细分就越大，从理论上来说此角度可以设得足够得小，所以细分数可以是很大。3M458 最高可达 10 000 步/转的驱动细分功能，细分可以通过拨动开关设定。

细分驱动方式不仅可以减小步进电动机的步距角，提高分辨率，而且可以减少或消除低频振动，使电动机运行更加平稳均匀。

在 3M458 驱动器的侧面连接端子中间有一个红色的八位 DIP 功能设定开关，可以用来设定驱动器的工作方式和工作参数，包括细分设置、静态电流设置和运行电流设置。图 3-39 是该 DIP 开关功能划分说明，表 3-3（a）和表 3-3（b）分别为细分设置表和电流设定表。

DIP 开关的正视图

ON 1 2 3 4 5 6 7 8

开关序号	ON 功能	OFF 功能
DIP1～DIP3	细分设置用	细分设置用
DIP4	静态电流全流	静态电流半流
DIP5～DIP8	电流设置用	电流设置用

图 3-39 3M458 DIP 开关功能划分说明

表 3-3（a） 细分设置

DIP1	DIP2	DIP3	细分/（步/转）
ON	ON	ON	400
ON	ON	OFF	500
ON	OFF	ON	600
ON	OFF	OFF	1 000
OFF	ON	ON	2 000
OFF	ON	OFF	4 000
OFF	OFF	ON	5 000
OFF	OFF	OFF	10 000

表 3-3（b） 输出电流设置

DIP5	DIP6	DIP7	DIP8	输出电流/A
OFF	OFF	OFF	OFF	3.0
OFF	OFF	OFF	ON	4.0
OFF	OFF	ON	ON	4.6
OFF	ON	ON	ON	5.2
ON	ON	ON	ON	5.8

步进电动机传动组件的基本技术数据如下：

3S57Q-04056 步进电动机步距角为 1.8°，即在无细分的条件下 200 个脉冲电机转一圈（通过驱动器设置细分精度最高可以达到 10 000 个脉冲电机转一圈）。

对于采用步进电动机作动力源的 YL335-B 系统，出厂时驱动器细分设置为 10 000 步/转。如前所述，直线运动组件的同步轮齿距为 5 mm，共 12 个齿，旋转一周搬运机械手位移 60 mm。即每步机械手位移 0.006 mm；电机驱动电流设为 5.2 A；静态锁定方式为静态半流。

四、步进电动机的选用

在步距角小，功率小以及价格低的场合宜选用反应式步进电动机。在步距角大，运动速度低，对定位性能要求高的场合，宜选用永磁式步进电动机。对于既要求步距角小，又要求定位性能好的场合，可选用混合式步进电动机。

步进电动机有步距角（涉及相数）、静转矩及电流三大要素组成。一旦三大要素确定，步进电动机的型号便确定下来了。

1. 步距角的选择

电机的步距角取决于负载精度的要求，将负载的最小分辨率（当量）换算到电机轴上，每个当量电机应走多少角度（包括减速）。电机的步距角应等于或小于此角度。目前市场上步进电动机的步距角一般有 0.36°/0.72°（五相电机）、0.9°/1.8°（二、四相电机）、1.5°/3°（三相电机）等。一般采用二相 0.9°/1.8°的电机和细分驱动器就可。

2. 静力矩的选择

步进电动机的动态力矩一下子很难确定，我们往往先确定电机的静力矩。静力矩选择的依据是电机工作的负载，而负载可分为惯性负载和摩擦负载两种。单一的惯性负载和单一的摩擦负载是不存在的。直接启动时（一般由低速）时两种负载均要考虑，加速启动时主要考虑惯性负载，恒速运行只要考虑摩擦负载。一般情况下，静力矩应为摩擦负载的 2～3 倍内好，静力矩一旦选定，电机的机座及长度便能确定下来（几何尺寸）。

3. 电流的选择

静力矩一样的电机，由于电流参数不同，其运行特性差别很大，可依据矩频特性曲线图，判断电机的电流（参考驱动电源及驱动电压）。

4. 应用中的注意点

① 步进电动机应用于低速场合，每分钟转速不超过 1 000 r（0.9°时 6 666 p/s），最好在 1 000～3 000 p/s（0.9°）间使用，可通过减速装置使其在此间工作，此时

电机功率大、效率高。

② 步进电动机最好不使用整步状态，整步状态时振动大。

③ 由于历史原因，只有标称为 12 V 电压的电机使用 12 V 外，其他电机的电压值不是驱动电压伏值，可根据驱动器选择驱动电压（建议：57BYG 采用直流 24～36 V，86BYG 采用直流 50 V，110BYG 采用高于直流 80 V），当然 12 V 的电压除 12 V 恒压驱动外也可以采用其他驱动电源，不过要考虑温升。

④ 转动惯量大的负载应选择大机座号电机。

⑤ 电机在较高速或大惯量负载时，一般不在工作速度启动，而采用逐渐升频提速，一是电机不失步，二是可以减少噪声同时可以提高停止的定位精度。

⑥ 高精度时，应通过机械减速、提高电机速度，或采用高细分数的驱动器来解决，也可以采用 5 相电机，不过其整个系统的价格较贵，生产厂家少。

⑦ 电机不应在振动区内工作，如若必须可通过改变电压、电流或加一些阻尼的解决。

⑧ 电机在 600 p/s（0.9°）以下工作，应采用小电流、大电感、低电压来驱动。

⑨ 应遵循先选电机后选驱动的原则。

五、使用步进电动机应注意的问题

（1）步进电动机的使用，一是要注意正确的安装，二是正确的接线。

安装步进电动机，必须严格按照产品说明的要求进行。步进电动机是一精密装置，安装时注意不要敲打它的轴端，千万不要拆卸电机。

不同的步进电动机的接线有所不同，3S57Q-04056 接线图如图 3-40 所示，三个相绕组的六根引出线，必须按头尾相连的原则连接成三角形。改变绕组的通电顺序就能改变步进电动机的转动方向。

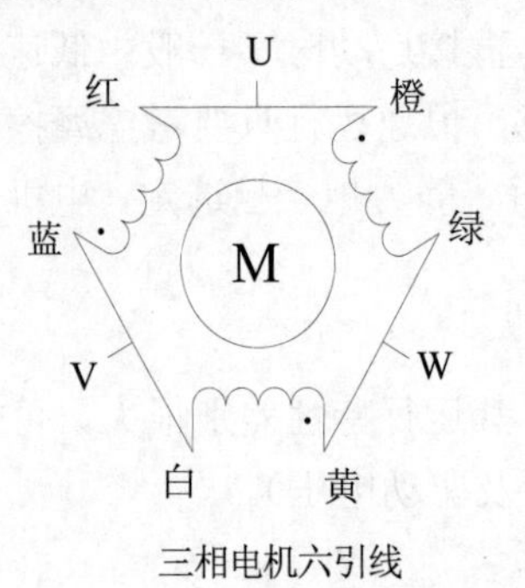

三相电机六引线

线 色	电机信号
红 色	U
橙 色	
蓝 色	V
白 色	
黄 色	W
绿 色	

图 3-40　3S57Q-04056 的接线

(2) 控制步进电动机运行时，应注意考虑在防止步进电动机运行中失步的问题。

步进电动机失步包括丢步和越步。丢步时，转子前进的步数小于脉冲数，越步时，转子前进的步数多于脉冲数。丢步严重时，将使转子停留在一个位置上或围绕一个位置振动；越步严重时，设备将发生过冲。

使机械手返回原点的操作，常常会出现越步情况。当机械手装置回到原点时，原点开关动作，使指令输入 OFF。但如果到达原点前速度过高，惯性转矩将大于步进电动机的保持转矩而使步进电动机越步。因此回原点的操作应确保足够低速为宜；当步进电动机驱动机械手装配高速运行时紧急停止，出现越步情况不可避免，因此急停复位后应采取先低速返回原点重新校准，再恢复原有操作的方法。(注：所谓保持扭矩是指电机各相绕组通额定电流，且处于静态锁定状态时，电机所能输出的最大转矩，它是步进电动机最主要参数之一)

由于电机绕组本身是感性负载，输入频率越高，励磁电流就越小。频率高，磁通量变化加剧，涡流损失加大。因此，输入频率增高，输出力矩降低。最高工作频率的输出力矩只能达到低频转矩的 40%～50%。进行高速定位控制时，如果指定频率过高，会出现丢步现象。

此外，如果机械部件调整不当，会使机械负载增大。步进电动机不能过负载运行，哪怕是瞬间，都会造成失步，严重时停转或不规则原地反复振动。

六、步进电动机的优点

与交、直流伺服电动机相比，步进电动机有如下优点。

(1) 控制简单容易

步进电动机的转角或转速取决于脉冲数或脉冲频率，而不受电压波动和负载变化的影响。脉冲信号则容易借助数字技术，予以控制。

(2) 体积小

步进电动机及其驱动电路的结构简单，体积小，能装入仪器、仪表及小型设备的内部。

(3) 价格低

步进电动机既是动力元件，又是角位移控制元件，不需要测量装置和反馈系统，故控制系统简单，价格低廉。但步进电动机的转矩和功率较小，角位移和角速度精度较低，步距角小时，难以获得高转速。综上所述，步进电动机适用于中小型机电一体化设备和仪器、仪表中，可与传动装置组合，成为开环控制的伺服系统。

随着新材料、新技术的发展及电子技术和计算机的应用，步进电动机及驱动器的研制和发展进入了新阶段。过去，人们认为伺服系统一定优于步进系统的观念也发生很大的变化，现代的步进系统已完全不是过去的步进系统。定位驱动装置已经过“步进—直流伺服—交流伺服”，再度回到步进系统。步进系统的回归源自于其无须反馈就形成了开环控制系统，使系统结构大大简化、使用维护更加方便、工作可靠，在一般使用场合具有足够高的精度等特点。

步进电动机还有下列优点：① 步距值不受各种干扰因素的影响。如电压的大小、电流的数值、波形及温度的变化等，相对来说都不影响步距值。也就是说，转子运动的速度主要取决于脉冲信号的频率，而转子运动的总位移量则取决于总的脉冲信号数。② 误差不积累。步进电动机每走一步所转过的角度（实际步距值）与理论步距值之间总有一定的误差，从某一步到任何一步，也就是走任意步数以后，也总有一定的误差。但因每转一圈的累积误差为零，所以步距的误差不是积累的。③ 控制性能好。启动、转向及其他任何运行方式的改变，都在少数脉冲内完成。在一定的频率范围内运行时，任何运行方式都不会丢失一步的。

由于步进电动机有上述特点和优点而广泛应用在机械、冶金、电力、纺织、电信、电子、仪表、化工、轻工、办公自动化设备、医疗、印刷以及航空航天、船舶、兵器、核工业等国防工业等领域。例如机械行业中，在数控机床上的应用，可以算是典型的例子。可以说步进电动机是经济型数控机床的核心。而由步进系统实现开环控制，使得改变加工对象快捷、系统调试方便、工作可靠、成本较低的数控机床成为当前机床发展的主要方向之一。其他行业中应用实例有如：印刷机械、包装机械、梭织机、电脑绣花机、钟表、户外自动广告牌、自动移靶机、计算机外设、自动绘图仪、吸脂机等。

思考题

1. 步进电动机的结构及工作原理是什么？驱动方式有哪些？各有何特点？
2. 简要比较反应式步进电动机与永磁式步进电动机的优缺点。
3. 什么是步进电动机？怎样控制步进电动机输出轴的角位移、转速及转向？

项目四 PLC 技术工程应用

美国数字设备公司（DEC）于 1969 年研制开发出了世界上第一台可编程逻辑控制器（Programmable Logic Controller，PLC），并成功应用到美国通用汽车公司的生产线上。它是一种数字运算操作的电子系统，专为在工业环境应用而设计的；它采用一类可编程的存储器，用于其内部存储程序，执行逻辑运算、顺序控制、定时、计数与算术操作等面向用户的指令，并通过数字式或模拟式输入/输出控制各种类型的机械或生产过程；而有关的外围设备，都应按易于与工业系统连成一个整体，易于扩充其功能的原则设计。目前，世界上有 200 多个厂家生产 300 多种 PLC 产品，比较著名的厂家有：日本的三菱、欧姆龙，德国的西门子、法国的施耐德，美国的 AB 和 GE 等公司。

目前 PLC 功能日益增强，可进行模拟量控制、位置控制。特别是远程通信功能的实现，易于实现柔性加工和制造系统（FMS），使得 PLC 如虎添翼。无外乎有人将 PLC 称为现代工业控制的三大支柱（即 PLC、机器人和 CAD/CAM）之一。

PLC 已广泛应用于冶金、矿业、机械、轻工等领域，为工业自动化提供了有力的工具，加速了机电一体化的实现。

任务一 PLC 基本应用

一、PLC 的应用场合

PLC 在国内外已广泛应用于钢铁、采矿、水泥、石油、化工、电力、机械制造、汽车装卸、造纸、纺织、环保及娱乐等各行各业。它的应用大致可分为以下几种类型：

（1）用于开关逻辑控制。这是 PLC 最基本的应用范围。可用 PLC 取代传统继电控制，如机床电气、电机控制中心等，也可取代顺序控制，如高炉上料、电梯控制、货物存取、运输、检测等。总之，PLC 可用于单机、多机群以及生产线的自动化控制。

（2）用于机械加工的数字控制。PLC 和计算机数控（CNC）装置组合成一体，可以实现数值控制，组成数控机床。

（3）用于机器人控制，可用一台 PLC 实现 3～6 轴的机器人控制。

（4）用于闭环过程控制。现代大型 PLC 都配有 PID 子程序或 PID 模块，可实现单回路、多回路的调节控制。

（5）用于组成多级控制系统，实现工厂自动化网络。

二、常用基本环节编程

掌握应用程序中常用的编程环节，有利于读者在掌握了这些基本环节的编程思路后，将其改造成在自己使用的 PLC 上可以运行的程序。

（一）电动机控制类程序

1．电动机启-停控制

实现 Y0 的启动、保持和停止的四种梯形图如图 4-1 所示。这些梯形图均能实现启动、保持和停止的功能。X0 为启动信号，X1 为停止信号。图 4-2（a）、（c）是利用 Y0 动合触点实现自锁保持，而图 4-2（b）、（d）是利用 SET、RST 指令实现自锁保持。另外，图 4-2（a）、（b）为复位优先（即当 X0 和 X1 同时有信号时，则 Y0 断开），而图 4-2（c）、（d）为置位优先（即当 X0 和 X1 同时接通时，则 Y0 接通）。

在实际电路中，启动信号和停止信号可能由多个触点组成的串联、并联电路提供。

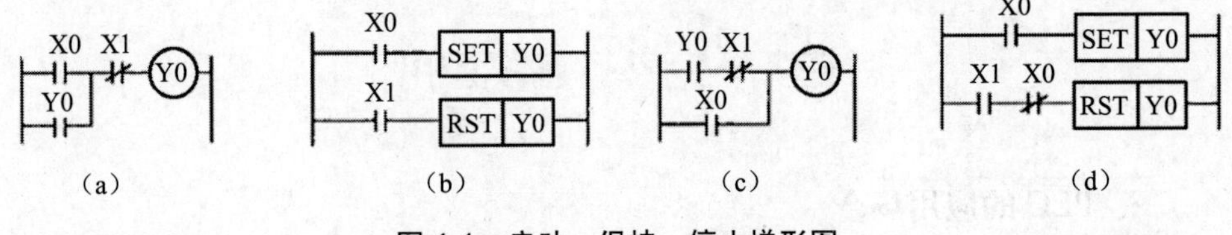

图 4-1　启动、保持、停止梯形图

2．电动机正反转控制

在梯形图 4-2 中，用两个起保停电路分别来控制电动机的正转和反转。按下 X0 后，则 Y0 线圈“得电”并自保持，电动机正转；按 X2 后，则线圈 Y0“失电”，电动机停止运行。同理按 X1 反转运行。

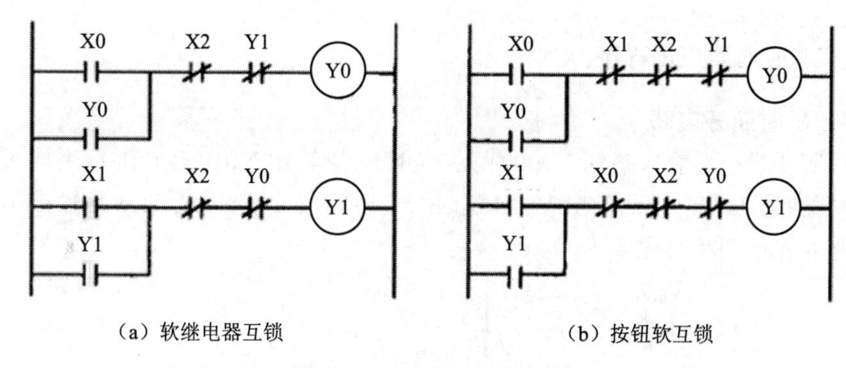

（a）软继电器互锁　　（b）按钮软互锁

图 4-2　电动机正反转电路

在梯形图中，将 Y0 和 Y1 的动断触点分别与对方的线圈串联，可以保证它们不能同时为“ON”。以保证电动机与接触器不会同时通电，这种安全措施在继电器电路中称为“互锁”。用梯形图程序实现的互锁称“软互锁”，如图 4-2（a）所示。在图 4-2（b）中还设置了“按钮软互锁”。

3. 电动机顺序控制

梯形图 4-3（a）实现 Y0 启动后 Y1 才能启动的顺序控制。按启动按钮 X0 后，则 Y0 线圈“得电”并自保持，电动机 M0 转动；只有在 Y0 得电闭合后，按启动按钮 X2，Y1 线圈才能“得电”并自保持，电动机 M1 转动。按钮 X1、X3 为停机控制。

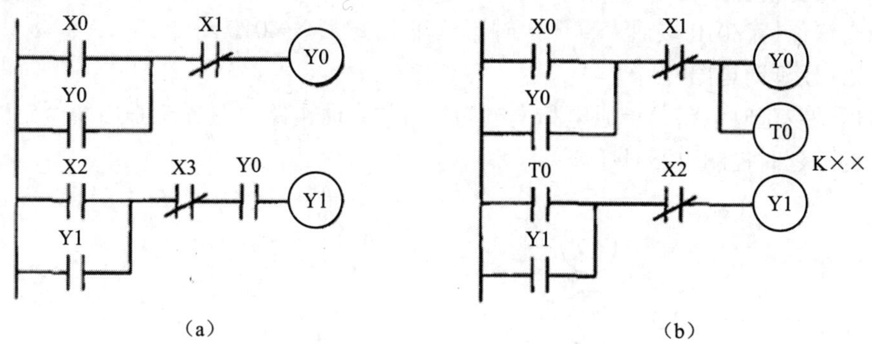

（a）　　（b）

图 4-3　电动机顺序启动控制

梯形图 4-3（b）实现 Y0 启动后 Y1 延时自行启动。按启动按钮 X0 后，Y0 线圈“得电”并自保持，定时器延时 K××后 Y1 线圈自动“得电”，电动机 M1 自行启动。

（二）定时器应用程序

1．延时断开电路

控制要求：当输入条件 X000 满足（ON），则输出 Y010 也接通；当输入条件 X000 不满足（OFF），则输出 Y010 延时一定时间后才断开。图 4-4 是输出延时断开电路的梯形图和时序。

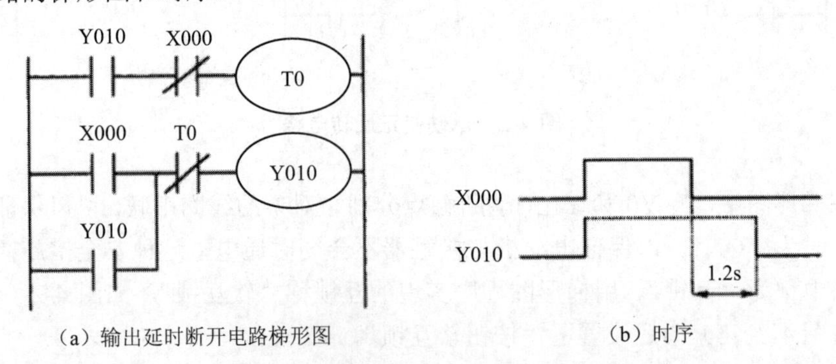

（a）输出延时断开电路梯形图　（b）时序

图 4-4　输出延时断开电路梯形图和时序

在梯形图中，用到一个 PLC 内部定时器，编号为 T0（定时为 1.2 s）。该定时器的工作条件是输出 Y010=ON 并且输入 X000=OFF，定时器工作 1.2 s 后，定时器触点闭合使输出 Y010 断开。输入 X000=ON 时，Y010=ON，并且输出 Y010 的触点自锁保持 Y010 接通，直至定时器工作 1.2 s 后，Y010 断开。

2．双延时电路

所谓双延时电路是指通电和失电均延时的定时电路。图 4-5 是用两个定时器完成的双延时控制电路时序。

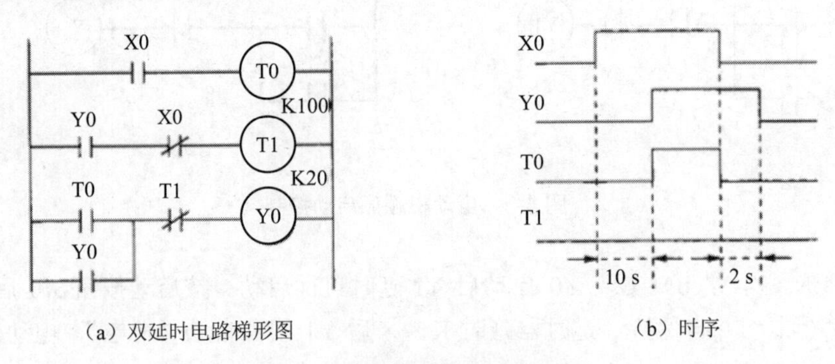

（a）双延时电路梯形图　（b）时序

图 4-5　双延时电路梯形图及时序

当输入 X0 为 ON 时，T0 开始定时，定时时间为 10 s，10 s 后接通继电器线圈 Y0 并保持；当输入 X0 由 ON 变为 OFF 时，T1 开始定时，定时时间为 2 s，2 s 后，T1 常闭触点断开 Y0，实现了输出线圈 Y0 在通电和失电时均产生延时的控制效果。

3．闪烁电路

在需要驱动指示闪烁时，可使用图 4-6 所示的闪烁电路梯形图。只要输入 X0 通电，输出 Y0 就周期性地“通电”和“断电”，“通电”和“断电”的时间分别等于 Tl 和 T0 的设定值。闪烁电路实际上是一个具有正反馈的振荡回路，T0 和 T1 的输出信号通过它们的触点分别控制对方的线圈，形成正反馈。

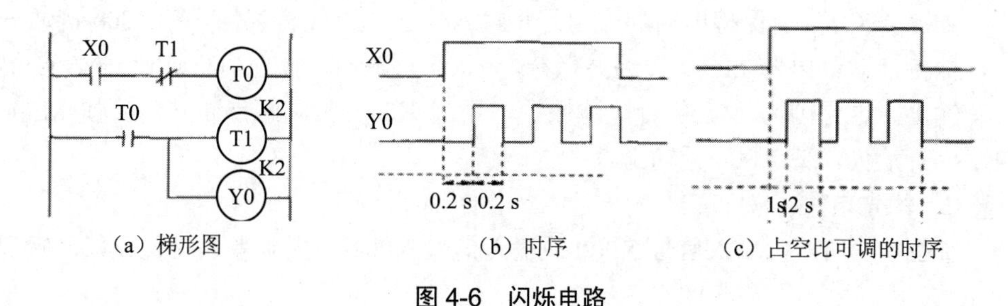

（a）梯形图　（b）时序　（c）占空比可调的时序

图 4-6　闪烁电路

调整两个定时器的设定时间，就可以输出占空比可调的脉冲信号。设 T1 的设定时间为 1 s，即占空比为 2∶1（输出信号接通 2 s，断开 1 s），产生的脉冲波形如图 4-6（c）所示。

（三）其他常用程序

1．分频电路

在许多控制场合，需要对控制信号进行分频。在图 4-7 所示的程序中，X0 引入信号脉冲，要求输出 Y0 引出的脉冲是前者的二分频。

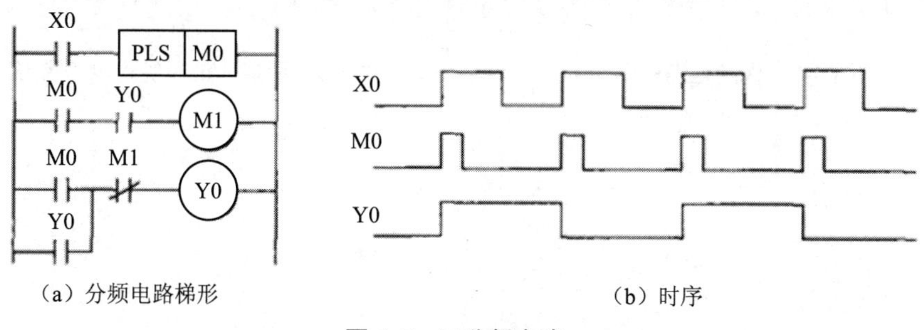

（a）分频电路梯形　（b）时序

图 4-7　二分频电路

当 X0 接通上升沿，M0 产生一个扫描周期宽度的脉冲。在第二逻辑行的 Y0 仍然是断开的，所以 M1 没有接通，在第三逻辑行的 Y0 产生输出波形的上升沿。当 X0 再次接通上升沿时，M0 同样产生一个扫描周期宽度的脉冲。在第二逻辑行的 M1 被接通（Y0 因自锁而接通），使得第三逻辑行输出 Y0 断开，产生波形的下降沿。

当 X0 第三次接通上升沿时，与第一次相同，依此类推，循环往复。输出正好是输入信号的二分频。这种逻辑每当有控制信号时就将状态翻转，因此也可用作触发器。

2. 保持电路

如图 4-8 所示，保持电路的作用是将输入信号加以保持记忆。将 X000 接通一下，保持辅助继电器 M500 接通并保持，Y000 再输出，停电后再通电，Y000 仍然有输出，这是因为 M400 有电池保护，只有 X001 常闭触点断开，才使 M500 自我保持消失，使 Y000 无输出。

3. 优先电路

如图 4-9 所示，输入信号 X000 或输入信号 X001 中先到者取得优先权，后到者无效。

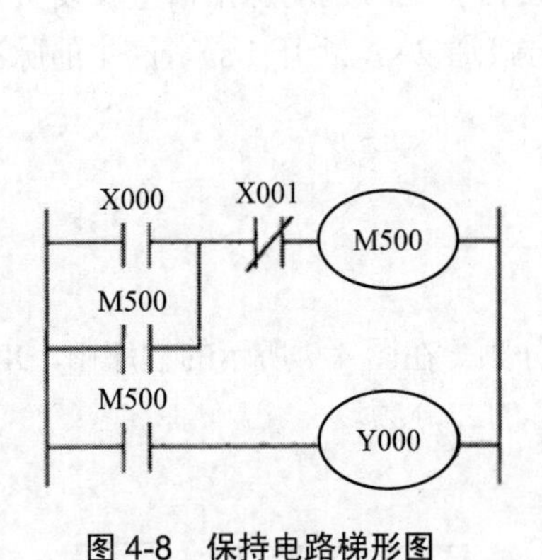

X000
X001
M500
M500
M500
Y000

图 4-8 保持电路梯形图

X000
M101
输入 A
M100
M100
X001
M100
输入 E
M101
M101
M100
Y010
M101
Y011

图 4-9 两输入信号优先电路梯形图

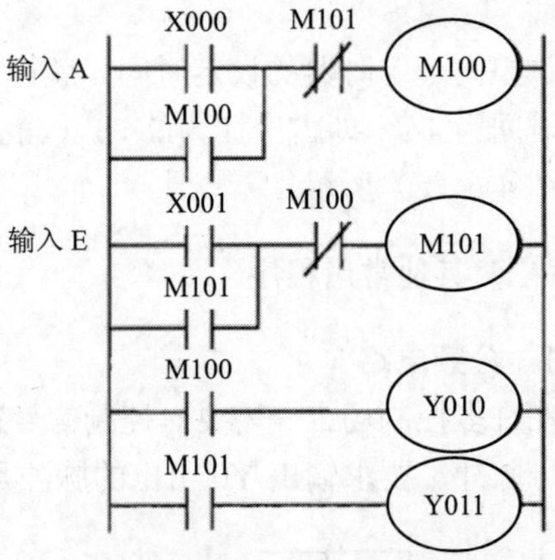

任务二 GX Developer编程软件的安装和使用

一、概述

GX Developer是一种基于Windows操作系统，支持三菱Q系列、QnA系列、A系列、FX系列PLC等设备的全系列编程软件。它可以采用梯形图、指令表、SFC及功能块等多种方法编程，可以方便地在现场进行程序的在线更改，具有丰富的监控、诊断及调试功能，能迅速排除故障。GX Developer还可以进行网络参数设定，并通过网络实现诊断及监控。

GX Developer具有以下功能。

（1）制作程序。GX Developer可以采用标号编程方式，这样不需要确定软元件号就可以根据标号制作成标准程序，这种程序可以依据实际情况，汇编成适用于不同PLC环境的程序使用。GX Developer还采用了功能块的设计方法以提高顺序程序的开发效率，它可以将开发顺序程序时反复使用的顺序程序回路块零件化（功能化），使得顺序程序的开发变得更加容易。

（2）对可编程控制器CPU的写入/读出。

（3）监视及调试功能。GX Developer可以把制作好的可编程控制器程序写入可编程控制器的CPU内，以实现回路监视、软元件同时监视、软元件登录监视等功能。可以方便地测试程序能否正常运转。此外，由于运用了GX Simulator的梯形图逻辑测试功能，能够更加简单地进行调试，使程序设计更加快捷。

（4）PLC诊断功能。GX Developer可以将当前的错误状态或故障显示出来，这样在发生错误的时候能够更快地在短时间内恢复工作。

（5）可以采用多种方法与PLC连接。GX Developer可能通过串行通信口、USB接口、CC-Link扩展模块、Ethernet扩展模块与PLC相连。

二、GX Developer V8.34L编程软件安装

1．软件的安装

首先执行本产品（CD-ROM）目录下“EnvMEL”目录中的SETUP.EXE文件，然后，安装本产品。具体步骤如下：

（1）安装EnvMEL环境（若已安装可直接跳过此步）

找到本产品光盘中或已拷贝到电脑中的安装文件夹“GX Developer 8.34L(简体中文版)”，双击打开该文件夹，显示安装文件如图4-10所示。

图 4-10 安装文件

（2）安装 EnvMEL

双击其中的“EnvMEL”文件夹，打开显示 EnvMEL 的安装文件，如图 4-11 所示。

双击其中的“SETUP”图标进行安装，如图 4-12 所示。

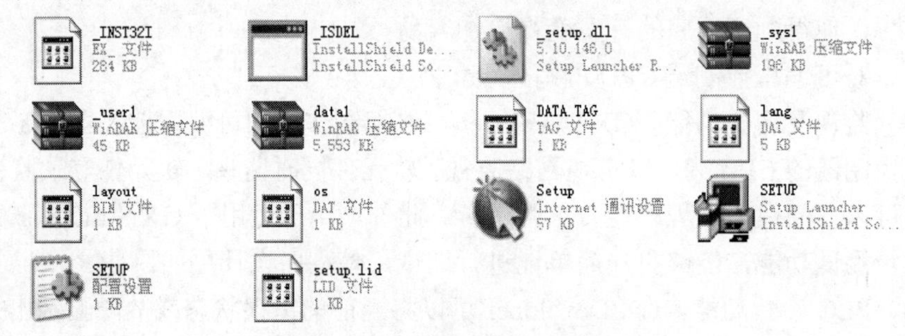

图 4-11 EnvMEL 的安装文件

图 4-12 进入 EnvMEL 安装

单击[下一个]，继续设置程序，完成 EnvMEL 安装。

单击[结束]，然后退回到图 4-10 的界面。

（3）进入安装 GX-Developer-8.34

在图 4-10 的界面，双击其中的“SETUP”图标，进入安装，如图 4-13 所示。

图 4-13 欢迎界面

（4）在之后的画面中输入姓名和公司名，并点击[下一个]，如图 4-14 所示。当确认对话框出现时，按照相应信息执行操作。

（5）接着输入本产品的产品序列号并且点击[下一个]，如图 4-15 所示。产品序列号记载在与本产品一起包装的“软件用户注册卡”中。

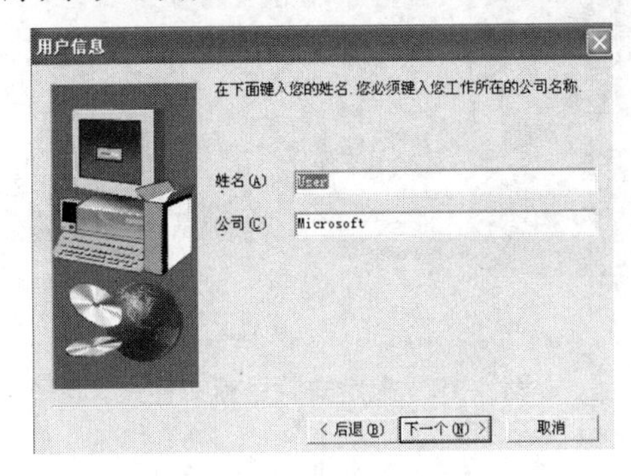

图 4-14 输入公司和姓名

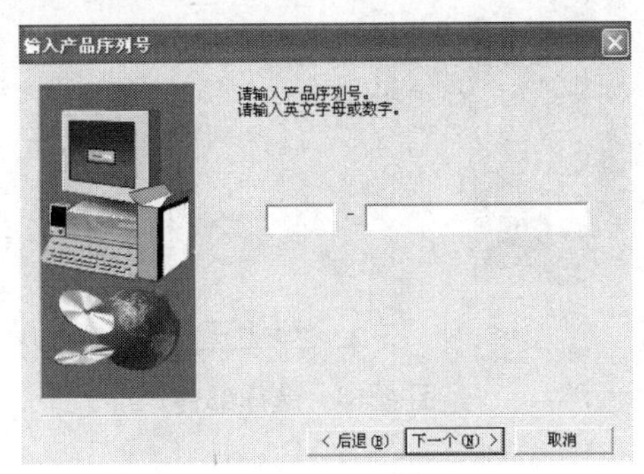

图 4-15 输入产品序列号

（6）当使用结构化文本（ST）语言时，勾选该复选框并点击[下一个]，如图 4-16 所示。当不使用结构化文本（sT）语言时，直接点击[下一个]。

（7）在安装过程中“监视专用”不要选择，否则软件只能监视不能编程。安装监视专用 GX Developer 产品是为了防止现场编辑、不慎更改等情况（使可编程控制器写入和可编程控制器数据删除操作等功能无效)。当安装监视专用 GX Developer 时，勾选该复选框并点击[下一个]，如图 4-17 所示。

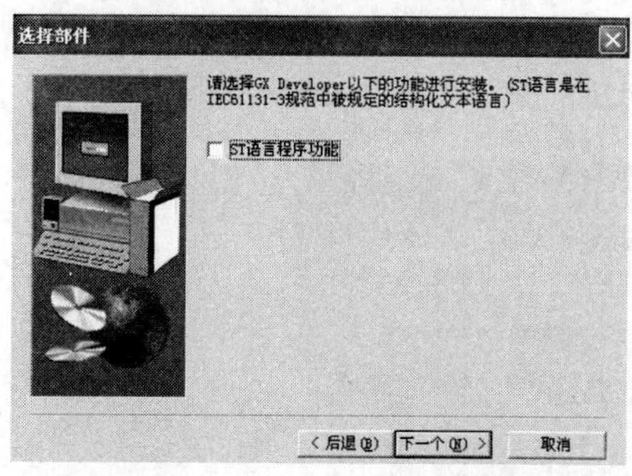

图 4-16 选择 ST 语言程序功能

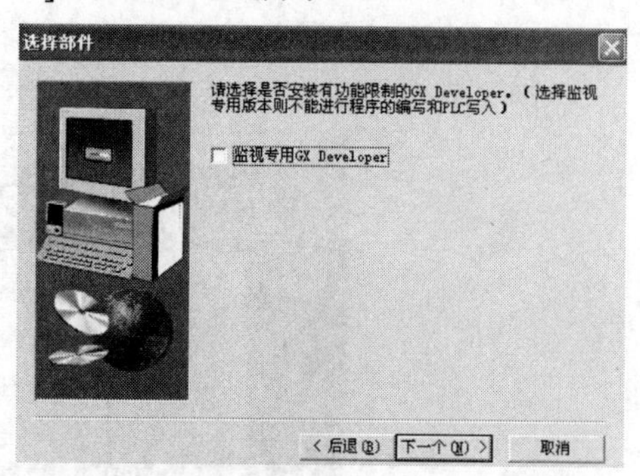

图 4-17 安装监视专用 GX Developer

（8）用户根据需要点击相应的复选框并点击[下一个]，如图 4-18 所示。Melsec Medoc 是 MS-DOS 用的英文编程软件。

（9）指定安装目标文件夹。如果显示的安装目标文件夹是正确的，点击[下一个]，如图 4-19 所示。(安装后会在 C 盘自动生成“MELSEC”文件夹）如果要更改安装目标文件夹，点击[浏览]并且指定一个新的驱动器和文件夹。

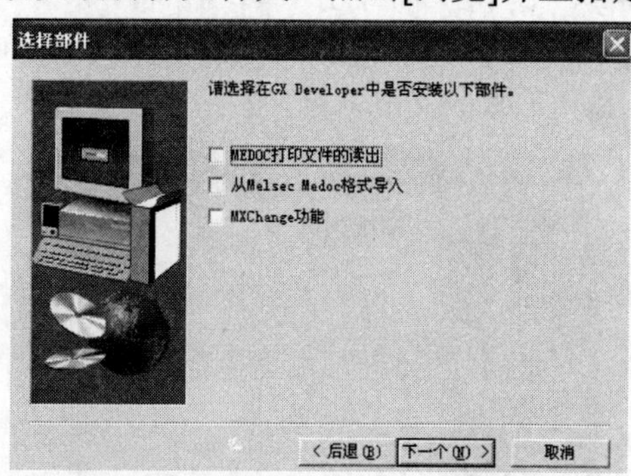

图 4-18 选择部件

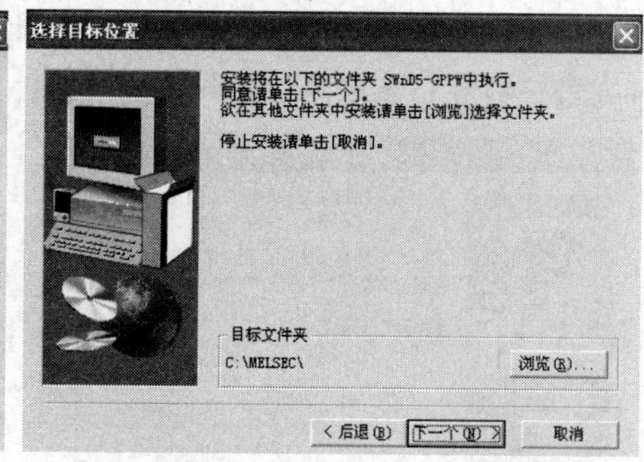

图 4-19 指定安装目标文件夹

（10）安装完毕，点击[确定]。

三、GX Developer 编程软件的使用

（一）GX Developer 软件的启动与结束

如图 4-20 所示，通过单击“开始”菜单的“程序” →“MELSOFT 应用程

序” →“GX Developer”就可以启动 GX Developer。

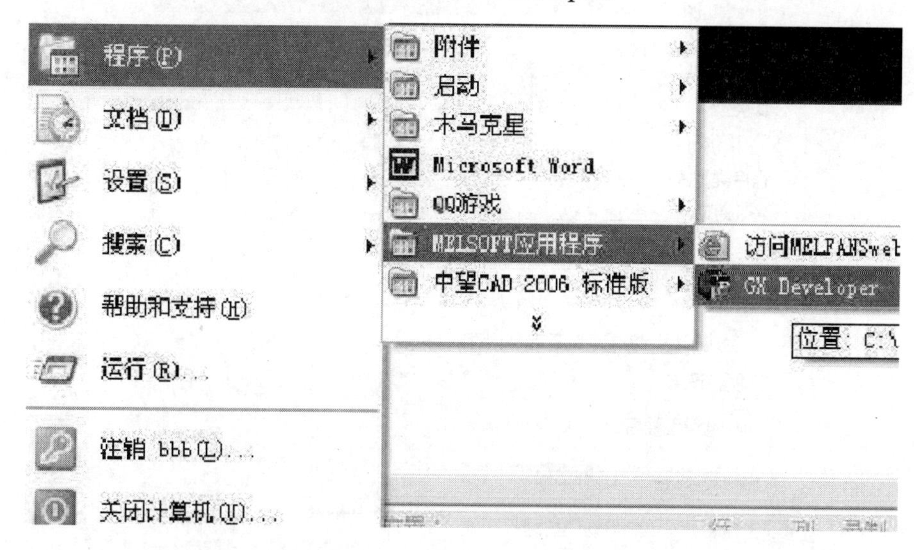

图 4-20 GX Developer 软件的启动

通过单击 GX Developer 中“工程”菜单的“GX Developer 关闭”，就可以结束 GX Developer。

（二）GX Developer 的基本操作

GX Developer 将所有顺控程序、参数及顺控程序中的注释、声明、注解等以工程的形式进行统一的管理。在 GX Developer 的工程窗口下，不但可以方便地编辑顺序控制程序及参数等，而且可以设定所使用的 PLC 类型。

1. 新建工程

单击 GX Developer 的“工程（F）”→“创建新工程（N）”或者使用快捷键“Ctrl+N”，或者单击“工程”下面的图标“🗋”，就可以新建一个工程，如图 4-21 所示。

通过创建新工程对话框，可以实现对 PLC 系列及 PLC 类型的设定，可以设定程序类型为梯形图逻辑或 SFC 程序，还可对是否制作标号程序进行设定。

创建新工程
PLC系列
FXCPU
PLC类型
FX2N(C)
程序类型
梯形图
SFC
MELSAP-L
ST
标签设定
不使用标签
使用标签
(使用ST程序、FB、
结构体时选择)
生成和程序名同名的软元件内存数据
工程名设定
设置工程名
驱动器/路径 d:\MELSEC
工程名 自动门控制
浏览...
索引
确定
取消

图 4-21 创建新工程

“PLC 系列”选择 FXCPU，“PLC 类型”选择 FX_{2N}，“程序类型”默认为“梯形图”，勾选“设置工程名”在“工程名”框中输入程序名称，如“自动门控制”，点击“确定”，因为在 D 盘没有此文件夹，所以会出现如图 4-22 所示的选项。

图 4-22 选择新建工程

选择“是”，在 D 盘新工程建立完毕，此时便进入编程界面。如果不想在 D 盘建立此文件夹，可以点击 “浏览”，选择“驱动器/途径”，如 E 盘，填写工程名，如“自动门控制”，点击“新建文件”，如图 4-23 所示，则恢复到创建新工程页面。点击“确定”，于是在 E 盘建立新工程，此时便进入如图 4-24 所示的编程界面。

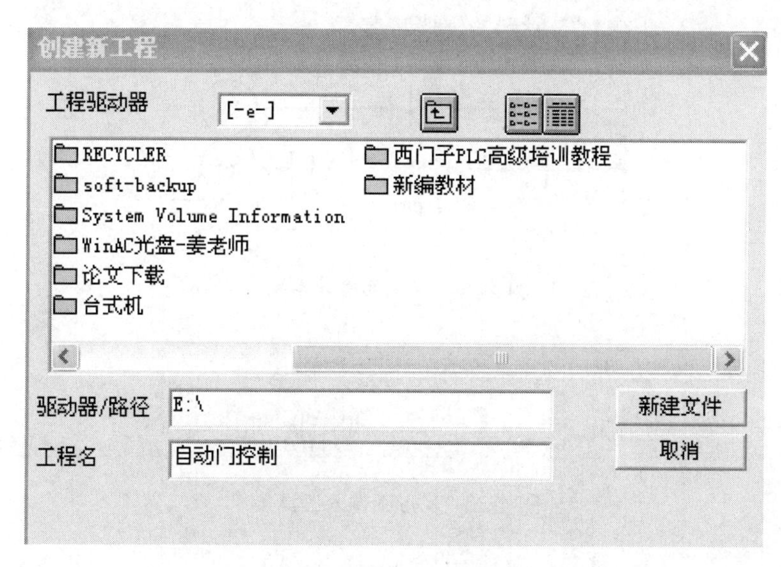

图 4-23　选择安装路径

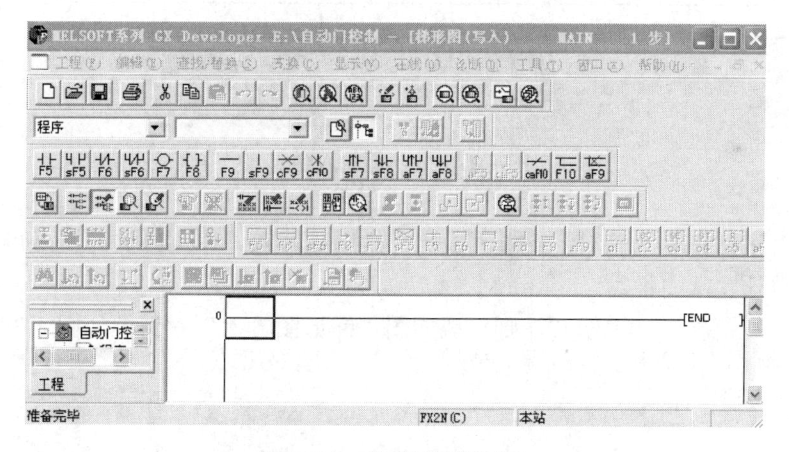

图 4-24　梯形图编程界面

2．梯形图的设计

用鼠标单击要输入图形的位置，按 Enter 键，即可通过在梯形图输入框中输入指令。也可以单击梯形图标记工具栏上的相关符号进行设计。

输入梯形图有两种方法，一种是利用工具条中的快捷键输入；另一种是直接用键盘输入如 F5，F6，F7，F8，F9，F10。下面以一段简单的程序为例说明这两种输入方法。

例 4-1 输入如图 4-25 所示的一段程序。

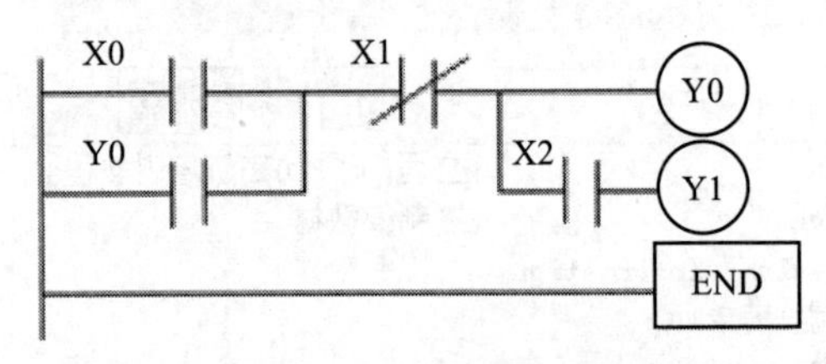

图 4-25 梯形图输入举例

（1）用如图 4-26 所示的工具条中的快捷键输入。

图 4-26 梯形图输入工具条

① 输入触点：点击 F5，则出现一个“梯形图输入”对话框，如图 4-27 所示。

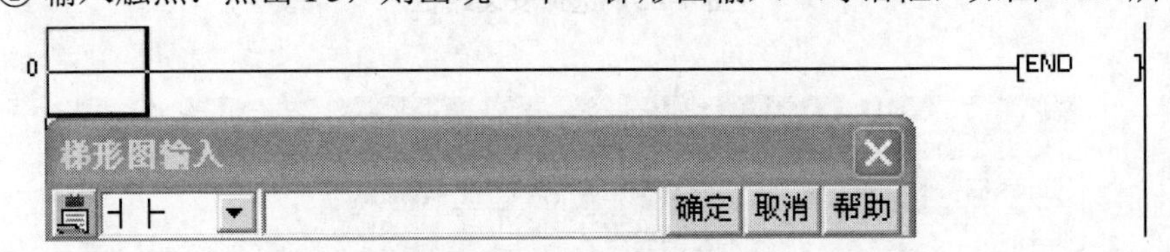

图 4-27 梯形图输入触点

在对话框中输入 XO，点击“确定”则触点输入，用同样的方法，可以输入其他的常开、常闭触点。

② 线圈输入：点击 F7，则出现如图“梯形图输入”对话框如图 4-28 所示。

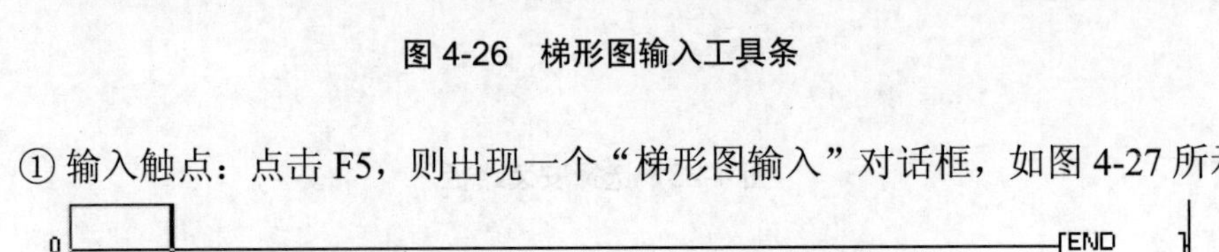

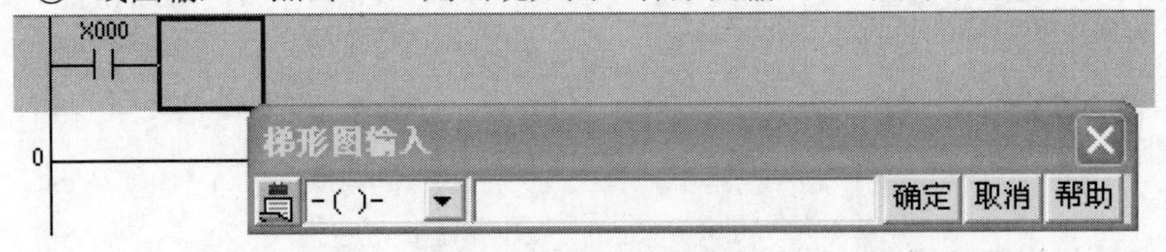

图 4-28 梯形图输入线圈

在对话框中输入 Y0，点击“确定”，则线圈输入。用同样的方法，可以输入其他程序。下面解释一下工具条中各按钮的功能。

F5——输入常开触点；

F6——输入常闭触点；

SF5——输入并联常开触点；

SF6——输入并联常闭触点；

F7——输入线圈；

F8——输入功能指令；

F9——输入直线；

SF9——输入竖线；

CF9——横线删除；

CF10——竖线删除；

SF7——上升沿脉冲；

SF8——下降沿脉冲；

aF7——并联上升沿脉冲；

aF8——并联下降沿脉冲；

caF10——运算结果取反；

F10——划线输入；

aF9——划线删除。

（2）从键盘输入

如果键盘使用熟练，直接从键盘输入则更方便，效率更高。不用点击工具栏中的按钮。以例 4-1 程序为例，首先使光标处于第一行的首端。在键盘上直接敲入“LD X0”，同样出现一个对话框。再敲回车键（Enter）。则程序输入。接着键入“OUT Y0”。再敲回车键（Enter）线圈输入。再输入“OR Y0”，回车即可。

用键盘输入时，可以不管程序中各触点的连接关系，常开触点用 LD，常闭触点用 LDI，线圈用 OUT，功能指令直接输入助记符和操作数。但要注意助记符和操作数之间用空格隔开。对于出现分支、自锁等关系的可以直接用竖线去补上。通过一定的练习和摸索，就能熟练地掌握程序输入的方法。

在绘制梯形图时，应注意以下几点。

（1）一个梯形图块应在 24 行以内设计。

（2）一个梯形图的行触点数是 11 触点+1 线圈，如果设计梯形图时，一行中有 12 触点以上时自动移至下一行。

（3）梯形图剪切和复制的最大范围为 48 行。

（4）梯形图符号的插入依据挤紧右边和列插入的组合来处理，所以有时梯形图的形状也会无法插入。

（5）在读取模式下，剪切、复制、粘贴等操作不能进行。

3．梯形图编辑

在输入梯形图时，常需要对梯形进行编辑，如插入、删除等操作。

（1）触点的修改、添加和删除。

修改：把光标移在需要修改的触点上，直接输入新的触点，回车即可；则新的触点覆盖原来的触点。也可以把光标移到需要修改的触点上，双击，则出现一个对话框，在对话框中输入新触点的标号，回车，即可。

添加：把光标移在需要添加触点处，直接输入新的触点，回车即可。

删除：把光标点在需要删除的触点上，再按键盘的“Delete”键，即可删除，再点击直线，回车即可。用直线覆盖原来的触点。

（2）行插入和行删除。

在进行程序编辑时，通常要插入或删除一行或几行程序，操作方法：

行插入：先将光标移到要插入行的地方，点击“编辑（E）”弹出下拉菜单，再点击“行插入（N）”，则在光标处出现一个空行，就可以输入一行程序；用同样的方法，可以继续插入行。

行删除：先将光标移到要删除行的地方，点击“编辑（E）”弹出下拉菜单，再点击“行删除（E）”就删除了一行，用同样的方法可以继续删除注意“END”，是不能删除的。

4．程序的转换

程序通过编辑以后，电脑界面的底色是灰色的，要通过转换变成白色才能传给 PLC 或进行仿真运行。转换方法：

（1）单击工具栏上的“ ”按钮。

（2）直接敲击功能键“F4”即可。

（3）点击菜单条中的“变换（C）” →弹出下拉菜单→在下拉菜单中点击“变换（C）”即可。

若程序变换过程中出现错误，则保持灰色并将光标移至出错区域。此时，可双击编辑区，调出程序输入窗口，重新输入指令。还可以利用编辑菜单的“插入”、“删除”操作对梯形图进行必要的修改，直至程序变换正确为止。

5．梯形图中软元件的查找和替换

当要对较复杂的梯形图中的软元件进行批量修改时，就需要对梯形图采用查找及替换操作。单击 GX Developer 菜单中的“查找/替换”→“软元件查找”或工具栏上的“ ”按钮，就可进入查找对话框，如图 4-29 所示。

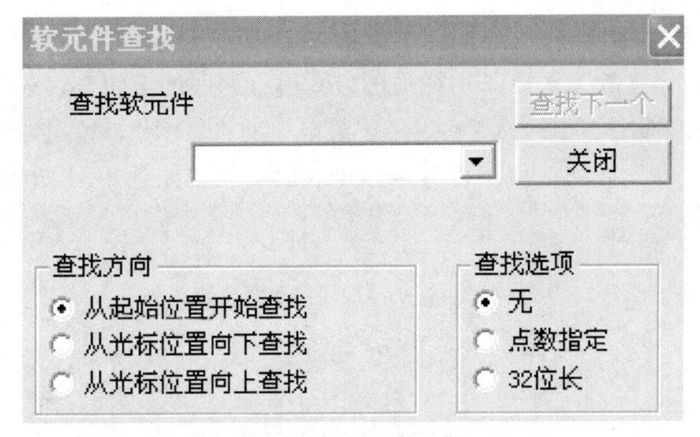

图 4-29 软元件查找

通过查找对话框，可以指定所查找的软元件，对查找方向及查找对象的状态进行设定。

在梯形图写入状态下，单击 GX Developer 菜单中的“查找/替换”→“软元件替换”，就可进入替换对话框，如图 4-30 所示。

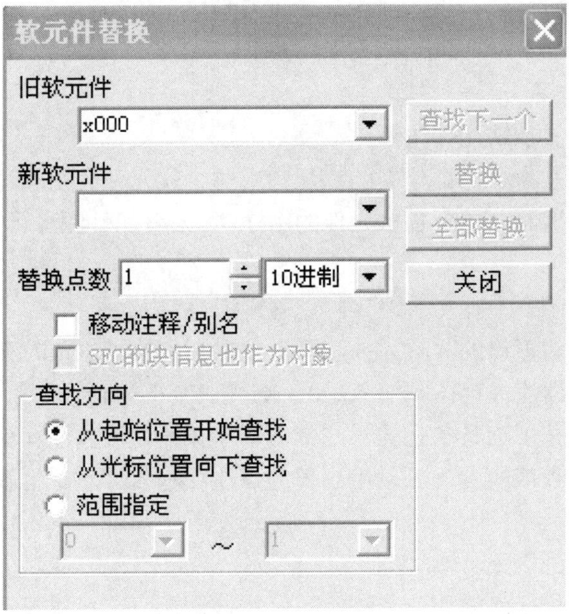

图 4-30 软元件替换

另外，还可以进行指令的查找/替换及常开/常闭触点的互换等操作。

6. 指令表编辑

GX Developer 除了可以采用梯形图方式进行程序的编辑外，还可以利用指令表进行程序的编辑。单击 GX Developer 菜单中的“显示”→“列表显示”或单击工具栏上的“”按钮，就可以进入指令表编辑区，如图 4-31 所示。

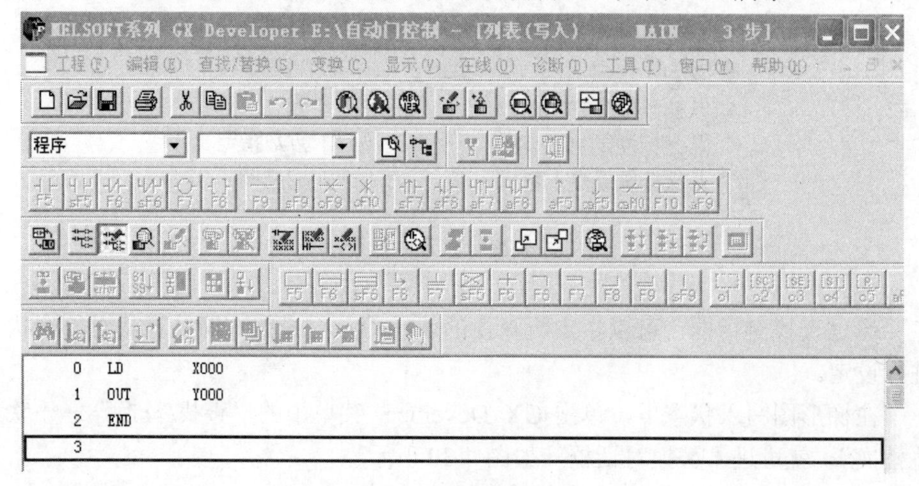

图 4-31 指令表输入

7. 程序描述

（1）生成和显示软元件注释

软元件注释是为了对已建立的梯形图中每个软元件的用途进行说明，以便能够在梯形图编辑界面上显示各软元件的用途。每个软元件注释可由不超过 32 个字符组成（图 4-32）。

① 生成软元件注释

双击软件左边窗口的“软元件注释”文件夹中的“COMMENT”(注释)，右边出现输入继电器注释视图，输入 X0、X1 和 Y0 的注释。

在写入模式按下工具条上的“注释编辑”按钮，进入注释编辑模式。双击梯形图中的某个触点或线圈，可以用出现的“注释输入”对话框输入注释或修改已有的注释。

② 显示软元件注释

打开程序，执行菜单命令“显示”→“注释显示”，可以显示或关闭梯形图中软元件下面的注释。

（2）设置注释的显示方式

如果采用默认的注释显示方法来显示注释，注释将占用 4 行，程序显得很不紧凑，因此需要设置注释的显示方法。

执行菜单命令“显示”→“注释显示形式”，可选 4×8 或 3×5 的显示格式设置注释的显示形式；执行菜单命令“显示”→“软元件注释行数”，可选 1～4 行。建议设置显示格式为 4×8 和一行，最多显示 8 个字符或 4 个汉字。

执行菜单命令“显示”→“当前值监视行显示”，建议设置为“仅在监视时显示”。在 RUN 模式单击工具条上的“监视模式”按钮，将会在应用指令的操作数和定时器、计数器的线圈下面的“当前值监视行”显示监视值。

（3）生成和显示声明

双击步序号所在处，用出现的“梯形图输入”对话框输入声明。声明必须以英文的分号开始。

执行菜单命令“显示”→“声明显示”，将会在电路上面显示或关闭输入的声明。在写入模式按下工具条上的“声明编辑”按钮，进入或退出声明编辑模式。双击梯形图中的某个步序号或某块电路，可以用出现的对话框输入声明或修改已有的声明。

双击显示出的声明，可以用出现的对话框编辑它，可以删除选中的声明。

（4）生成和显示注解

双击图 4-32 中 Y0 的线圈，在出现的“梯形图输入”对话框 Y000 的后面，输入以英文的分号开始的注解：“控制电动机的交流接触器”，单击“确定”按钮完成输入。

执行菜单命令“显示”→“注解显示”，将会在 Y0 的线圈上面显示或关闭输入的注解。

在写入模式按下工具条上的“注解编辑”按钮，进入注解编辑模式。双击梯形图中的某个线圈或输出指令，可以用出现的对话框输入注解或修改已有的注解。

双击显示出的注解，可以用出现的对话框编辑注解，可以删除选中的注解。

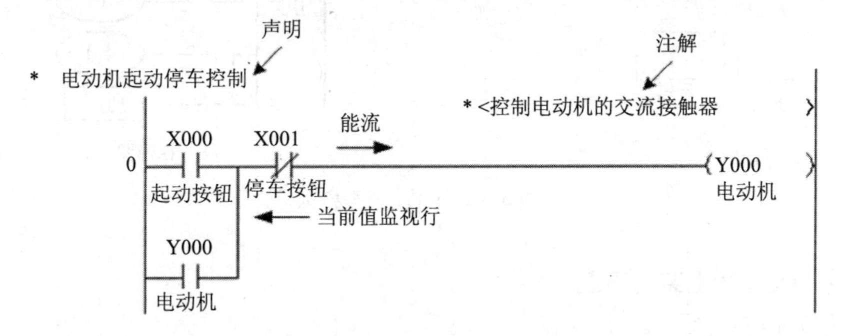

图 4-32 软元件注释、声明和注解

8. 步进指令输入

步进指令的输入方法和 FXGP-WIN-C 版本的软件有所不同，主要是 STL 指令的表现格式不同，在 FXGP-WIN-C 软件中，是一个触点的形式，而在 GX Developer 版的编程软件中，是相当于一个线圈的形式表示的。

如图 4-33 所示，图（a）、图（b）均采用了“接点”的形式，而图（c）的 STL 指令则在梯形图上占用了一行——疑问就在这里：当使用 GX Developer 编程时，在[] 内输入 STL S××（××为编号，十进制数字），希望出现图（a）或图（b）的形式，结果出现的却是图（c），于是认为“STL”指令没有被输入对。

（a）以前的形式　（b）FXGP-WIN-C 版的形式　（c）GX Developer 版的形式

图 4-33　STL 指令

下面我们通过一个例子来说明如何输入步进指令写出该状态转移图和梯形图。

例 4-2　将如图 4-34 所示的步进梯形图输入计算机中。

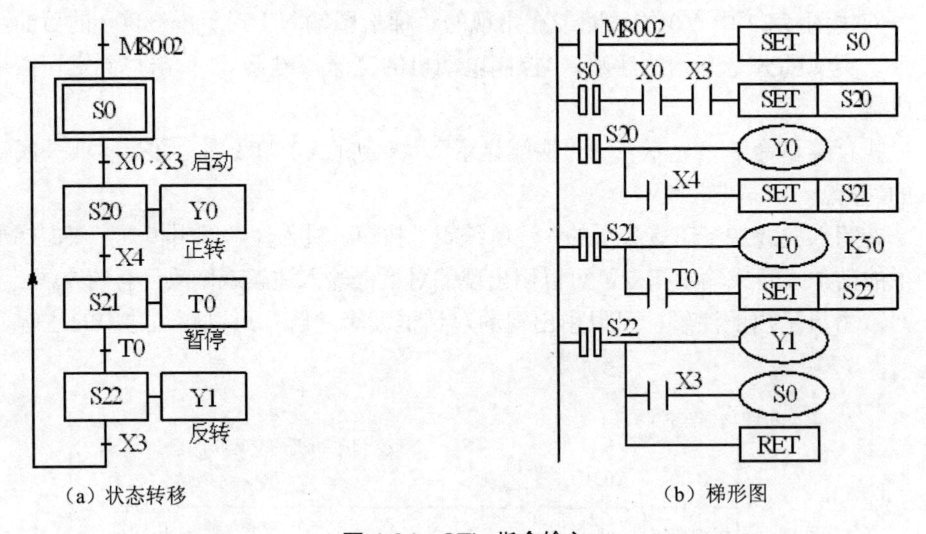

（a）状态转移　（b）梯形图

图 4-34　STL 指令输入

9. PLC 的上装与下载

（1）传输设置

要将 GX Developer 中已编制好的程序上装或下载到 PLC，必须先进行网络传输设置。先将 PLC 与计算机的串口互联，然后单击“在线”→“传输设置”，可以进入“传输设置”对话框，进行各 PLC 设备与网络传输参数设定，如图 4-35 所示。

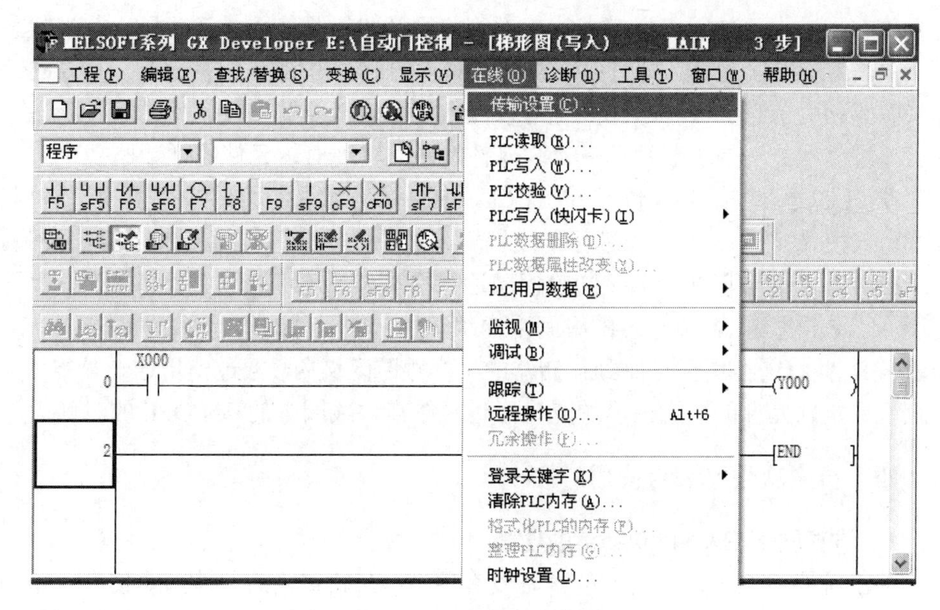

图 4-35 PLC 程序传输设置

在传输设置对话框中，可以进行 PLC 和计算机的串口通信口及通信方式的设定，可以进行其他网络站点设定，还可以实现通信测试。

（2）从 PLC 读取/写入数据

PLC 写入：把程序从电脑→PLC。有以下两种操作方式：

① 点击快捷按钮“ ”；

② 点击菜单条中的“在线（O）”弹出下拉菜单，在下拉菜单中点击“PLC 写入（W）”，进行相关设置并执行，就可将 GX Developer 中已编制好的程序写入 PLC。

PLC 读取：把程序从 PLC →电脑。有两种操作方式：

① 点击快捷按钮“ ”；

② 点击菜单条中的“在线（O）”弹出下拉菜单，在下拉菜单中点击“PLC 读取（R）”，进行相关的选择及设定并执行，就可将 PLC 中的程序读入计算机。

在 PLC 读取或写入对话框中，可以对读取或写入的文件种类进行选择，也可以对软元件数据及程序的范围进行设定。在 GX Developer 中还可以实现计算机和

PLC 中程序及参数的校验。

10．监视

通过运行 GX Developer 菜单中的“在线”→“监视”，就可监视 PLC 的程序运行状态。当程序处于监视模式时，不论监视开始还是停止，都会显示监视状态对话框。由监视状态对话框可以观察到被监视的 PLC 的最大扫描时间、当前的运行状态等相关信息。在梯形图上也可以观察到各输入及输出软元件的运行状态，并可通过“在线”→“监视”→“软元件批量”实现对软元件的批量监视。

在 PLC 处于在线监视状态下，GX Developer 仍可在“在线”→“监视”→“监视（写入模式）”下，对程序进行在线编辑，并进行计算机与 PLC 间的程序校验。

PLC 除了能实现在线监视当前程序运行状态外，还可以利用“在线”→“跟踪”→“采样跟踪”，隔一定的时间采样跟踪指定软元件的内容（ON/OFF 状态、当前值），并将采样结果存储到存储器的采样跟踪区域内。通过使用这一功能，可以查看指定软元件的数据内容的变化经过，触点、线圈等的 ON/OFF 的时序。

四、仿真软件安装与使用

1．仿真软件 GX Simulator 的功能

由于价格的原因，一般的初学者没有用 PLC 做实验的条件，即使有一个小 PLC，其 I/O 点数和功能也很有限。PLC 的仿真软件为解决这一难题提供了很好的途径，仿真软件用来模拟 PLC 的系统程序和用户程序的运行。仿真软件的功能就是将编写好的程序在电脑中虚拟运行，与硬件 PLC 一样，需要将用户程序下载到仿真 PLC，它与编程软件 GX Developer 配套使用。可以对 FX 系列 PLC 的绝大多数指令仿真，仿真时可以使用编程软件的各种监控功能，做仿真实验和做硬件实验用监控功能观察到的现象几乎完全相同。

2．GX Simulator 的安装

首先，在安装仿真软件 GX Simulator 6c 之前，必须先安装编程软件 GX Developer，比如可以安装“GX Developer 8.34”“GX Developer 8.86”等。

GX Developer 安装好之后，再安装 GX Simulator（GX Developer8.34 以及 GX Developer8.86 的仿真都可以使用 GX Simulator）。安装好编程软件和仿真软件后，在桌面或者开始菜单中并没有仿真软件的图标，因为仿真软件被集成到编程软件 GX Developer 中了，其实这个仿真软件相当于编程软件 GX Develope 的一个插件，反映在“工具”菜单中“梯形图逻辑测试启动（L）”功能可用。

3．GX Simulator 支持的指令

GX Simulator 6c 支持 FX_{1S}、FX_{1N}、FX_{1NC}、FX_{2N} 和 FX_{2NC} 绝大部分的指令。

不支持中断指令、PID 指令、位置控制指令、与硬件和通信有关的指令。

4．GX Simulator 对软元件的处理

从 RUN 模式切换到 STOP 模式时，断电保持的软元件的值被保留，非断电保持软元件的值被清除。

5．仿真软件的使用

打开一个项目后，可以通过“快捷图标”启动仿真，也可以通过“菜单栏”启动仿真。如图 4-36 所示。

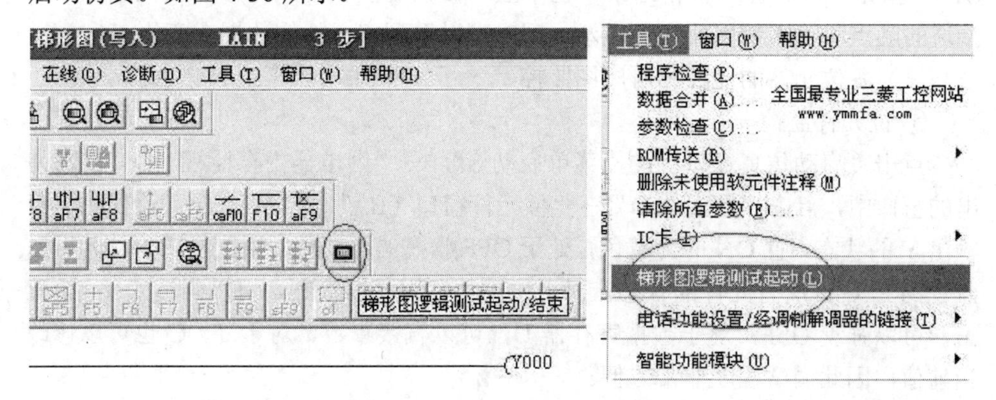

（a）快捷图标启动仿真　　（b）菜单栏启动仿真

图 4-36　打开仿真软件

单击工具条上的“梯形图逻辑测试启动/停止”按钮，打开仿真软件 GX Simulator。用户程序被自动写入仿真 PLC，写入结束后 RUN，LED（发光二极管）变为黄色，PLC 进入运行模式（图 4-37），自动进入监视状态。

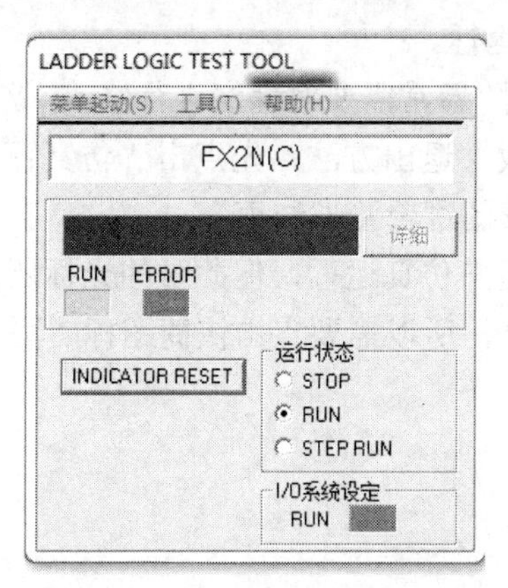

图 4-37　仿真 PLC 进入运行模式

然后，可以通过“在线”中的“软元件测试”来强制一些输入条件 ON 或者 OFF，监控程序的运行状态。

点击工具栏“在线（O）”，弹出下拉菜单，点击“调试（B）”→“软元件测试（D）”或者直接点击“软元件测试”快捷键，则弹出“软元件测试”对话框。

在该对话框中“位软元件”栏中输入要强制的位元件，如 X0，需要把该元件置 ON 的，就点击“强制 ON”按钮，如需要把该元件置 OFF 的，就点击“强制 OFF”按钮。同时在“执行结果”栏中显示被强制的状态。梯形图监视执行中，接通的触点和线圈都用蓝底色表示，同时可以看到字元件的数据在变化。

（1）各位元件的监控和时序图监控

① 位元件监控

点击“启动仿真窗口”的“菜单启动 S”，→“继电器内存监视（D）”，在弹出的窗口中，点击“软元件 D”→“位元件窗口（B）”→“Y”，即可监视到所有输出 Y 的状态，置 ON 的为黄色，处于 OFF 状态的不变色。用同样的方法，可以监视到 PLC 内所有元件的状态，对于位元件，用鼠标双击，可以强置 ON，再双击，可以强置 OFF，对于数据寄存器 D，可以直接置数。对于 T、C 也可以修改当前值，因此调试程序非常方便。

② 时序图监控

点击“仿真窗口”的“菜单启动 S”，→点击“时序图（T）”→启动“（R）”，则出现“时序图监控”。可以看到程序中各元件的变化时序图。

（2）PLC 的停止和运行。

点击“仿真窗口”中的“STOP”，PLC 就停止运行，再点击“RUN”，PLC 又运行。

（3）退出 PLC 仿真运行。

在对程序仿真测试时，通常需要对程序进行修改，这时要退出 PLC 仿真运行，重新对程序进行编辑修改。退出方法：先点击“仿真窗口”中的“STOP”，然后点击“工具”中的“梯形图逻辑测试结束”。

点击“确定”即可退出仿真运行，但此时的光标还是蓝块，程序处于监控状态，不能对程序进行编辑，所以需要点击快捷图标“写入状态”，光标变成方框，即可对程序进行编辑。

实训二　GX Developer 编程软件的使用

一、实训目的

（1）熟悉 GX Developer 软件界面；

（2）掌握梯形图的基本输入操作；

（3）掌握利用 PLC 编程软件编辑、调试等基本操作。

二、实训器材

（1）可编程控制器 1 台（FX_{2N}-48MR）；

（2）计算机 1 台（已安装 GX Developer 编程软件）。

三、实训指导

1．文件管理

（1）创建新工程；

（2）打开工程；

（3）工程的保存、关闭和删除。

2．梯形图程序的编制

3．梯形图的编辑操作

4．程序的传送

（1）PLC 与计算机的连接

正确连接计算机和 PLC 的编程电缆，特别是 PLC 接口方位不要弄错，否则容易造成损坏。

（2）进行通信设置。

（3）程序写入、读出。

5．程序监控

（1）梯形图监控

梯形图监控，依次单击【在线】→【监视】→【监视开始（全画面）】。

停止监视，可以依次单击【在线】→【监视】→【监视停止（全画面）】。

（2）元件测控

强制元件 ON / OFF。

四、实训内容

制作程序、梯形图输入、PLC 的写入/读出、监视及调试、PLC 诊断等。

1．编程操作

（1）启动编程软件，建立一个新工程；

（2）梯形图编程，输入如图 4-38 所示的梯形图，通过编辑操作进行检查和修改；

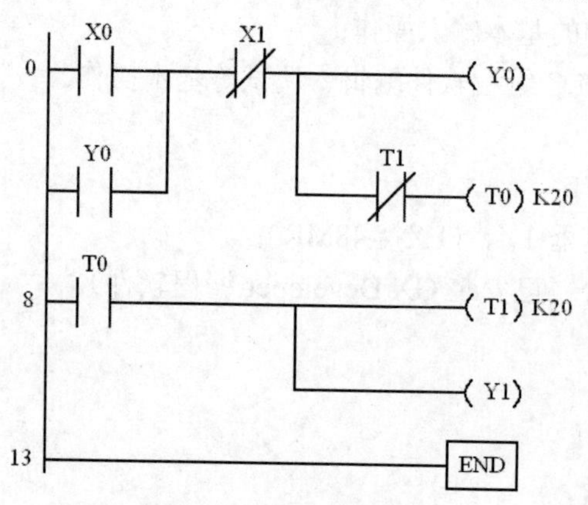

图 4-38　软件编程梯形图

（3）程序传送。将编辑好的 PLC 程序写入 PLC 的内存；

（4）程序运行、监控。将 PLC 置于 RUN 状态，并使软件进入程序监控状态，改变 X0、X1 的状态，观察输出指示灯及 T0、T1 当前值的变化情况。

2．输入图 4-39 所示梯形图程序，运行程序后改变输入元件的状态，观察输出指示灯的变化情况。

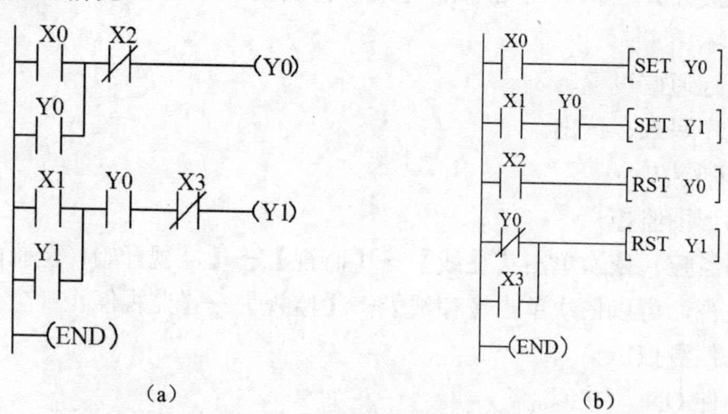

图 4-39　顺序控制梯形图

3．输入图4-40所示梯形图程序，运行程序后闭合X0，观察输出指示灯的变化情况。

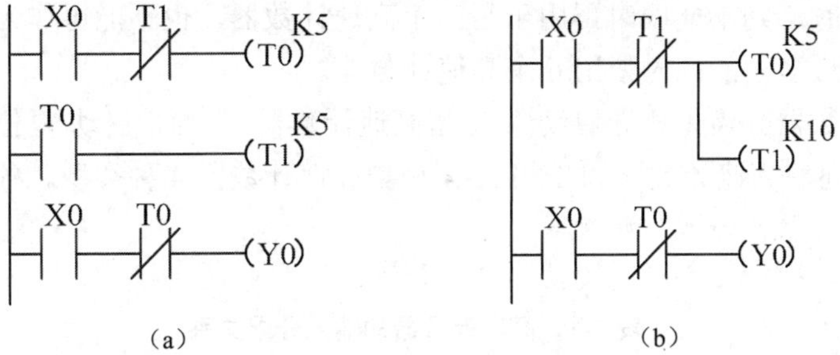

（a）　　　　（b）

图4-40　闪烁控制梯形

4．设计梯形图，实现：3个指示灯轮流发光1 s，不断重复。

五、实训报告

1．写出图4-38～图4-40的工作过程，总结各梯形图的功能。
2．画出调试正确的3灯轮流发光1 s的梯形图。

任务三　高速处理指令及应用

一、高速计数器

前面章节所讲的计数器为普通的计数器，我们可称为软件计数器。这类计数器的计数过程与PLC的扫描频率有关，PLC每一个扫描周期读取一次待测信号，当检测到上升沿时使计数器计数。然而当待测信号的频率变得过高时，这类计数器必然会丢失脉冲。而高速计数器是针对高速脉冲的，它是一种硬件计数器，计数频率不受PLC扫描速率限制。

高速计数器通常用于快速度变化的过程或者精确的定位控制，使用信号发生器设备（如光电码盘、旋转编码器）将机械位置变化、旋转角度变化转换为脉冲信号输入到高速计数器计数输入端，计数器当前值作为时序控制、位置控制的依据从而去控制机械运动的启、停动作，使被控对象运动到所要求的位置。

高速计数器（High Speed Counter，HSC）在现代自动控制的精确定位控制领域有重要的应用价值。

高速计数器采用独立于扫描周期的中断方式工作。三菱FX_{2N}系列PLC提供了 21 个高速计数器，元件编号为 C235～C255。这 21 个高速计数器在 PLC 中共享 X0～X5 这 6 个高速计数器的输入端。当高速计数器的一个输入端被某个高速计数器使用时，则不能同时再用于另一个高速计数器，也不能再作为其他信号输入使用，即最多只能同时使用 6 个高速计数器。

高速计数器分为 1 相无启动/复位型高速计数器、1 相带启动/复位型高速计数器、2 相双向型高速计数器和 2 相 A-B 相型高速计数器 4 种类型。各高速计数器的输入分配关系如表 4-1 所示。

表 4-1　高速计数器的输入分配关系

输入端		X0	X1	X2	X3	X4	X5	X6	X7
1 相无启动/复位	C235	U/D							
	C236		U/D						
	C237			U/D					
	C238				U/D				
	C239					U/D			
	C240						U/D		
1 相带启动/复位	C241	U/D	R						
	C242			U/D	R				
	C243					U/D	R		
	C244	U/D	R					S	
	C245			U/D	R				S
2 相双向	C246	U	D						
	C247	U	D	R					
	C248				U	D	R		
	C249	U	D	R				S	
	C250				U	D	R		S
2 相 A-B 相型	C251	A	B						
	C252	A	B	R					
	C253				A	B	R		
	C254	A	B	R				S	
	C255				A	B	R		S

说明：

（1）U 表示增计数器，D 表示减计数器，R 表示复位输入，S 表示启动输入，A 表示 A 相输入，B 表示 B 相输入。

（2）X6 与 X7 也是高速输入端，但只能用于启动或复位，不能用于高速输入信号。

1．1 相无启动/复位型高速计数器

1 相无启动/复位型高速计数器 C235～C240 共 6 点，均为 32 位高速双向计数器，计数信号输入做增计数与减计数由特殊辅助继电器 M8235～M8240 对应设置。

例如，M8235为ON，则设置C235减计数，M8236为OFF，则设置C236加计数。做增计数时，当计数器达到设定值时其触点动作并保持，做减计数时，当计数器达到设定值时其触点复位。

如图4-41所示，当X010为OFF时，接通X012，则C235的计数输入信号从X000送入做增计数。当X010为ON时，接通X012，则C235的计数输入信号从X000送入做减计数。当X011接通时，C235复位。C235的动作如图4-42所示，利用计数器输入X000，通过中断，C235进行增计数或减计数。当计数器的当前值由-6→-5增加时，输出触点被置位，由-5→-6减少时，输出触点被复位。如果复位输入X011为ON，则在执行RST指令时，计数器的当前值为0，输出触点复位。

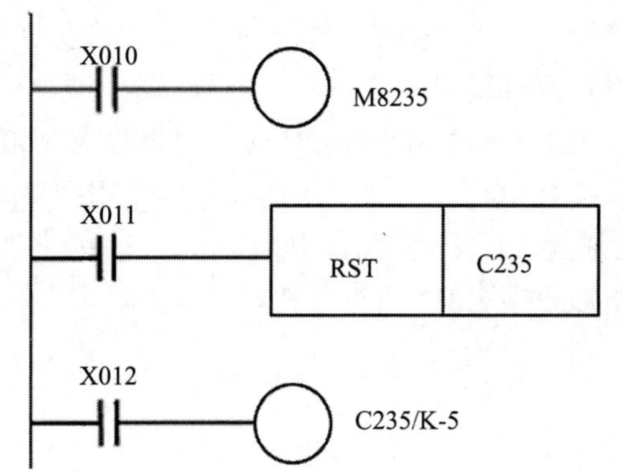

图4-41 1相无启动/复位型高速计数器应用

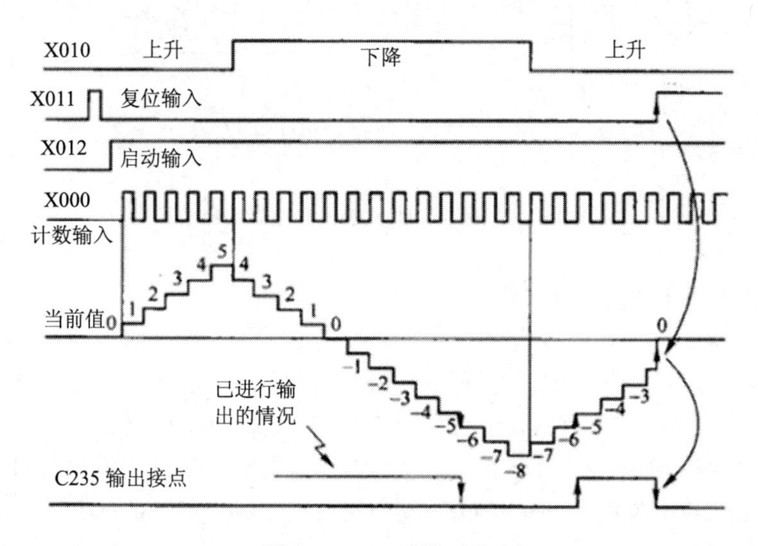

图4-42 C235的动作

虽然当前值的增减与输出触点的动作无关，但是，如果由2147483647增计数，则变成-2147483648。同理，如果由-2147483648减计数，则变成2147483647（这类动作被称为环形计数）。在供停电保持用的高速计数器中，即使断开电源，计数器的当前值、输出触点动作、复位状态也被停电保持。

2．1相带启动/复位型高速计数器

1相带启动/复位型高速计数器C241～C245共5点，均为32位高速双向计数器，计数信号输入做增计数与减计数由特殊辅助继电器M8241～M8245对应设置，M82××为ON，则设置C2××减计数，M82××为OFF，则设置C2××加计数。每个计数器各有一个计数输入端和一个复位输入端。另外，C244和C245还各有一个启动输入端。做增计数时，当计数器达到设定值时其触点动作并保持；做减计数时，当计数器达到设定值时其触点复位。

如图4-43所示，C244在X012为ON时，如果输入X006也为ON，则立即开始计数。计数器输入为X000，在此例中的设定值采用间接指定的数据寄存器的内容（D1，D0）。可通过程序上的X011执行复位。但是，当X001闭合时，C244立即被复位，不需要该程序X011执行复位。

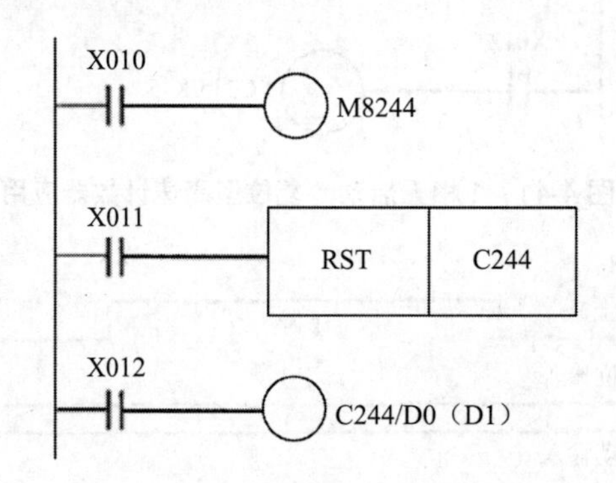

图4-43　1相带启动/复位型高速计数器应用

3．2相双向型高速计数器

2相双向型高速计数器C246～C250共5点，均为32位高速双向计数器，每个计数器各有一个加计数输入端和一个减计数输入端。此外，C247～C250还各有一个复位输入端，C249和C250还各有一个启动输入端。做增计数时，当计数器达到设定值时其触点动作并保持；做减计数时，当计数器达到设定值时其触点复位。利用M8246～M8250的ON/OFF动作可监控C246～C250的增计数/减计数动作。如图4-44（a）所示，C246在X012为ON时，通过输入X000的OFF→ON

执行增计数，通过输入 X001 的 OFF→ON 执行减计数。可通过顺控程序上的 X011 执行复位。如图 4-44（b）所示，C249 在 X012 为 ON 时，如果 X006 也为 ON 就开始计数，增计数的计数输入为 X000，减计数的计数输入为 X001，可通过顺控程序上的 X011 执行复位，但是当 X002 闭合，也可进行复位，不需要该程序 X011 执行复位。

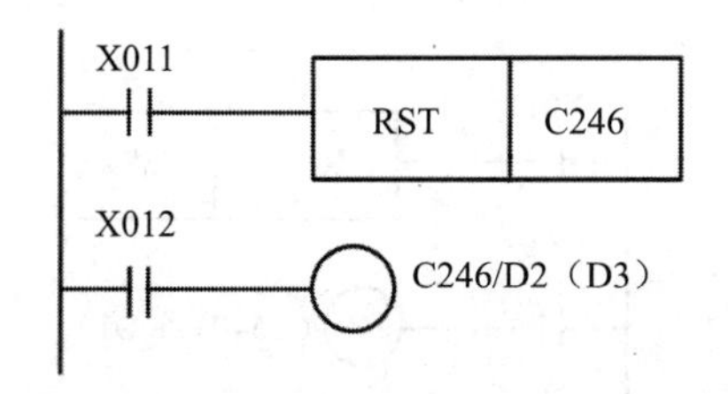

（a）2 相双向型高速计数器应用一

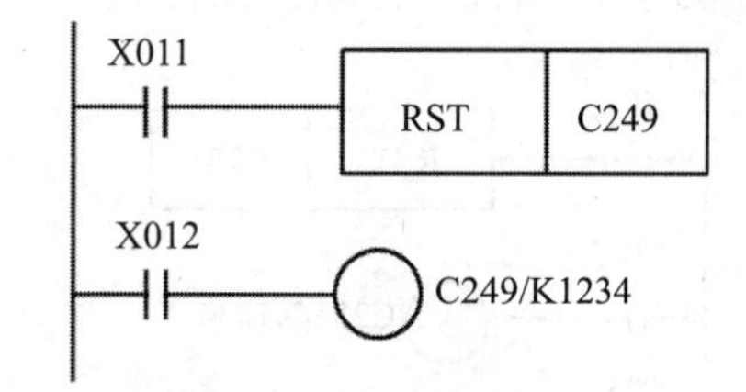

（b）2 相双向型高速计数器应用二

图 4-44　2 相双向型高速计数器应用

4．2 相 A-B 相型高速计数器

2 相 A-B 相型高速计数器 C251～C255 共 5 点，均为 32 位高速双向计数器，每个计数器各有两个输入端。此外，C252～C255 还各有一个复位输入端，C254 和 C255 还各有一个启动输入端。这种计数器在 A 相输入接通的同时，B 相输入为 OFF→ON 则为增计数，在 ON→OFF 时为减计数。通过 M8251～M8255 的接通/断开，可监控 C251～C255 的增计数/减计数状态。双相式编码器输出的是有 90°相位差的 A 相和 B 相，高速计数器如图 4-45 所示进行增计数/减计数动作。此类双相计数器作为递增 1 倍的计数器动作。

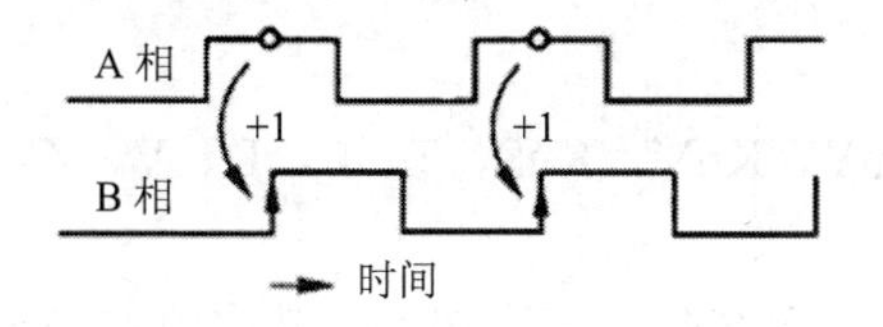

（a）正转时的上行动作

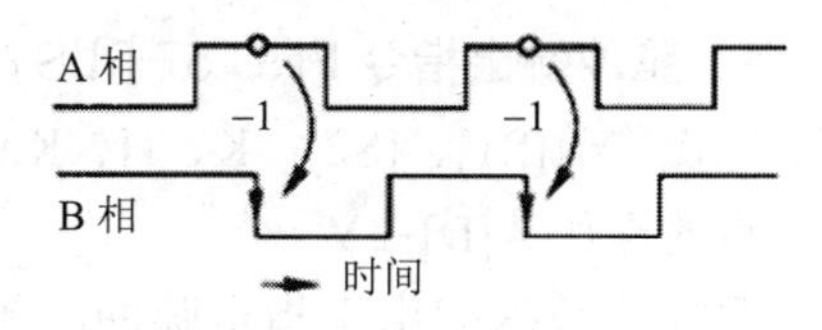

（b）反转时的下行动作

图 4-45　对双相式编码器输出进行高速计数

如图 4-46 所示，当 X012 为 ON 时，C251 通过中断，对输入 X000（A 相）、X001（B 相）的动作计数。当 X011 为 ON 时，则执行 RST 指令复位。如果当前值大于设定值，则 Y002 为 ON；如果当前值小于设定值，则为 OFF。根据不同的

计数方向，Y003 接通增计数，断开减计数。

如图 4-47 所示，当 X012 为 ON 时，如果 X006 也为 ON，C254 就立即开始计数。计数输入 X000（A 相）、X001（B 相）的动作计数。当 X011 为 ON 时，则执行 RST 指令复位，但是当 X002 闭合，也可进行复位。如果当前值大于设定值，则 Y004 为 ON；如果当前值小于设定值，则为 OFF。根据不同的计数方向，Y005 接通增计数，断开减计数。

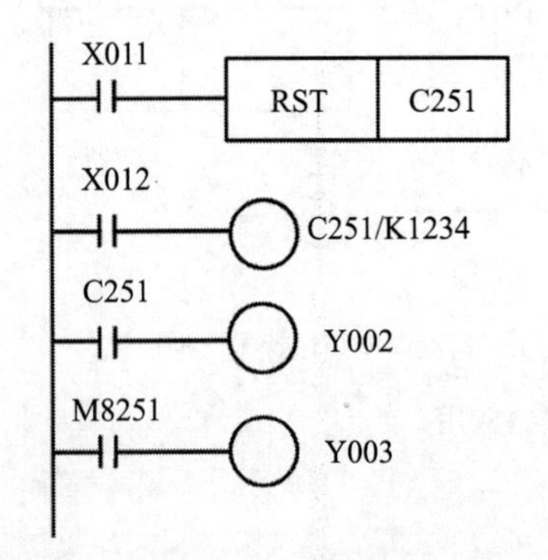

图 4-46　2 相 A-B 相型高速计数器应用一

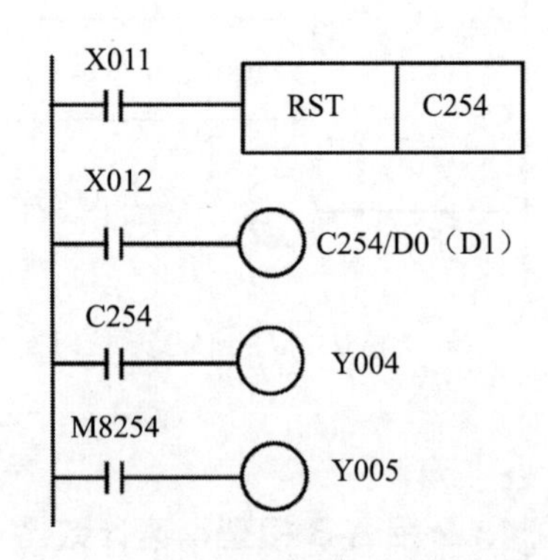

图 4-47　2 相 A-B 相型高速计数器应用二

各输入端的响应速度受硬件限制，不能响应频率非常高的输入信号。当只用其中一个高速计数器时，输入点 X000、X002、X003 的最高输入信号频率为 10 kHz，X001、X004、X005 的最高输入信号频率为 7 kHz。FX2N 系列 PLC 的计数频率总和必须小于 20 kHz。

二、高速脉冲输出

1．脉冲输出指令 FNC 57 PLSY

源操作数[S1]、[S2]：K、H、KnX、KnY、KnM、KnS、T、C、D、V、Z

目的操作数[D]：Y

源操作数[S1·]用于指定脉冲的频率，对于 FX_{2N} 系列 PLC，其取值在 2～20 000 Hz，在指令执行过程中，改变[S1·]指定的字元件的内容，输出频率也随之发生改变。

源操作数[S2·]用于指定输出脉冲的数量，当使用 16 位指令格式时，允许设定范围为 1～32767 当使用 32 位指令格式时，允许设定范围为 1～2 147 483 647。当源操作数[S2·]的值指定为 0 时，则产生的脉冲不作限制。在指令执行过程中，改变源操作数[S2·]指定的字元件的内容后，将从下一个指令驱动开始执行变更的内容。

[D·]是输出脉冲 Y 的编号，仅限于 Y000 或 Y001 有效。

PLSY 指令的应用，如图 4-48 所示。当 X000 接通（ON）后，Y000 开始输出频率为 1 000 Hz 的脉冲，其个数由 D0 寄存器的数值确定。X000 断开（OFF）后，输出中断，即 Y000 也断开（OFF）。再次接通时，从初始状态开始动作。脉冲的占空比为 50%ON，50%OFF。输出控制不受扫描周期影响，采用中断方式控制。当设定脉冲发完后，执行结束标志 M8029 特殊辅助继电器动作。

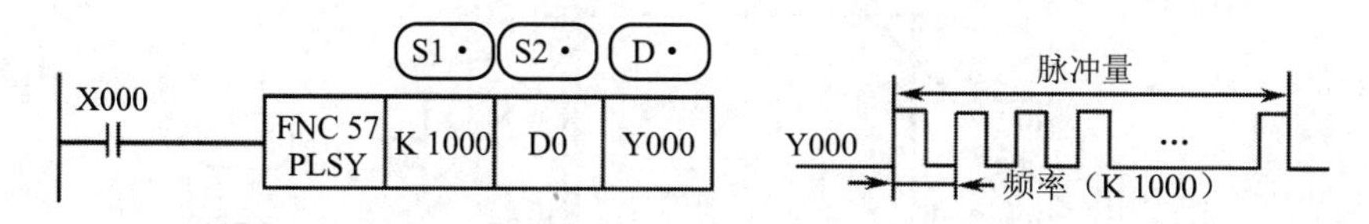

图 4-48　PLSY 指令应用

从 Y000 输出的脉冲数保存于 D8141（高位）和 D8140（低位）寄存器中，从 Y001 输出的脉冲数保存于 D8143（高位）和 D8142（低位）寄存器中，Y000 与 Y001 输出的脉冲总数保存于 D8137（高位）和 D8136（低位）寄存器中。各寄存器内容可以采用“DMOV K0 D81××”进行清零。

使用脉冲输出指令时，可编程序控制器必须使用晶体管输出方式。可编程序控制器执行高频脉冲输出时，可并联虚拟电阻来保证输出晶体管上是额定负载电流（图 4-49）。在编程过程中可同时使用两个 PLSY 指令，在 Y000 和 Y001 上分别产生各自独立的脉冲输出。

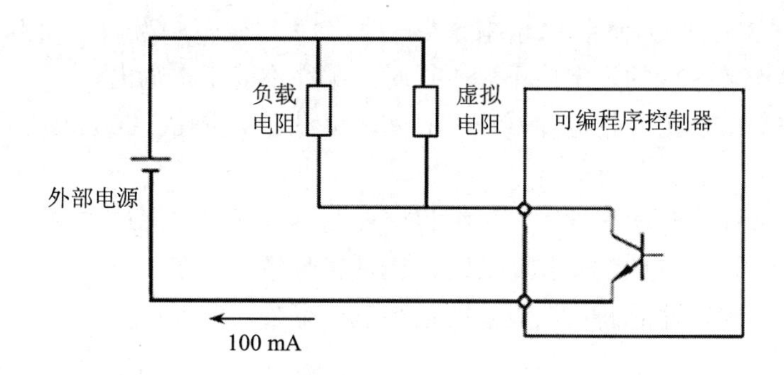

图 4-49　输出并联虚拟电阻

2．带加减速脉冲输出指令 FNG 59 PLSR

源操作数[S1]、[S2]、[S3]：K、H、KnX、KnY、KnM、KnS、T、C、D、V、Z

目的操作数[D]：Y

带加减速脉冲输出指令 PLSR 可产生带加减速功能的定尺寸传送的脉冲输出，针对指令的最高频率进行加速，在达到所指定的输出脉冲后进行减速（图 4-50）。

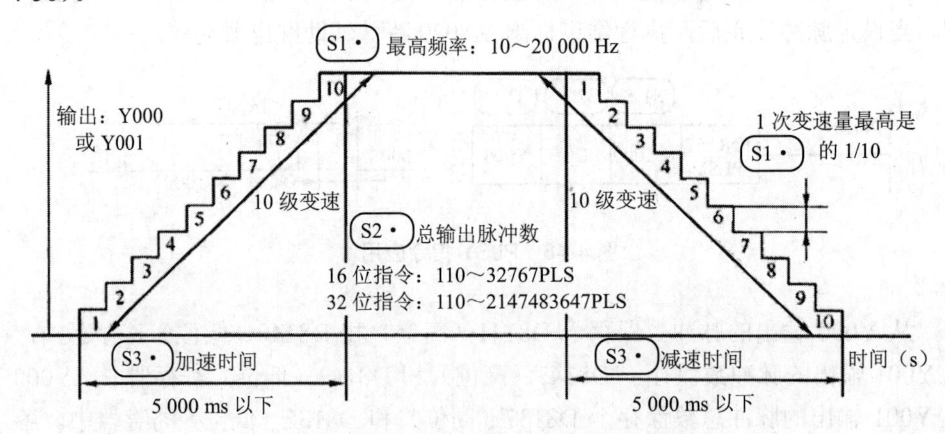

图 4-50 PLSR 指令格式各操作数的作用

源操作数[S1·]用于指定脉冲的最高频率，对于 FX_{2N} 系列 PLC，其取值在 10～20 000 Hz，频率以 10 的倍数进行指定，最高频率中指定的 1/10 可作为减速时的一次变速量（频率），应设定在步进电动机不失调的范围内。

源操作数[S2·]用于指定输出脉冲的数量，当使用 16 位指令格式时，允许设定范围为 110～32 767：当使用 32 位指令格式时，允许设定范围为 110～2 147 483 647。

当源操作数[S2·]的设定值不满 110 时，脉冲不能正常输出。

源操作数[S3·]用于指定加减速度时间，可设定范围在 5 000 ms 以下，同时必须满足：

（1）加减速度时间应设置在可编程序控制器的扫描时间最大值（D8012 值以上）的 10 倍以上，指定不到 10 倍时，加减速时序不一定。

（2）作为加减速时间可以设定的最小值计算公式如下：

$$\boxed{S3\cdot} \geqslant \frac{90\,000}{\boxed{S1\cdot}} \times 5 \tag{4-1}$$

设定上述公式以下的值时，加减速时间的误差增大，此外，设定不到

90 000/(S1·)的值时，对 90 000/(S1·)四舍五入运行。

（3）作为加减速时间可以设定的最大值计算公式如下：

$$\text{(S3·)} \leqslant \frac{\text{(S2·)}}{\text{(S1·)}} \times 818 \tag{4-2}$$

（4）加减速时的变速次数（段数）固定在 10 次，在不能按这些条件设定时，降低最高频率[Sl·]。

[D·]是输出脉冲 Y 的编号，仅限于 Y000 或 Y001 有效。

PLSR 指令的使用，如图 4-51 所示。当 X010 接通（ON）后，Y000 开始输出频率为 10～20 000 Hz 的脉冲，其个数由 D0 寄存器的数值确定。最高速度、加减速时的变速速度超过此范围时，自动在范围值内调低或进位。当 X010 断开时，中断输出，当 X010 再度接通时，从初始动作开始。输出控制不受扫描周期影响，采用中断方式控制。当设定脉冲发完后，执行结束标志 M8029 特殊辅助继电器动作。

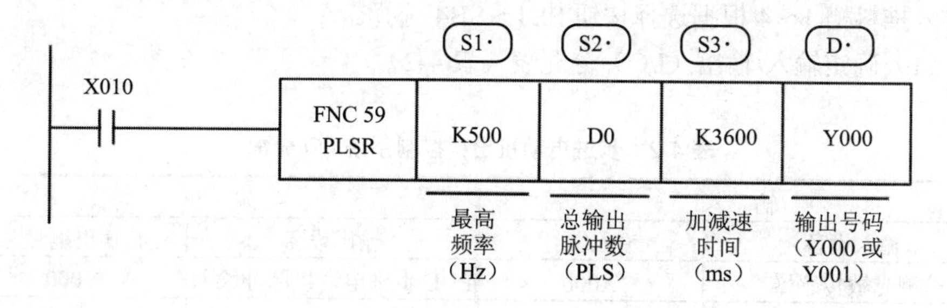

图 4-51 PLSR 指令的使用

从 Y000 输出的脉冲数保存于 D8141（高位）和 D8140（低位）寄存器中，从 Y001 输出的脉冲数保存于 D8143（高位）和 D8142（低位）寄存器中，Y000 与 Y001 输出的脉冲总数保存于 D8137（高位）和 D8136（低位）寄存器中。各寄存器内容可以采用“DMOV K0 D81××”进行清零。

三、应用实例：步进电动机出料控制系统

某步进电动机出料控制系统的工作过程示意如图 4-52 所示。其控制要求如下：

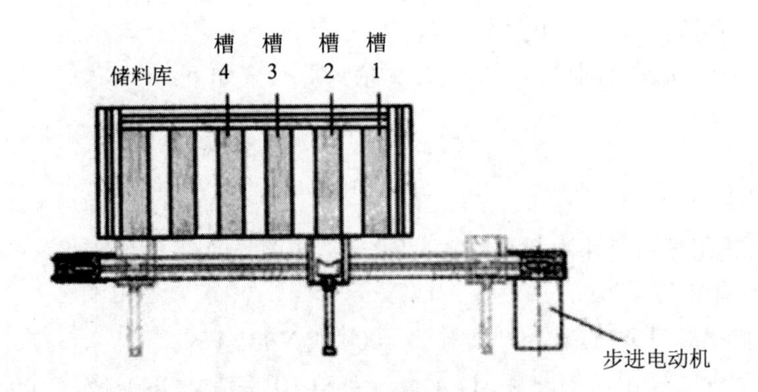

图 4-52 步进电动机出料控制系统的工作过程示意

当上料检测传感器检测到有物料放入推料槽，延时 3 s 后，步进电动机启动，将物料运送到对应的出料槽槽口，分拣气缸活塞推出物料到相应的出料槽内。然后分拣气缸活塞缩回，步进电动机反转，回到原点后停止，等待下一次上料。物料推入推料槽 1～4 根据选择按钮 SB1～SB4 选择。

（1）确定输入/输出（I/O）分配表（表 4-2）。

表 4-2 步进电动机出料控制系统 I/O 分配

输入		输出	
输入设备	输入编号	输出设备	输出编号
上料检测光敏传感器	X000	PUL 步进电动机脉冲输入	Y000
出料槽 1 选择按钮 SB1	X001	DIR 步进电动机方向输入	Y001
出料槽 2 选择按钮 SB2	X002	分拣气缸电磁阀伸出	Y002
出料槽 3 选择按钮 SB3	X003	分拣气缸电磁阀缩回	Y003
出料槽 4 选择按钮 SB4	X004		
分拣气缸原位传感器	X005		
分拣气缸伸出传感器	X006		
原点限位开关	X007		

（2）根据工艺要求画出控制状态转移图（图 4-53）。根据状态转移图，读者可自行画出梯形图及指令语句表。

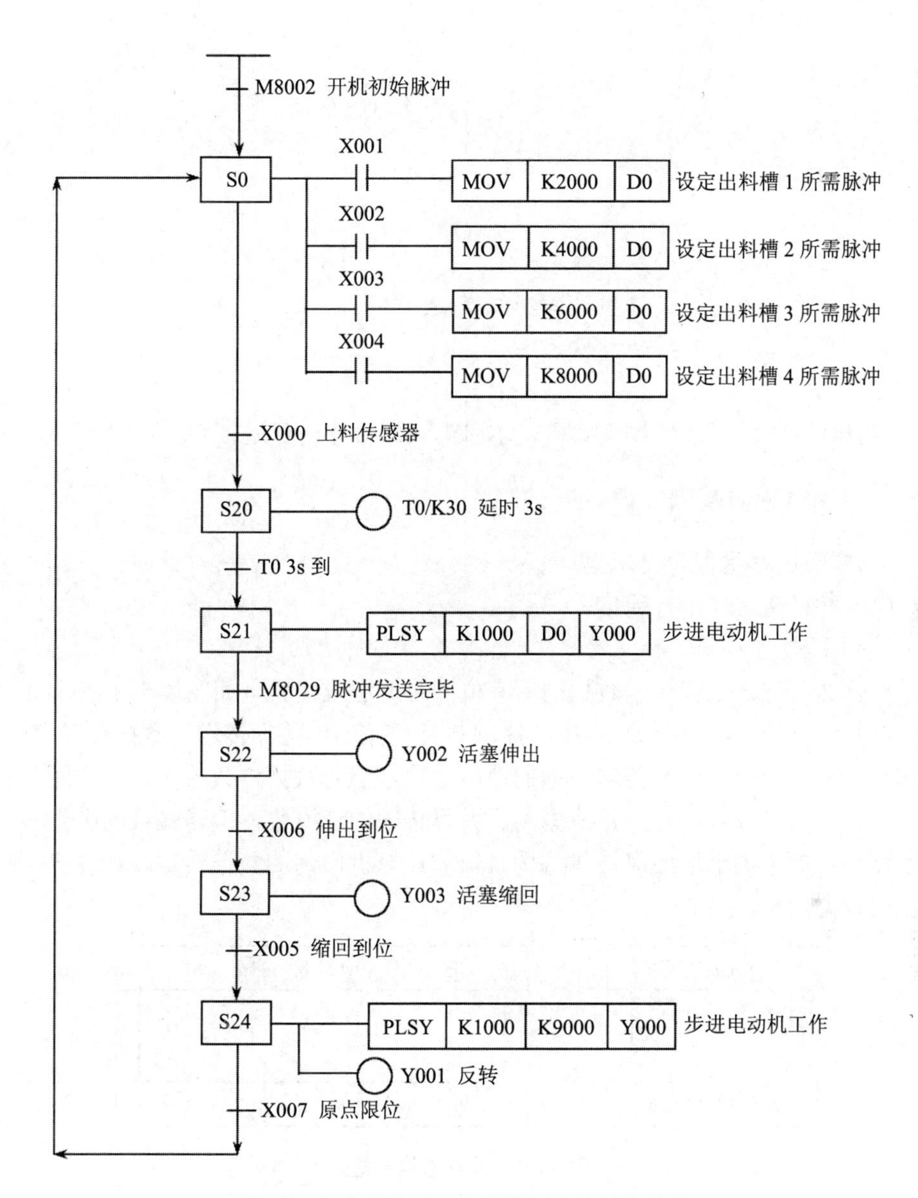

图 4-53 步进电动机出料控制系统状态转移

任务四　了解 PLC 通信及通信网络

[学习目标]

1. 知识目标

➢ 掌握串行通信的基本概念；

➢ 熟悉三菱公司通信用特殊功能模块；

➢ 掌握 N：N 网络的编程方法。

2. 技能目标

能根据 N：N 网络链接方式实现不同站点间信号的传送。

一、网络通信基础知识

1. 常见的基本概念及术语

（1）并行通信与串行通信

① 并行通信

并行通信方式是指传送数据的所有位同时发送或接收。如图 4-54 所示，8 位二进制数同时从 A 设备传送到 B 设备。在并行通信中，并行传送的数据有多少位，传输线就有多少根，因此传送数据的速度很快。但若数据位数较多，传送距离较远，那么必然导致线路复杂，成本高。并行传输的速度快，但传输线的数量多，成本比高，故常用于近距离传输的场合，如计算机内部的数据传输、计算机与打印机的数据传输。

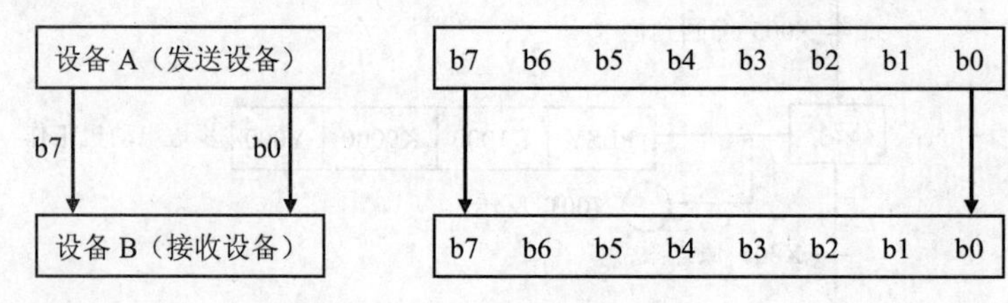

图 4-54　并行通信示意

② 串行通信

串行通信是指传送的数据一位一位地顺序传送。如图 4-55 所示，传送数据时只需要 1～2 根传输线分时传送即可，与数据位数无关。很容易看出两者的特点，与并行传输相比，串行传输的传输速度慢，但传输线的数量少，成本比并行传输低，特别适合多位数据长距离传输。目前串行通信的传输速率可达兆字节的数量级。PC与PLC的通信，PLC与现场设备、远程I/O的通信，开放式现场总线（CC-Link）的通信均采用串行通信。

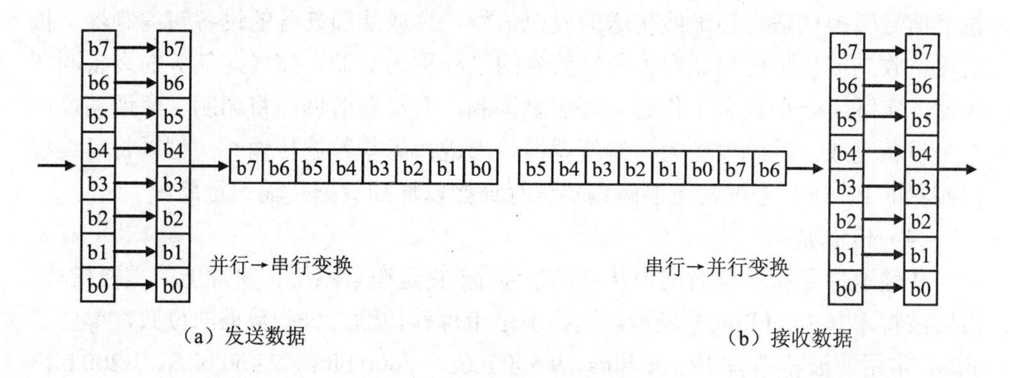

（a）发送数据　　（b）接收数据

图4-55　串行通信示意

（2）异步传输和同步传输

在异步传输中，信息以字符为单位进行传输，当发送一个字符代码时，字符前面都具有自己的一位起始位，极性为0，接着发送5～8位的数据位、1位奇偶校验位，1～2位的停止位，数据位的长度视传输数据格式而定，奇偶校验位可有可无，停止位的极性为1，在数据线上不传送数据时全部为1。异步传输中一个字符中的各个位是同步的，但字符与字符之间的间隔是不确定的，也就是说，线路上一旦开始传送数据就必须按照起始位、数据位、奇偶校验位、停止位这样的格式连续传送，但传输下一个数据的时间不定，不发送数据时线路保持1状态。

异步传输的优点就是收、发双方不需要严格的位同步，所谓"异步"是指字符与字符之间的异步，字符内部仍为同步。其次异步传输电路比较简单，链路协议易实现，所以得到了广泛的应用。其缺点在于通信效率比较低。

在同步传输中，不仅字符内部为同步，字符与字符之间也要保持同步。信息以数据块为单位进行传输，发送双方必须以同频率连续工作，并且保持一定的相位关系，这就需要通信系统中有专门使发送装置和接收装置同步的时钟脉冲。在一组数据或一个报文之内不需要启停标志，但在传送中要分组，一组含有多个字符代码或多个独立的码元。在每组开始和结束时需加上规定的码元序列作为标志序列。发送数据前，必须发送标志序列，接收端通过检验该标志序列实现同步。同步传输的特点是可获得较高的传输速度，但实现起来较复杂。

（3）信号的调制和解调

串行通信通常传输的是数字量，这种信号包括从低频到高频极其丰富的谐波信号，要求传输线的频率很高。而远距离传输时，为降低成本，传输线频带不够宽，使信号严重失真、衰减，常采用的方法是调制解调技术。调制就是发送端将数字信号转换成适合传输线传送的模拟信号，完成此项任务的设备叫调制器。接收端将收到的模拟信号还原为数字信号的过程称为解调，完成此任务的设备叫解调器。实际上一个设备工作起来既需要调制，又需要解调，将调制、解调功能由一个设备完成，称此设备为调制解调器。当进行远程数据传输时，可以将可编程控制器的 PC/PPI 电缆与调制解调器进行连接以增加数据传输的距离。

（4）传输速率

传输速率是指单位时间内传输的信息量，它是衡量系统传输性能的主要指标，常用波特率（Baud Rate）表示。波特率是指每秒传输二进制数据的位数，单位是 bit/s。常用的波特率有 19 200 bit/s、9 600 bit/s、4 800 bit/s、2 400 bit/s、1 200 bit/s 等。例如，1 200 bit/s 的传输速率，每个字符格式规定包含 10 个数据位（起始位、停止位、数据位），信号每秒传输的数据为：1 200/10=120（字符/s）。

（5）信息交互方式

如图 4-56 所示，有以下几种方式：单工通信、半双工通信和全双工通信方式。

单工通信：只能沿单一方向发送或接收信息。信息始终保持一个方向传输，通信两点中的一点为接收端，另一点为发送端，而不能进行反向传输。如无线电广播、电视广播等就属于这种类型。

半双工通信：通信双方都可以发送（接收）信息，但不能同时双向发送，同一时刻只限于一个方向流动，又称双向交替通信。当使用同一根传输线既作输入又作输出时，虽然数据可以在两个方向上传送但通信双方不能同时收发数据，这样的传送方式就是半双工通信。

全双工通信：通信双方可以同时发送和接收信息，双方发送和接收装置同时工作。全双工通信效率高，但控制相对复杂一些，系统造价也较高。通信线至少三条（其中一条为信号地线），或四条（无信号地线）。

单工通信不能实现双方信息交流，故在 PLC 网络中极少使用，而半双工和全双工通信可实现双方数据传送，故在 PLC 网络中应用很多。

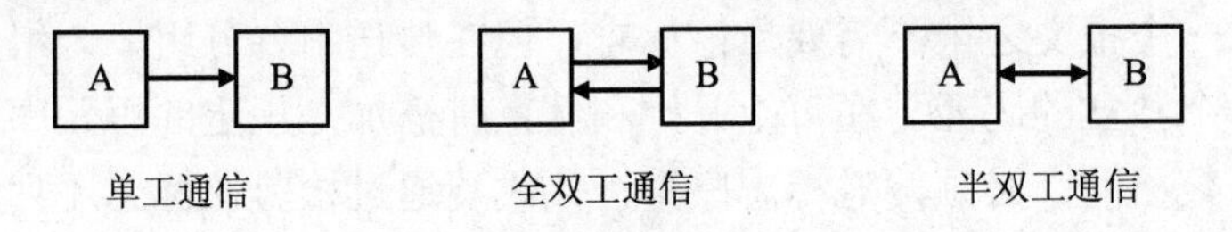

图 4-56　数据通信方式示意

2. 串行通信接口标准

早期人们借助电话网进行远距离数据传送而设计了调制解调器 MODEM，为此就需要有关数据终端与 MODEM 之间的接口标准，RS-232C 标准在当时就是为此目的而产生的。目前 RS-232C 已成为数据终端设备（Data Terminal Equipment，DTE），如计算机与数据设备（Data Communication Equipment，DCE），如 Modem 的接口标准，不仅在远距离通信中要经常用到它，就是两台计算机或设备之间的近距离串行连接也普遍采用 RS-232C 接口。

（1）RS-232C 串行接口标准

RS-232C 是 1969 年由美国电子工业协会（Electronic Industrial Association，EIA）公布的串行通信接口标准。RS-232C 既是一种协议标准，又是一种电气标准，它规定了终端和通信设备之间信息交换的方式和功能。PLC 与计算机间的通信就是通过 RS-232C 标准接口来实现的。它采用按位串行通信的方式，传递速率即波特率规定为 19 200 bps、9 600 bps、4 800 bps、2 400 bps、1 200 bps、600 bps、300 bps 等。PC 及其兼容机通常均配有 RS-232C 接口。在通信距离较短、波特率要求不高的场合可以直接采用，既简单又方便。但是，由于 RS-232C 接口采用单端发送、单端接收，因此，在使用中有数据通信速率低、通信距离短、抗共模干扰能力差等缺点。

目前，RS-232 是 PC 与通信工程中应用最广泛的一种串行接口。RS-232 被定义为一种在低速率串行通信中的单端标准，以非平衡数据传输的界面方式工作，这种方式以一根信号线相对于接地信号线的电压来表示一个逻辑状态 Mark 或 Space。如图 4-57 所示，为一个典型的连接方式。RS-232 是全双工传输模式，可以独立发送数据（TXD）和接收数据（RXD）。

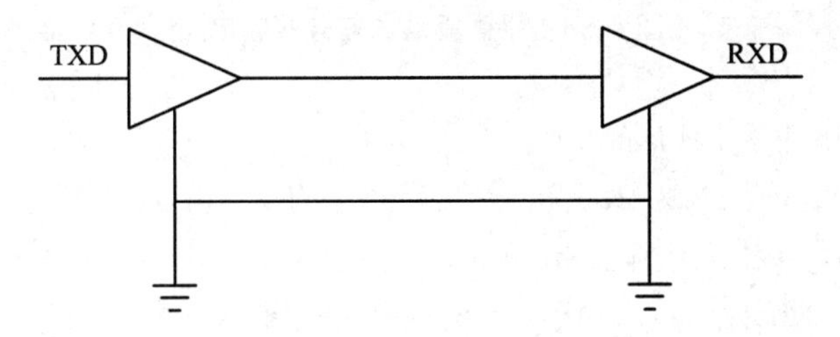

图 4-57　RS-232 典型的连接方式

RS-232 连接线的长度不可超过 50 ft（1 ft=0.304 8 m）或电容值不可超过 2 500 pF。如果以电容值为标准，一般连接线典型电容值为 17 pF/ft，则容许连接线长约 44 m。如果是有屏蔽的连接线，则它的容许长度会更长。在有干扰的环境下，连接线的容许长度会减少。

RS-232 接口标准的不足：

①接口的信号电平值较高，易损坏接口电路的芯片；

②传输速率较低，在异步传输时，波特率为 20 kbit/s；

③接口使用一根信号线和一根信号返回线构成共地的传输形式，这种共地传输容易产生共模干扰，所以抗噪声干扰能力差，随波特率的增高其抗干扰的能力会成倍下降；

④传输距离有限，实际上只有 50 m 左右。

（2）RS-422A 串行接口标准

RS-422A 采用平衡驱动、差分接收电路，如图 4-58 所示，从根本上取消了信号地线。平衡驱动器相当于两个单端驱动器，其输入信号相同，两个输出信号互为反相信号，图中的小圆圈表示反相。因为接收器是差分输入，所以，共模信号可以互相抵消。而外部输入的干扰信号是以共模方式出现的，两根传输线上的共模干扰信号相同，因此，只要接收器有足够的抗共模干扰能力，就能从干扰信号中识别出驱动器输出的有用信号，从而克服外部干扰的影响。RS-422A 在最大传输速率（10 Mbit/s）时，允许的最大通信距离为 12 m。传输速率为 100 kbit/s 时，最大通信距离为 1 200 m。一台驱动器可以连接 10 台接收器。

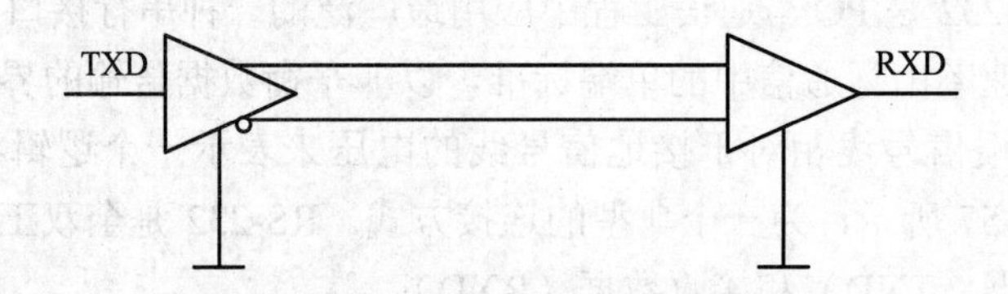

图 4-58　平衡驱动、差分接收电路

（3）RS-485 串行接口标准

由于 RS-485 是从 RS-422 基础上发展而来的，所以，RS-485 的许多电气规定与 RS-422 相仿，如都采用平衡传输方式，都需要在传输线上接终端电阻。RS-485 可以采用二线与四线方式。二线制可实现真正的多点双向通信，其中的使能信号控制数据的发送或接收（图 4-59）。

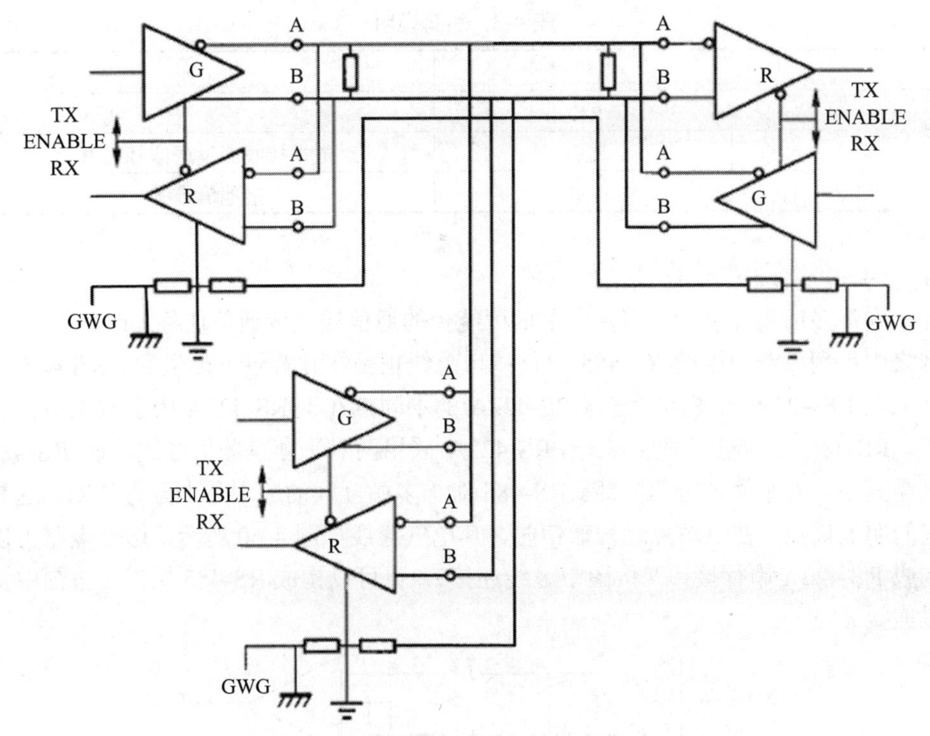

注：G 为发送驱动器，R 为接收器，⏚为信号地，⏚为保护地或机箱地，

GWG 为电源地，TX 为发射端，ENABLE 为使能端，RX 为接收端。

图 4-59 RS-485 多点双向通信接线

RS-485 的电气特性是，逻辑“1”表示两线间的电压差为 2～6 V，逻辑“0”表示两线间的电压差为–2～–6 V；RS-485 的数据最高传输速率为 10 Mbit/s；RS-485 接口采用平衡驱动器和差分接收器的组合，抗共模干扰能力强，即抗噪声干扰性好；它的最大传输距离标准值为 4 000 ft（1 219.2 m），实际上可达 3 000 m。另外，RS-232 接口在总线上只允许连接 1 个收发器，只具有单站能力，而 RS-485 接口在总线上允许连接多达 128 个收发器，即具有多站能力，用户可以利用单一的 RS-485 接口建立起设备网络。RS-485 接口因具有良好的抗噪声干扰性、长传输距离和多站能力等优点而成为首选的串行接口。因为 RS-485 接口组成的半双工网络一般只需两根连线，所以，RS-485 接口均采用屏蔽双绞线传输。

RS-485（两线）多点双向通信接线的引脚说明，如表 4-3 所示。

表 4-3 引脚说明

引脚号	引脚名	说 明
1	RX-	数据接收或发送信号线 A
2	RX+	数据接收或发送信号线 B
3	GND	接地信号线

（4）RS-422A 和 RS-485 的应用

在许多应用环境中，都要求用尽可能少的通信线完成通信任务。在 PLC 局域网络中得到广泛应用的 RS-485 串行接口总线正是在此背景下诞生的。RS-485 实际上是 RS-422A 的变形；它与 RS-422A 的不同点在于 RS-422A 为全双工通信方式，RS-485 为半双工通信方式：RS-422A 采用两对平衡差分信号线，而 RS-485 只需其中一对平衡差分信号线。RS-485 对于多站互联的应用是十分方便的，这是它的明显优点。在点对点远程通信时，其电气连线如图 4-60 所示，这个电路可以构成 RS-422A 串行接口（按图中虚线连接），也可以构成 RS-485 接口（按图中实线连接）。

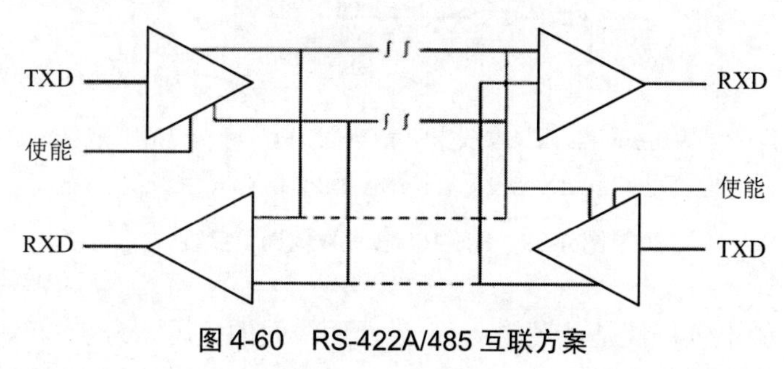

图 4-60 RS-422A/485 互联方案

需要注意的是，由于 RS-485 互联网络采用半双工通信方式，某一时刻两个站中只有一个站可以发送数据，而另一个站只能接收数据，因此，发送电路必须有使能信号加以控制。

RS-485 串行接口用于多站互联非常方便，不但可以节省昂贵的信号线，而且可以高速远距离传送数据，因此，将其用于联网构成分布式控制系统非常方便。

3. 通信介质

通信介质是信息传输的物质基础和重要渠道，是 PLC 与通用计算机及外部设备之间相互联系的桥梁。PLC 普遍使用的通信介质有：同轴电缆（带屏蔽）、双绞线、光纤等。PLC 对通信介质的基本要求是通信介质必须具有传送速率高、能量损耗小、抗干扰能力强、性价比高等特性。目前，同轴电缆和带屏蔽双绞线在 PLC

的通信中广泛使用。

4．通信协议

PLC 网络是由各种数字设备（包括 PLC、计算机等）和终端设备等通过通信线路连接起来的复合系统。在这个系统中，由于数字设备型号、通信线路类型、连接方式、同步方式、通信方式等的不同，给网络各节点间的通信带来了不便；甚至影响到 PLC 网络的正常运行，因此在网络系统中，为确保数据通信双方能正确而自动地进行通信，应针对通信过程中的各种问题，制订一整套约定，这就是网络系统的通信协议，又称网络通信规程。通信协议就是一组约定的集合，是一套语义和语法规则，用来规定有关功能部件在通信过程中的操作。通常通信协议必备的两种功能是通信和信息传输，包括识别和同步、错误检测和修正等。所谓通信协议即是数据通信时所必须遵守的各种规则和协议。目前 PLC 与上位机（计算机）之间的通信可以按照标准协议（如 TCP/IP）进行，但 PLC 之间、PLC 与远程 I/O 通信协议还没有标准化。

5．PLC 与计算机的通信

PLC 与计算机通信是 PLC 通信中最简单、最直接的一种通信方式，目前，几乎所有种类的 PLC 都具有与计算机通信的功能。与 PLC 通信的计算机常称为上位机，PLC 与计算机之间的通信又叫上位通信。由于计算机直接面向用户，应用软件丰富，人机界面友好，编程调试方便，网络功能强大，因此在进行数据处理、参数修改、图像显示、打印报表、文字处理、系统管理、工作状态监视、辅助编程、网络资源管理等方面有绝对的优势；而直接面向生产现场、面向设备进行实时控制是 PLC 的特长，因此把 PLC 与计算机连接起来，实现数据通信，可以更有效地发挥各自的优势，互补应用上的不足，扩大 PLC 的应用范围。

二、三菱 FX_{2N} 系列 PLC 的网络通信简介

1．计算机、PLC、变频器及触摸屏间的通信口及通信线

（1）计算机目前采用 RS-232 通信口。

（2）三菱 FX 系列 PLC 目前采用 RS-422 通信口。

（3）三菱 FR 变频器采用 RS-422 通信口。

（4）F940GOT 触摸屏有两个通信口，一个采用 RS-232；另一个采用 RS-422/485。

计算机与三菱 FX 系列 PLC 之间通信必须采用带有 RS-232/422 转换的 SC-09 专用通信电缆；而 PLC 与变频器之间的通信，由于通信口不同，所以，需要在 PLC 上配置 FX_{2N}-485-BD 特殊模块。详细连线如图 4-61 所示。

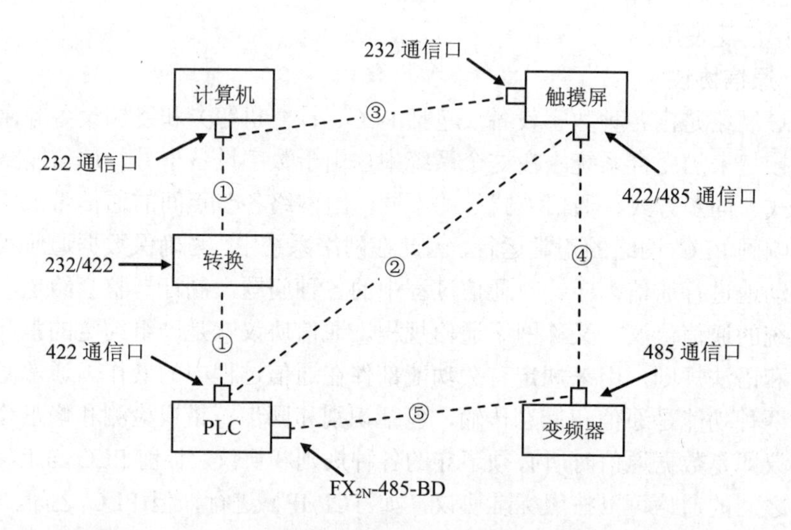

图 4-61　计算机、PLC、变频器、触摸屏间的通信口和通信线

2．通信用特殊功能模块 FX_{2N}-485-BD

三菱公司开发了一些通信用的特殊功能模块：FX_{2N}-485-BD、FX_{2N}-232-BD 和 FX_{2N}-422-BD。

其中 FX_{2N}-485-BD 通信接口电平为 RS485 标准；FX_{2N}-232-BD 通信接口电平为 RS232 标准，FX_{2N}-422-BD 的通信接口电平为 RS422 标准，因此在通信连线时它们的接线方式是不一样的。然而，从编程的角度来看，没有什么大的区别。这里以 FX_{2N}-485-BD 为例介绍如何使用通信用特殊功能模块。

网络安装前，应断开电源。各站 PLC 应插上 485-BD 通信板。FX_{2N}-485-BD 其实是一块扩展板，可以在 FX_{2N} 系列 PLC 的扩展槽上安装。它的 LED 显示/端子排列如图 4-62 所示。

3．接线方式

安装了通信用特殊功能扩展板之后，我们需要了解两台 PLC 之间信号是怎样互联的。通信电缆从通信用特殊功能模块上的 DB 通信端子上引出。每块端子上板上都引出了数据发送、接收以及其他控制信号。将这些信号端子按照一定的规则互联才能实现在两台 PLC 之间搭建通信通道。下面介绍 FX2N-485-BD 的接线方式。

由于 RS-485 一般工作在半双工方式，因此其连线如图 4-63 所示。

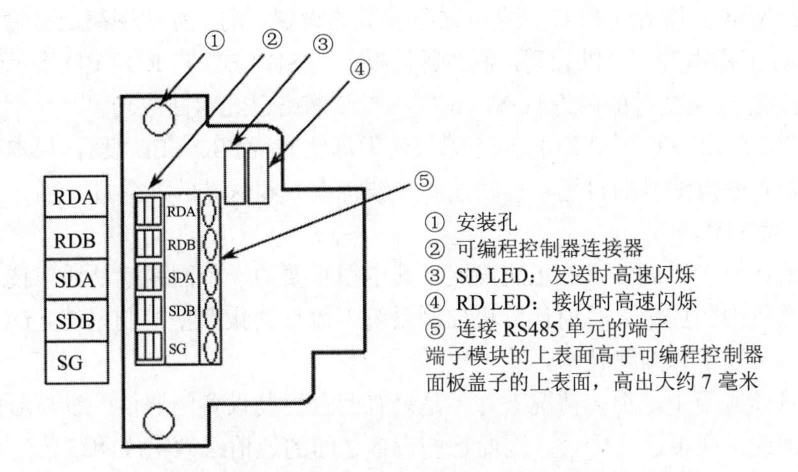

图 4-62 485-BD 板显示/端子排列

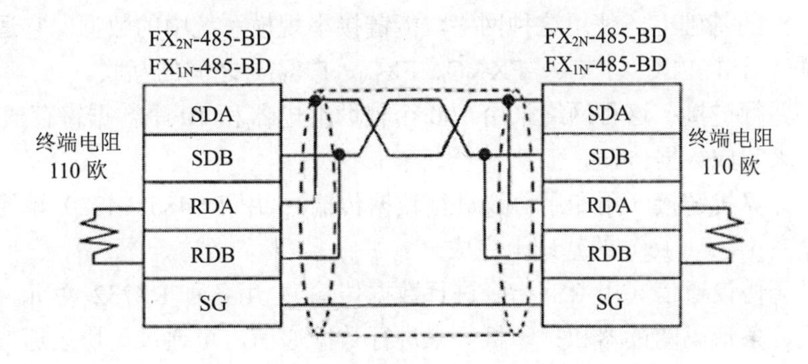

图 4-63 FX_{2N}-485-BD 半双工连线方式

图 4-63 中，数据的发送和接收都是通过 SDA（差分正端）和 SDB（差分负端）完成。即在任一时刻，主站和从站只有一方在发送数据。数据在两个传送方向上使用同一个数据通道。

终端电阻是为了通信的可靠性而要求接上的。可以看到，终端电阻是连接在两根差分信号线之间的。其阻值一般按手册给定值选定。

将端子 SG 连接到可编程控制器主体的每个端子，而主体用 100 欧姆或更小的电阻接地。

屏蔽双绞线的线径应在英制 AWG26～16 范围，否则由于端子可能接触不良，不能确保正常的通信。连线时宜用压接工具把电缆插入端子，如果连接不稳定，则通信会出现错误。

如果网络上各站点PLC已完成网络参数的设置，则在完成网络连接后，再接通各PLC工作电源，可以看到，各站通信板上的SD LED和RD LED指示灯两者都出现点亮/熄灭交替的闪烁状态，说明N∶N网络已经组建成功。

如果RD LED指示灯处于点亮/熄灭的闪烁状态，而SD LED没有（根本不亮），这时须检查站点编号的设置、传输速率（波特率）和从站的总数目。

4．通信网络

当前计算机控制技术的迅速发展，其中很重要的一个因素就是通信技术在工业控制系统中的应用。目前计算机控制系统中流行的集散型控制系统（DCS）就大量使用了通信和网络技术。

在具体应用中，很多情况下并不是只有两台控制设备间通信，参与通信的设备多的情况下会多达几十台。因此这些设备之间的通信必须组成网络。

FX系列PLC 支持以下5种类型的通信：

（1）N∶N网络：用FX_{2N}、$FX_{2N}C$、FX_{1N}、FX_{0N}等PLC进行的数据传输可建立在N∶N的基础上。使用这种网络，能链接小规模系统中的数据。它适合于数量不超过8 个的PLC（FX_{2N}、$FX_{2N}C$、FX_{1N}、FX_{0N}）之间的互联。

（2）并行链接：这种网络采用100个辅助继电器和10个数据寄存器在1∶1的基础上来完成数据传输。

（3）计算机链接（用专用协议进行数据传输）：用RS485（422）单元进行的数据传输在1∶n（16）的基础上完成。

（4）无协议通信（用RS 指令进行数据传输）：用各种RS232 单元，包括个人计算机、条形码阅读器和打印机，来进行数据通信，可通过无协议通信完成，这种通信使用RS指令或者一个FX_{2N}-232IF 特殊功能模块。

（5）可选编程端口：对于FX_{2N}、$FX_{2N}C$、FX_{1N}、FX_{1S} 系列的PLC，当该端口连接在FX_{1N}-232BD、FX_{0N}-232ADP、FX_{1N}-232BD、FX_{2N}-422BD上时，可以和外围设备（编程工具、数据访问单元、电器操作终端等）互联。

5．N∶N通信网络

FX_{2N}系列PLC的N∶N网络支持以一台PLC作为主站进行网络控制，最多可连接7个从站，通过RS-485通信板进行连接。N∶N网络是指在整个网络中，每一个PLC都可以和其他PLC之间直接通信。这些PLC通过站点号作为每个PLC的唯一识别码。网络中每一个PLC都必须安装通信用特殊功能模块。N∶N网络的网络组建如图4-64所示。

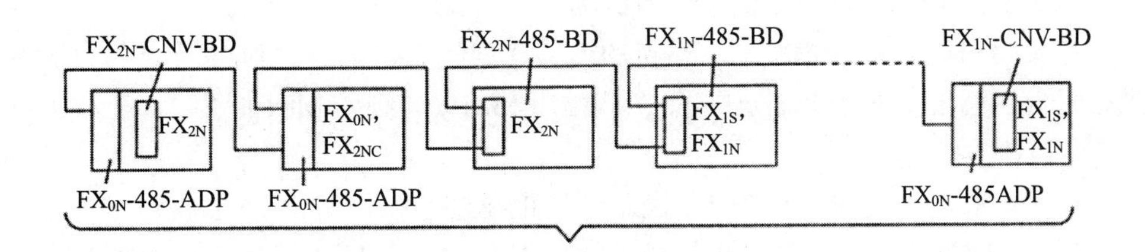

图 4-64 网络组建

N∶N 网络通常按照 1∶N 方式工作。即 N∶N 网络中允许有一个站作为主站，其余站均为从站。每一次通信过程都由主站发起，所有的从站都同时收到主站发出的信息。主站发出的通信数据帧中包含需要应答的从站站点号信息。所有的从站都对主站的信息进行解码，发现通信是针对本从站，则根据协议向主机发送应答信号。否则，不作任何应答。这种方式又称为“点名”方式。

FX 系列 PLCN∶N 通信网络的组建主要是对各站点 PLC 用编程方式设置网络参数实现的。FX 系列 PLC 规定了与 N∶N 网络相关的标志位（特殊辅助继电器）和存储网络参数和网络状态的特殊数据寄存器。当 PLC 为 FX_{1N} 或 $FX_{2N(C)}$ 时，N∶N 网络的相关标志（特殊辅助继电器）如表 4-4 所示，相关特殊数据寄存器如表 4-5 所示。N∶N 网络的辅助继电器均为只读属性，下面分别对其中的重要辅助继电器作一个简要说明。

表 4-4 N∶N 网络的辅助继电器

辅助继电器	名 称	内 容	操作数
M8038	N∶N 网络参数设定	用于设定网络参数	主站、从站
M8183	主站数据通信顺序错误	当主站通信错误时置 1	从站
M8184～M8190	从站数据通信顺序错误	当从站通信错误时置 1	主站、从站
M8191	数据通信	当通信进行时置 1	主站、从站

（1）M8038：用于设置 N∶N 网络参数。当 M8038 为 1 时，可以设置 N∶N 网络相关的各个寄存器。对于主站点，用编程方法设置网络参数，就是在程序开始的第 0 步（LD M8038），向特殊数据寄存器 D8176～D8180 写入相应的参数，仅此而已。对于从站点，则更为简单，只需在第 0 步（LD M8038）向 D8176 写入站点号即可。

例如，图 4-65 给出了设置主站网络参数的程序。

（2）M8183：主站点通信故障时置为 1。

（3）M8184～M8190：是从站点的通信错误标志，每一位对应于一个从站的通信故障。第 1 从站用 8184……第 7 从站用 M8190。例如 M8190 为 1，表示从站 7 发生通信故障。

（4）M8191：当这一位为 1，表示通信正在进行中。

N∶N 网络的寄存器分配地址与功能如表 4-5 所示，对于通信专用的数据寄存器的地址号和参数的意义说明如下。

（1）D8173：站点号存储单元。PLC 可以从 D8173 读出本站的站点号。

（2）D8174：从站点总数存储单元，PLC 可以从 D8173 读出网络中从站点的总数目。

（3）D8175：刷新范围存储单元。PLC 可以从 D8174 读出数据刷新范围。

（4）D8176：站点号设置单元。PLC 向该单元写入站点号值即可以设定本 PLC 在网络中的站点号。在同一网络中，不同 PLC 必须设置成不同的站点号。

（5）D8177：设置本网络中从站点的总数。

（6）D8178：设置数据刷新范围。根据网络中信息交换的数据量不同，可选择如表 4-7（模式 0），表 4-8（模式 1）和表 4-9（模式 2）三种刷新模式。在每种模式下使用的元件被 N∶N 网络所有站点所占用。对于从站点，此设定不需要。

表 4-5　N∶N 网络的寄存器

辅助寄存器	名称	内容	属性	操作数
D8173	站号设置状态	保存站号设置状态	只读	主站、从站
D8174	从站设置状态	保存从站设置状态	只读	主站、从站
D8175	刷新设置状态	保存刷新设置状态	只读	主站、从站
D8176	站号设置	设置站号	只写	主站、从站
D8177	从站号设置	设置从站号	只写	主站
D8178	刷新设置	设置刷新次数	只写	主站
D8179	重试次数	设置重试次数	读写	主站
D8180	看门狗定时	设置看门狗时间	读写	主站
D8201	当前链接扫描时间	保存当前链接扫描时间	只读	主站、从站
D8202	最大链接扫描时间	保存最大链接扫描时间	只读	主站、从站
D8203	主站数据传送顺序错误计数	主站数据传送顺序错误计数	只读	从站
D8204～D8210	从站数据传送顺序错误计数	从站数据传送顺序错误计数	只读	主站、从站
D8211	主站传送错误代号	主站传送错误代号	只读	从站
D8212～D8218	从站传送错误代号	从站传送错误代号	只读	主站、从站

表 4-6 刷新设置 D8178

通信寄存器	刷新设置		
	模式 0	模式 1	模式 2
位寄存器	0 点	32 点	64 点
字寄存器	4 点	4 点	8 点

表 4-7 模式 0 各站位元件与字元件分配

站 号	寄存器序号	
	位寄存器（M）	字寄存器（D）
	0 点	4 点
No.0	—	D0～D3
No.1	—	D10～D13
No.2	—	D20～D23
No.3	—	D30～D33
No.4	—	D40～D43
No.5	—	D50～D53
No.6	—	D60～D63
No.7	—	D70～D73

表 4-8 模式 1 各站位元件与字元件分配

站 号	寄存器序号	
	位寄存器（M）	字寄存器（D）
	32 点	4 点
No.0	M1000～M1031	D0～D3
No.1	M1064～M1095	D10～D13
No.2	M1128～M1159	D20～D23
No.3	M1192～M1223	D30～D33
No.4	M1256～M1287	D40～D43
No.5	M1320～M1351	D50～D53
No.6	M1384～M1415	D60～D63
No.7	M1448～M1479	D70～D73

表 4-9　模式 2 各站位元件与字元件分配

站　号	寄存器序号	
	位寄存器（M）	字寄存器（D）
	64 点	8 点
No.0	M1000～M1063	D0～D7
No.1	M1064～M1127	D10～D17
No.2	M1128～M1191	D20～D27
No.3	M1192～M1255	D30～D37
No.4	M1256～M1319	D40～D47
No.5	M1320～M1383	D50～D57
No.6	M1384～M1447	D60～D67
No.7	M1448～M1511	D70～D77

（7）D8179：重试次数设置。当主站向从站发送数据，从站在规定的时间内没有应答则认为通信失败。通信失败之后，主机会重新向从站发送数据。重试次数即发送失败之后主机重信发送数据的次数。在 CPU 错误，程序错误或停止状态下，对每一站点处产生的通信错误数目不能计数。

（8）D8180：通信超时设置。即设置多长时间从机没有响应主机发出的数据和命令就认为通信失败。

（9）D8212～D8218：通信相关的错误信息存储单元。这里不作详细介绍。

N∶N 网络的专用寄存器主要用来实现通信模块的初始化编程。初始化编程步骤如下：

- 设置站点号；
- 设置从站点总数；
- 设置刷新模式；
- 设置重试次数；
- 设置通信超时时间。

图 4-65 给出了通信初始化程序。

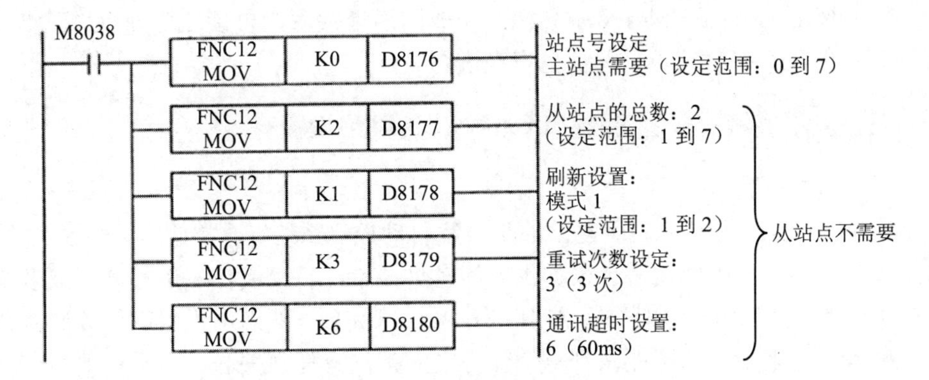

图 4-65 通信初始化程序

上述程序说明如下：

（1）当控制器得电时或程序由编程状态转到运行状态时，网络设置才会生效。编程时注意，必须确保把以上程序作为 N∶N 网络参数设定程序从第 0 步开始写入，如果处于其他位置，程序将不被执行，在这个位置上系统就会自动运行。

（2）在特殊寄存器 D8176 中设置为 0 表示主站，设置为 1～7 表示从站号，即从站 1～7。在特殊寄存器 D8177 中可以设置为 1～7 表示从站号，即从站 1～7。在特殊寄存器 D8178 中可以设置为 0～2。在图 4-65 的程序例子里，刷新范围设定为模式 1。这时每一站点占用 32×8 个位软元件，4×8 个字软元件作为链接存储区。在运行中，对于第 0 号站（主站），希望发送到网络的开关量数据应写入位软元件 M1000～M1063 中，而希望发送到网络的数字量数据应写入字软元件 D0～D3 中……对其他各站点依此类推。

（3）特殊数据寄存器 D8179 设定重试次数，设定范围为 0～10（默认=3），对于从站点，此设定不需要。如果一个主站点试图以此重试次数（或更高）与从站通信，此站点将发生通信错误。

（4）特殊数据寄存器 D8180 设定通信超时值，设定范围为 5～255（默认=5），此值乘以 10 ms 就是通信超时的持续驻留时间。

（5）对于从站点，网络参数设置只需设定站点号即可，例如供料站（1 号站）的设置，如图 4-66 所示。

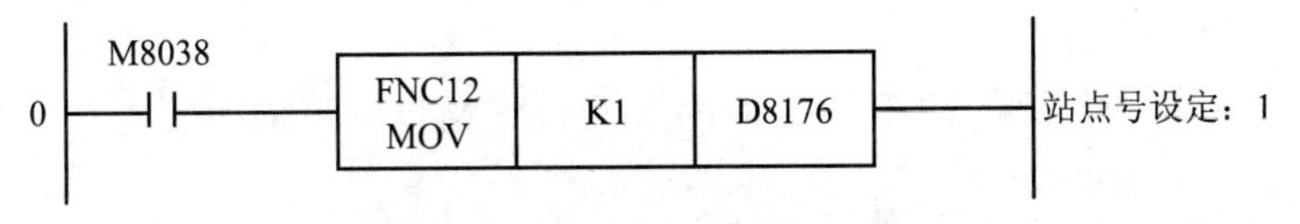

图 4-66 从站点网络参数设置程序

如果按上述对主站和各从站编程，完成网络连接后，再接通各 PLC 工作电源，即使在 STOP 状态下，通信也将在进行。

三、应用实例：FX_{2N} 系列 PLC 的 N：N 网络设置

1. 工作任务

在生产应用过程中，对于复杂的生产线自动控制系统，通常使用单个 PLC 很难完成控制要求。因此通常会根据生产的具体要求，将控制任务进行分解成多个控制子任务，然后每个子任务分别由一个 PLC 来完成。然而由于生产任务的复杂性，任务分解之后，并不能做到每个任务之间都没有任何关联。为了实现生产任务的统一管理和调度，这时必须将完成各个子任务的 PLC 组成网络，通过通信的方式传递控制指令和各个工作部件之间的状态信息。因此用户必须掌握 PLC 的通信功能。

例如现在有一个工作任务如下。三台 PLC 分别完成各自子任务，其中一台 PLC 我们称为主站，主站站点号为第 0 号，另两台 PLC 我们称为从站，从站站点号分别为第 1 号和第 2 号（图 4-67）。

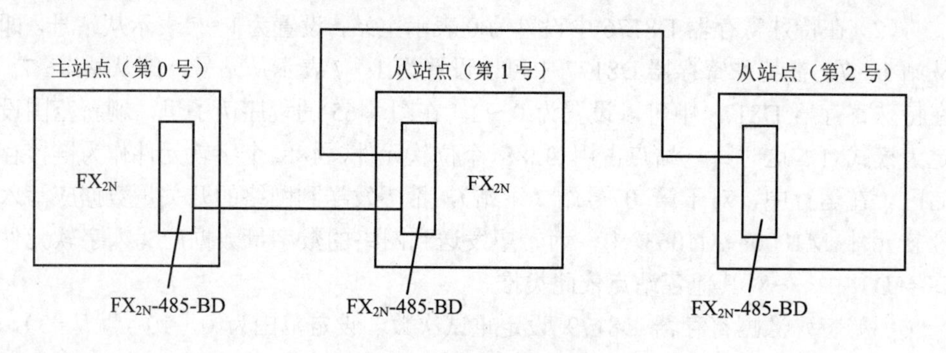

图 4-67　主从站通信示意

现在要求：

（1）主站点的输入点 X000～X003（M1000～M1003）输出到从站点号 1 和 2 的输出点 Y010～Y013。

（2）站点 1 的输入点 X000～X003（M1064～M1067）输出到主站点和站点 2 的输出点 Y014～Y017。

（3）站点 2 的输入点 X000～X003（M1128～M1131）输出到主站点和站点 1 的输出点 Y020～Y023。

（4）主站点中的数据寄存器 D1 指定为站点 1 中计数器 C1 的设定值。计数器

C1 的接触状态（M1070）反映到主站点的输出点 Y005 上。

（5）主站点中的数据寄存器 D2 指定为站点 2 中计数器 C2 的设定值。计数器 C2 的接触状态（M1140）反映到主站点的输出点 Y006 上。

（6）站点 1 中数据寄存器 D10 的值和站点 2 中的数据寄存器 D20 的值加入到主站点，并存入数据寄存器 D3 中。

（7）主站点中数据寄存器 D0 的值和站点 2 中的数据寄存器 D20 的值加入到站点 1，并存入数据寄存器 D11 中。

（8）主站点中数据寄存器 D0 的值和站点 1 中的数据寄存器 D10 的值加入到站点 2，并存入数据寄存器 D21 中。

2．任务分析

为了实现任务，我们必须按照如下步骤操作：

（1）合理选择通信用特殊功能模块。由于工业现场总线通常使用串行通信方式实现，因此必须选择串行通信模块。

（2）选择好特殊功能模块之后，需要考虑使用哪一种方式来组建通信网络。三菱公司 PLC 通信网络有多种组建方式。

（3）确定使用何种通信网络之后，必须根据所选的 PLC 和特殊功能模块完成正确连线方式，这是通信成功的硬件基础。

（4）如果选用并行链接或 N：N 网络，则可以不考虑通信协议的细节，只需要将每台 PLC 设为相同的通信协议即可。

（5）必须掌握三菱 PLC 通信编程指令，以实现多台 PLC 之间的通信。

3．模块选型与链接

（1）PLC 基本模块选择。由于 FX2N 系列 PLC 都支持通信功能模块，因此选择 FX2N 系列 PLC。

（2）通信模块。由于 RS-485 通信方式有比较好的通信效果，因此通信模块选用 FX_{2N}-485-BD 模块。每个 PLC 都需要安装一个 FX_{2N}-485-BD 通信扩展板。

4．硬件连线

由于有三个 PLC 模块之间需要通信，因此不能使用并行链接方式。所以本例采用 N：N 网络构建方式实现。系统结构图如图 4-67 所示。从图 4-67 可以看出，主站站点号为 0 号，第一个从站站点号为 1，第二个从站站点号为 2。各个 PLC 之间的连线方式 RS-485 半双工连线方式。连线图如图 4-63 所示。

5．程序编写

（1）初始化程序

主站和从站都必须进行初始化工作。初始化时主要对 D8176～D8180 等几个专用数据寄存器设置工作参数，如表 4-10 所示。

表 4-10 初始化参数

	主站点	从站点 1	从站点 2	备 注
D8176	K0	K1	K2	站点号
D8177	K2	—	—	总从站点：2 个
D8178	K1	—	—	刷新范围：模式 1
D8179	K3	—	—	重试次数：3 次（默认）
D8180	K5	—	—	通信超时：50ms（默认）

① D8176 为本站站点号设置。主站设为 0，从站 1 设为 1，从站 2 设为 2。

② 本系统共有两个从站，所以 D8177 设为 2。

③ 数据刷新范围采用模式 1，故 D8178 为 1。

④ 通信重试次数定为 3 次，故 D8179 设为 3。3 次也是系统默认值。

⑤ 通信超时时间系统默认值为 50 ms，所以 D8180 设为 5。

参数 D8177～D8120 只对主站有效。因此对从站来讲只需要设置站点号即可。如前面讲过的图 13～8 的初始化程序。从站初始化程序只需要执行第一行，将 K0 分别改为 K1 和 K2 就可以了。

（2）主程序编写

和并行链接一样，N∶N 网络中数据的通信和交换都是通过通信共享方式实现。整个通信的实际操作是 PLC 系统在后台完成的，编程的时候只要正确完成初始化工作，按照一定规则向通信共享区读写数据就可以了。

由于本系统共有三个模块，由于每个模块都必须独立编写程序，所以主程序编写也有主站程序、从站 1 程序、从站 2 程序三段主程序。

①主站程序

主站程序编写时需要注意，每次写入或者读回数据时都必须检测需要通信的从站通信是否正常。如果通信正常，则执行相应的数据操作。如果通信不正常，则不执行任何操作。PLC 系统扫描程序会自动重试建立通信连接。

主站点通信程序如图 4-68 所示。

下面给出相应说明。

操作 1)：将主站 X000～X003 送到 M1000～M1003。

操作 2)：如果从站 1 通信正常，将 M1064～M1067 的内容送到 Y014～Y017（该单元由从站 1 在通信程序中设置为从站 1 的 X000～X003）。

操作 3)：如果站点 2 通信正常，将 M1128～M1131 的内容（由站点 2 设置为其 X000～X003）送到 Y020～Y023。

操作 4)：如果站点 1 通信正常，由 M1070（从站 1 中 C1 控制其输出）控制 Y005 输出。同时将 Dl 写数值 10。

操作 5)：如果站点 2 通信正常，由 M1140（从站 2 中 C2 控制其输出）控制 Y006 输出。同时将 D2 写数值 10。

操作 6)：如果两个从站通信都正常，把 D10（站点 1 中数据寄存器）的值和 D20（站点 2 中的数据寄存器）的值加入到主站点 D3 中。

操作 6)、8)：向 D0 写入 10。

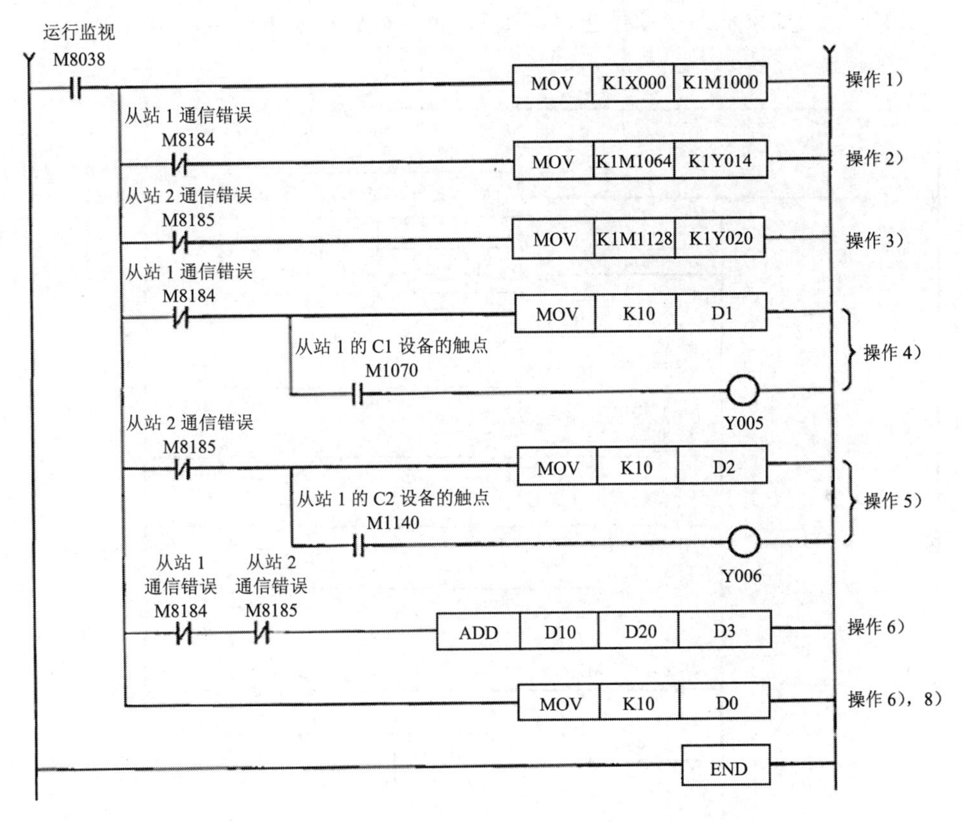

图 4-68 主站通信程序

②从站 1 程序

从站 1 的程序和主站程序最大的区别在于从站 1 中所有的通信程序必须在与主站通信正常的前提下才会被执行。否则失去执行机会。

图 4-69 给出了从站 1 的程序。

操作 1)：将 M1000～M1003（即主站 X000～X003）送到 Y010～Y013。

操作 2)：将本站 X000～X003 送到 M1064～M1067。

操作 3)：将 M1128～M1131（从站 2 设为其 X000～X003）送到 Y020～Y023。

操作 4)：将 D1（主站设置为 10）送给计数器 C1。C1 计数值到则控制 Y005，同时控制。

M1070（该单元送给主站）。

操作 5)：如果从站 2 通信正常，且 M1140 为 0（从站 2 设置）则控制 Y006。

操作 6)、8)：给 D10 写数字 10。

操作 7)：如果从站 2 通信正常，则 D0（主站来）+D20 送 D11。

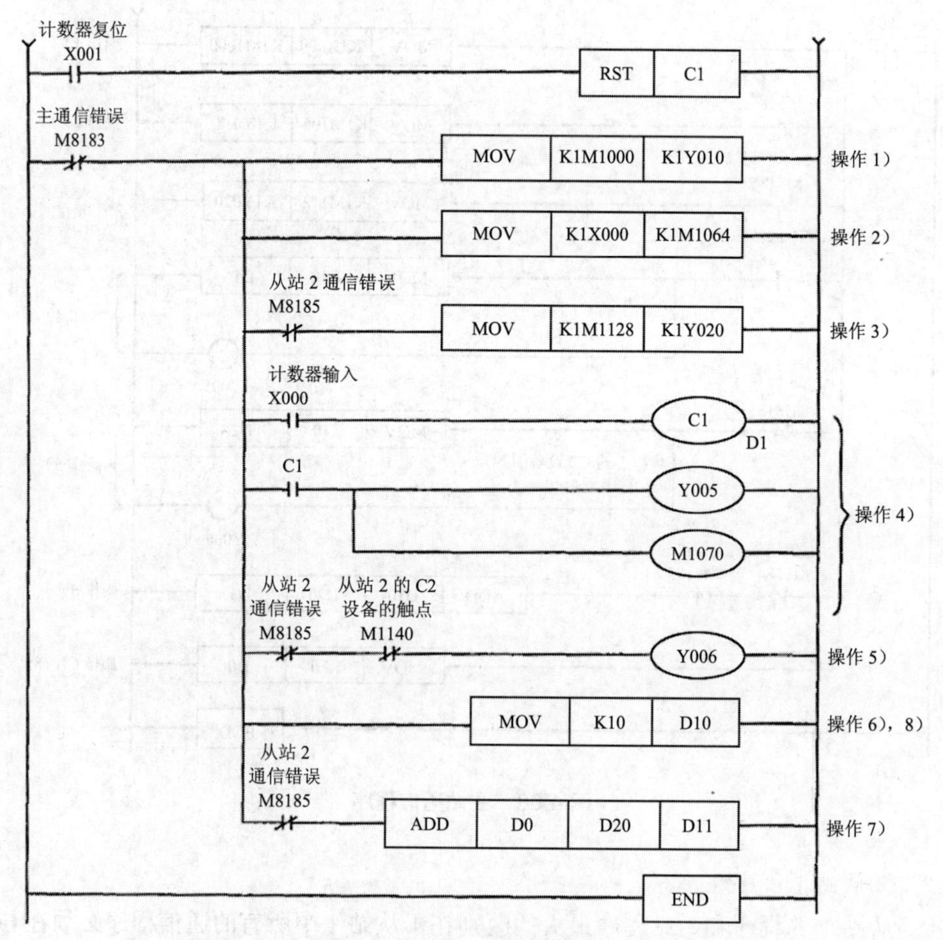

图 4-69　从站 1 的通信程序

③从站2程序

从站2和从站1程序类似。

从站2通信程序如图4-70所示。

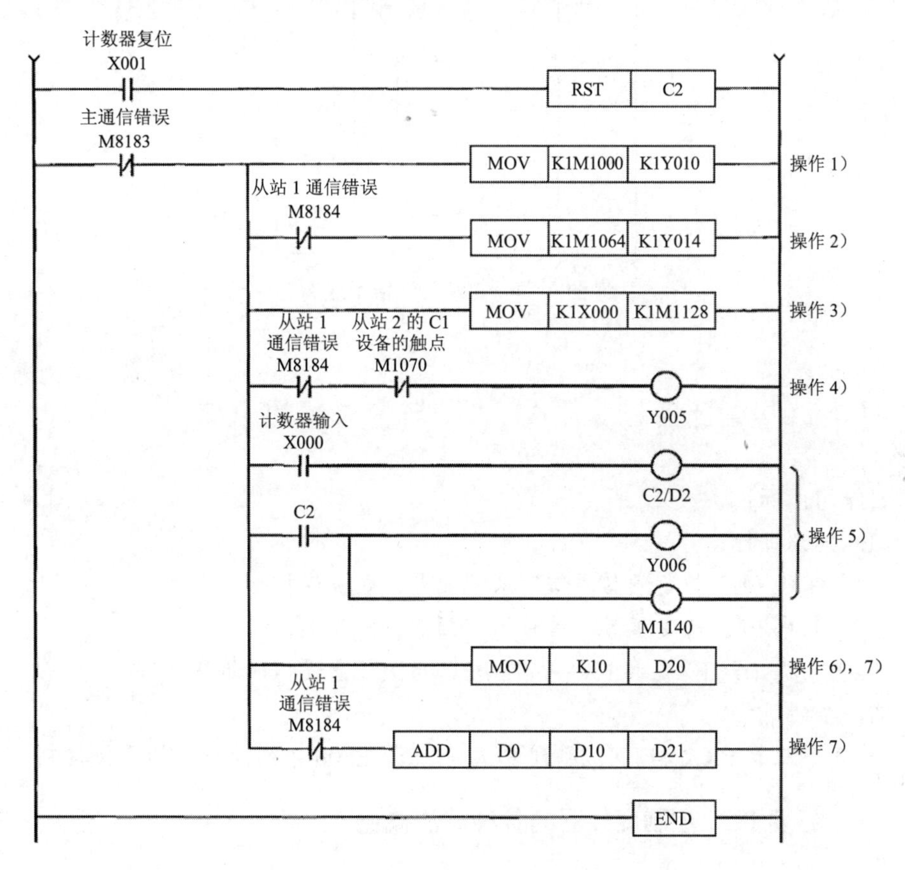

图4-70 从站2通信程序

练习：

两台PLC，其中一台PLC为主站，主站站点号为0号，另一台PLC为从站，从站站点号为1号，如图4-71所示。现在要求：

（1）主站点的输入点X0接通时，从站点1输出点Y0接通。

（2）站点1的输入点X2接通时，站点0的输出点Y2接通。

（3）主站点中的数据寄存器D0（=K3）指定为站点1中计数器C0的设定值。计数器C0的触点状态反映到主站点的输出点Y005上。

（4）站点1中数据寄存器D10的值（=K10），存入主站数据寄存器D1中，作为主站点中定时器 T1 的设定值，T1 的触点状态反映到从站点的输出点 Y006 上。

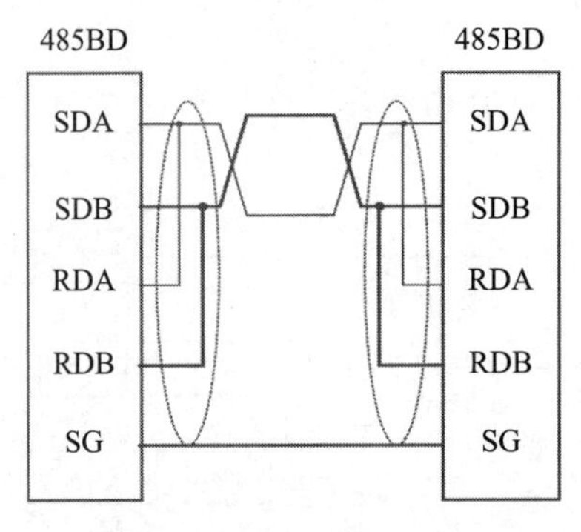

图 4-71 主从站通信示意

任务五 了解 PLC 与变频器的通信

[学习目标]

1. 知识目标

（1）掌握 PLC 与变频器通信的系统配置、硬件连接。

（2）熟悉 PLC 与变频器通信时的变频器参数设置。

（3）掌握三菱 FX_{2N} 和 FX_{3U} 系列 PLC 与变频器通信的编程方法。

2. 技能目标

能实现三菱 FX_{2N} 和 FX_{3U} 系列 PLC 与三菱 E700 系列变频器的通信控制。

一、三菱 PLC 控制变频器的各种方法概述

在工业自动化控制系统中，最为常见的是 PLC 和变频器的组合应用，并且产生了多种多样的 PLC 控制变频器的方法。

1. PLC 的开关量信号控制变频器

PLC（MR 型或 MT 型）的输出点、COM 点直接与变频器的 STF（正转启动）、RH（高速）、RM（中速）、RL（低速）、输入端 SG 等端口分别相连。PLC 可以通过程序控制变频器的启动、停止、复位；也可以控制变频器高速、中速、低速端子的不同组合实现多段速度运行。但是，因为它是采用开关量来实施控制的，其调速曲线不是一条连续平滑的曲线，也无法实现精细的速度调节。

2. PLC 的模拟量信号控制变频器

硬件：FX_{1N} 型、FX_{2N} 型 PLC 主机，配置 1 路简易型的 FX_{1N}-1DA-BD 扩展模

拟量输出板；或模拟量输入输出混合模块 FX_{0N}-3A；或两路输出的 FX_{2N}-2DA；或四路输出的 FX_{2N}-4DA 模块等。

优点：PLC 程序编制简单方便，调速曲线平滑连续、工作稳定。

缺点：在大规模生产线中，控制电缆较长，尤其是 DA 模块采用电压信号输出时，线路有较大的电压降，影响了系统的稳定性和可靠性。另外，从经济角度考虑，如控制 8 台变频器，需要 2 块 FX_{2N}-4DA 模块，其造价是采用扩展存储器通讯控制的 5～7 倍。

3. PLC 采用通信方法控制变频器

（1）PLC 采用 RS-485 无协议通信方法控制变频器，这是使用得最为普遍的一种方法，PLC 采用 RS 串行通信指令编程。因为它抗干扰能力强、传输速率高、传输距离远且造价低廉，这种方案得到广泛的应用。但是，RS-485 的通信必须解决数据编码、求取校验和、成帧、发送数据、接收数据的奇偶校验、超时处理和出错重发等一系列技术问题，一条简单的变频器操作指令，有时要编写数十条 PLC 梯形图指令才能实现，编程工作量大而且烦琐，令设计者望而生畏。

优点：硬件简单、造价最低，可控制 32 台变频器。

缺点：编程工作量较大。

（2）PLC 采用 RS-485 的 Modbus-RTU 通信方法控制变频器

三菱新型 F700 系列变频器使用 RS-485 端子利用 Modbus-RTU 协议与 PLC 进行通信。

优点：Modbus 通信方式的 PLC 编程比 RS-485 无协议方式要简单便捷。

缺点：PLC 编程工作量仍然较大。

（3）PLC 采用现场总线方式控制变频器

三菱变频器可内置各种类型的通信选件，如用于 CC-Link 现场总线的 FR-A5NC 选件；用于 Profibus DP 现场总线的 FR-A5AP（A）选件；用于 DeviceNet 现场总线的 FR-A5ND 选件等。三菱 FX 系列 PLC 有对应的通信接口模块与之对接。

优点：速度快、距离远、效率高、工作稳定、编程简单、可连接变频器数量多。

缺点：造价较高。

（4）PLC 采用 RS-485 通信模块控制变频器

只需在 PLC 主机上安装一块 RS-485 通信板或挂接一块 RS-485 通信模块；在 PLC 的面板下嵌入一块造价仅仅数百元的“功能扩展存储盒”，编写 4 条极其简单的 PLC 梯形图指令，即可实现 8 台变频器参数的读取、写入、各种运行的监视和控制，通信距离可达 50 m 或 500 m。这种方法非常简捷便利，极易掌握。

二、三菱 PLC 采用扩展存储器通信控制变频器的系统配置

1．系统硬件组成

（1）FX_{2N}（或 FX_{3U}）系列 PLC 1 台（软件采用 GX Developer8.86 版）；FX_{2N}-ROM-E1 功能扩展存储盒 1 块（安装在 PLC 本体内）；

（2）FX_{2N}-485-BD 通信模板 1 块（最长通信距离 50 m）；或 FX_{0N}-485ADP 通信模块 1 块+FX2N-CNV-BD 板 1 块（最长通信距离 500 m）；

（3）带 RS485 通信口的三菱变频器 8 台（S500 系列、E500 系列、F500 系列、F700 系列、A500 系列、V500 系列等，可以相互混用，总数量不超过 8 台；三菱所有系列变频器的通信参数编号、命令代码和数据代码相同）；

（4）其他：RJ45 电缆（5 芯带屏蔽）；终端阻抗器（终端电阻）100Ω；

（5）选件：人机界面（如 F930GOT 等小型触摸屏）1 台。

FX2N 系列 PLC 与变频器通信系统构成如图 4-72 所示，FX3U 系列 PLC 与变频器通信系统构成如图 4-73 所示。

2．硬件安装与接线

（1）用网线专用压接钳将电缆的一头和 RJ45 水晶头进行压接；另一头则按图 4-74～图 4-75 的方法连接 FX_{2N}-485-BD 通信模板，未使用的 2 个 P5S 端头（2 脚和 8 脚）不接。

（2）揭开 PLC 主机左边的面板盖，将 FX_{2N}-485-BD 通信模板和 FX_{2N}-ROM-E1 功能扩展存储器安装后盖上面板。

（3）将 RJ45 电缆分别连接变频器的 PU 口，网络末端变频器的接受信号端 RDA、RDB 之间连接一只 100Ω 终端电阻，以消除由于信号传送速度、传递距离等原因，有可能受到反射的影响而造成的通信障碍。

FX 系列	通信设备（选件）	总延长距离/m	检查
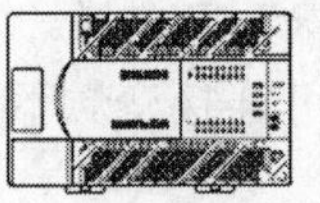 FX_{2N} +  FX_{2N}-ROM-E1（功能扩展用存储器盒）	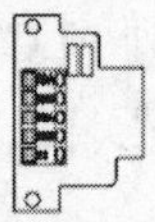 FX_{2N}-485-BD	50	
	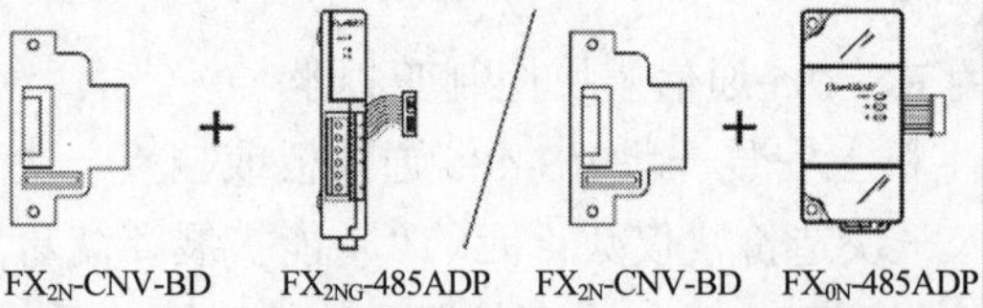 FX_{2N}-CNV-BD + FX_{2NC}-485ADP（欧式端子排） / FX_{2N}-CNV-BD + FX_{0N}-485ADP（端子排）	500	

图 4-72　FX_{2N} 系列 PLC 与变频器通信设备

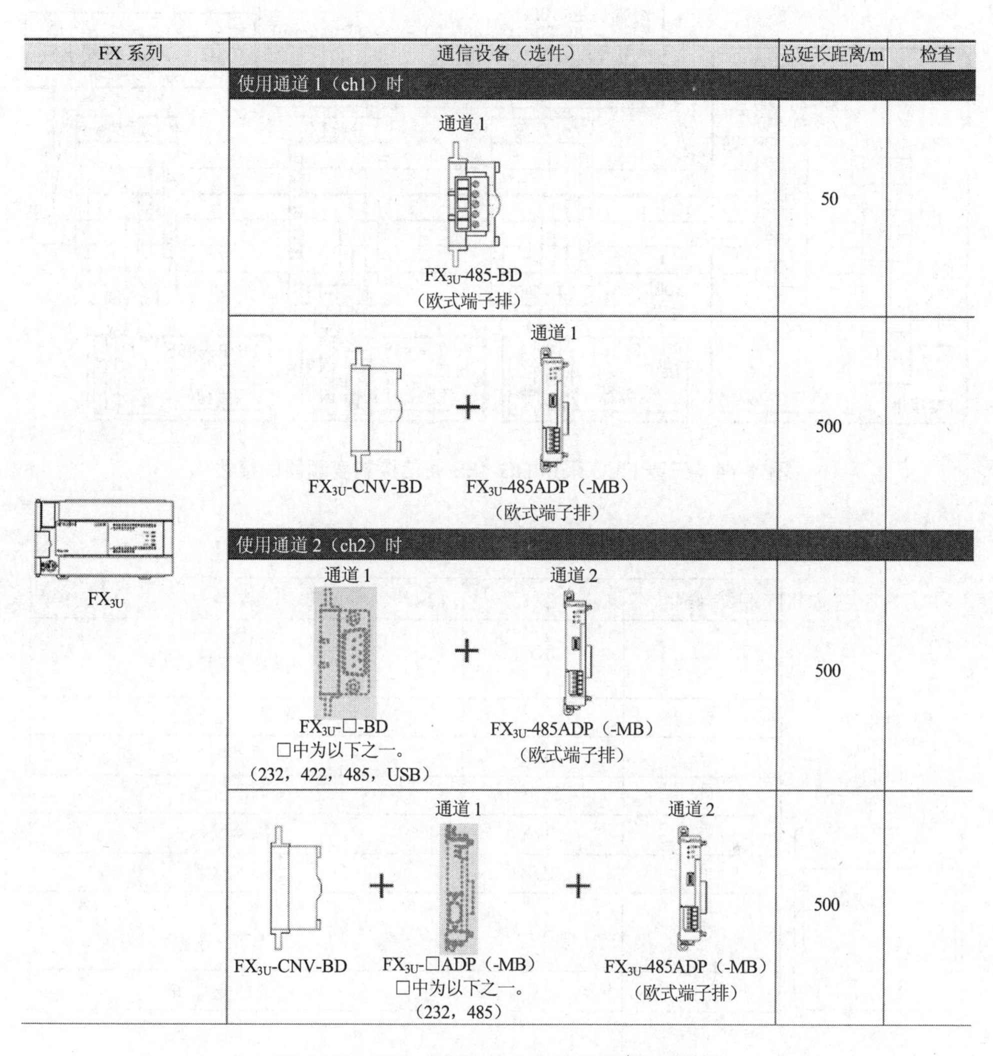

图 4-73　FX_{3U} 系列 PLC 与变频器通信设备

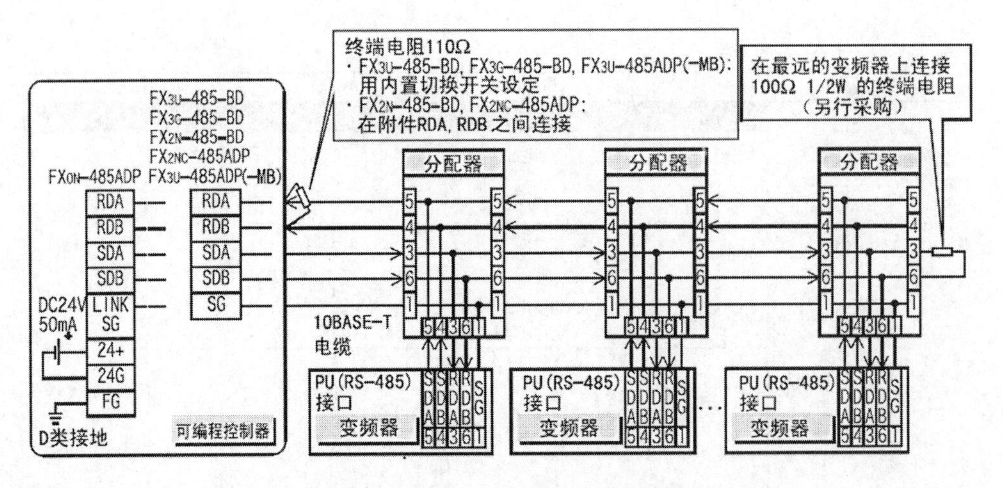

图 4-74　三菱 PLC 采用 RS-485 通信控制变频器的接线

变频器本体
（插座侧）
从正面看
① ～ ⑧

插针编号	名称	内容
①	SG	接地 （与端子 5 导通）
②	—	参数单元电源
③	RDA	变频器接收+
④	SDB	变频器发送-
⑤	SDA	变频器发送+
⑥	RDB	变频器接收-
⑦	SG	接地 （与端子 5 导通）
⑧	—	参数单元电源

图 4-75　三菱变频器 PU 插口外形及插针号

3．变频器通信设置

为了正确地建立通信，必须在变频器设置与通信有关的参数如“站号”“通信速率”“停止位长/字长”“奇偶校验”等。变频器内的 Pr.117～Pr.124 参数用于设置通信参数。参数设定采用操作面板或变频器设置软件 FR-SW1-SETUP-WE 在 PU 口进行。相关通信参数的设置如表 4-11 所示。

表 4-11　三菱变频器参数设置

序号	参数号	出厂值	设定值
1	Pr.117	0	1
2	Pr.118	192	96
3	Pr.119	1	10
4	Pr.120	2	2
5	Pr.121	1	9 999
6	Pr.122	0	9 999
7	Pr.123	9 999	9 999
8	Pr.124	1	1
9	Pr.340	0	10
10	Pr.549	0	0
11	Pr.79	0	0
12	Pr.77	0	2

4．PLC 编程方法及示例

变频器参数设定完成后，通过 PLC 程序设定指令代码、数据，开始通信，允许各种类型的操作和监视。PLC 与变频器之间采用主从方式进行通信，PLC 为主站，变频器为从站。1 个网络中只有一台主站，主站通过站号区分不同的从站。它们采用半双工双向通信，从站只有在收到主站的读写命令后才发送数据。

（1）PLC 的通信设定

先启动 GX Developer，打开参数设定。双击工程列表下的[参数]——[PLC 参数]（图 4-76）。

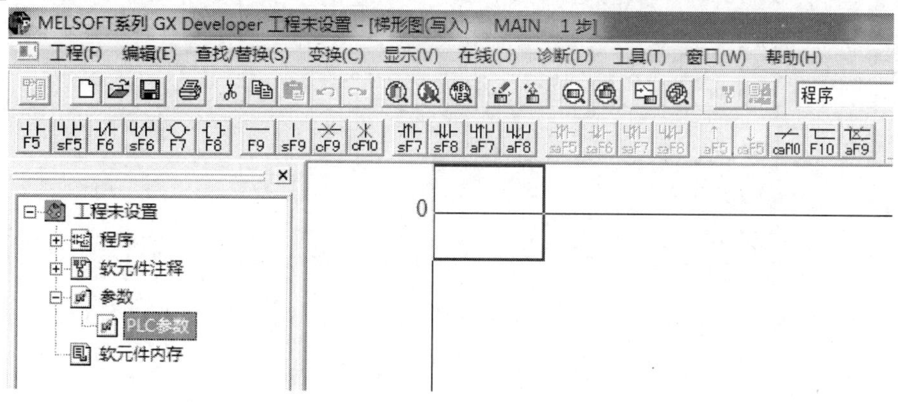

图 4-76　PLC 参数设置

未显示工程列表时，选中（在左边打✔）工具栏中的[显示]—[工程数据列表]。点击对话框中的[PLC 系统（2）]页面（图 4-77）。

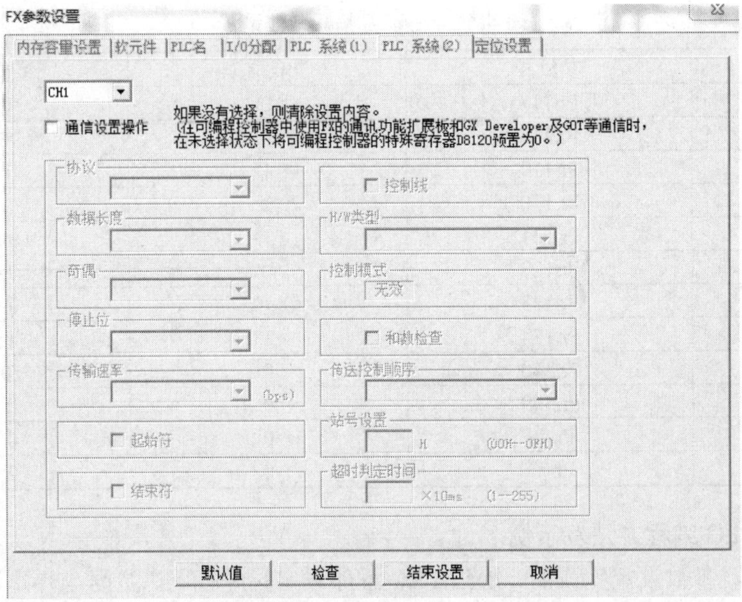

FX参数设置

内存容量设置 | 软元件 | PLC名 | I/O分配 | PLC 系统(1) | PLC 系统(2) | 定位设置

CH1

通信设置操作

如果没有选择，则清除设置内容。
(在可编程控制器中使用FX的通讯功能扩展板和GX Developer及GOT等通信时，
在未选择状态下将可编程控制器的特殊寄存器D8120预置为0。)

协议　控制线
数据长度　H/W类型
奇偶　控制模式　无效
停止位　和数检查
传输速率 (bps)　传送控制顺序
起始符　站号设置 H (00H--0FH)
结束符　超时判定时间 ×10ms (1--255)

默认值　检查　结束设置　取消

图 4-77　PLC 系统（2）页面

进行如图 4-78 所示的设定。

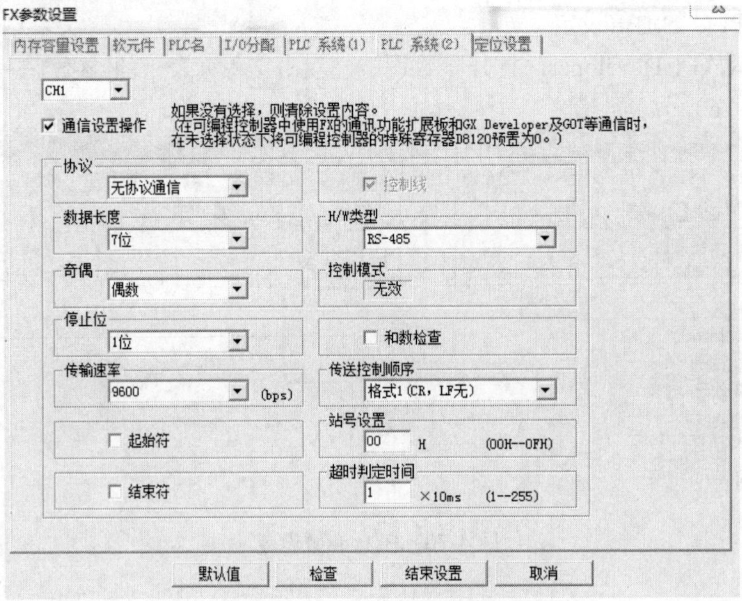

FX参数设置

内存容量设置 | 软元件 | PLC名 | I/O分配 | PLC 系统(1) | PLC 系统(2) | 定位设置

CH1

☑ 通信设置操作

如果没有选择，则清除设置内容。
(在可编程控制器中使用FX的通讯功能扩展板和GX Developer及GOT等通信时，
在未选择状态下将可编程控制器的特殊寄存器D8120预置为0。)

协议：无协议通信　☑ 控制线
数据长度：7位　H/W类型：RS-485
奇偶：偶数　控制模式：无效
停止位：1位　和数检查
传输速率：9600 (bps)　传送控制顺序：格式1(CR，LF无)
起始符　站号设置：00 H (00H--0FH)
结束符　超时判定时间：1 ×10ms (1--255)

默认值　检查　结束设置　取消

图 4-78　PLC 参数设置内容

① 设定要使用的通道。（只有 FX_{3G}，FX_{3U}，FX_{3UC} 可编程控制器可以设定）

② 在“通信设置操作”的选项框中打上✔（选中）。

③ 设定为协议：无协议通信，数据长度：7 位，奇偶校验：偶校验，停止位：1 位。

④ 传送速度设定为 4800/9600/19200/38400*1 其中之一，请符合变频器的设定。

向可编程控制器中写入参数和程序。选择工具菜单栏的[在线]—[PLC 写入]，在参数和程序上打✔（选中）后，点击[执行]。

*1. 仅 FX3G 可编程控制器对应。

（2）变频器通信指令如表 4-12 所示。

表 4-12　变频器通信指令

功　能	FX_{2N}，FX_{2NC}	FX_{3G}，FX_{3U}，FX_{3UC}
变频器的运行监视	EXTR（K10）	IVCK
变频器的运行控制	EXTR（K11）	IVDR
读出变频器的参数	EXTR（K12）	IVRD
写入变频器的参数	EXTR（K13）	IVWR
变频器参数的成批写入	—	IVBWR*1

*1.仅 FX_{3U}，FX_{3UC} 可编程控制器对应 IVBWR 指令。

（3）变频器的运行监视程序示例

如图 4-79 所示。

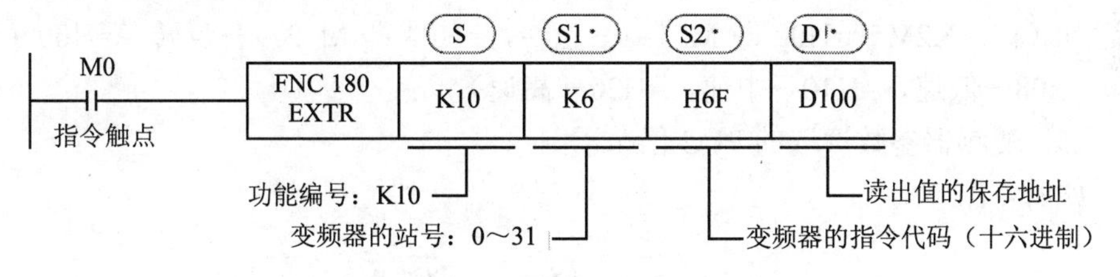

图 4-79　变频器的运行监视程序

EXTR K10：运行监视指令；

变频器站号：6

H6F：频率代码（变频器设定项目和指令代码举例见表 4-13）；

D100：PLC 读取地址（数据寄存器）。

指令解释：M0 接通时，PLC 监视站号为 6 的变频器的转速（(频率)。

表 4-13 变频器设定项目和指令代码举例

监视项目	指令代码	控制项目	指令代码
输出频率（速度）监视	H6F	运行模式	HFB
输出电流监视	H70	写入设定频率（RAM）	HED
输出电压监视	H71	变频器复位	HFD
变频器状态监控	H7A	运行指令	HFA
运行模式	H7B		

（4）变频器运行控制程序示例

如图 4-80 所示。

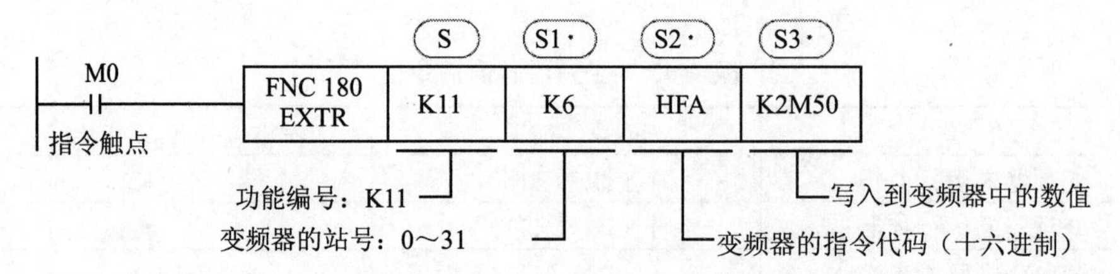

图 4-80 变频器的运行控制程序

EXTR K11：运行控制指令；

变频器站号：6；

HFA：运行指令（表 4-13）；

指令解释：PLC 向站号为 6 的变频器发出运行指令，根据 K2M50 指定的数值运行（如：K2M50=H02 即 M51=1→正转，=H04 即 M52=1→反转，=H00→停止，=H08→低速，=H10→中速，=H20→高速）。

（5）变频器参数读取的 PLC 程序示例

如图 4-81 所示。

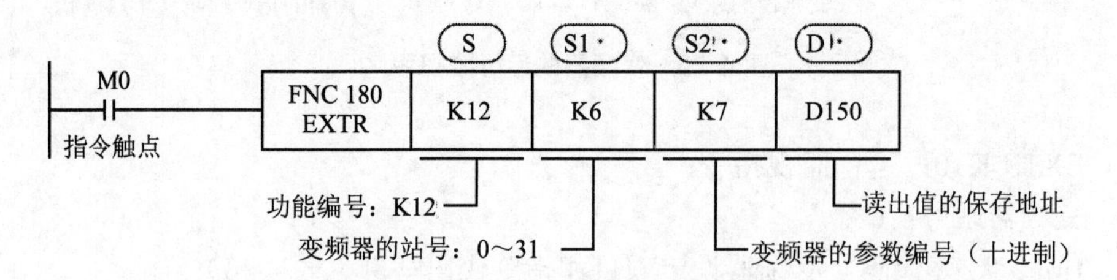

图 4-81 变频器参数的读取

EXTR K12：变频器参数读取指令；

K6：变频器站号 6；

K7：参数 7-加速时间；D150：PLC 读取地址（数据寄存器）。

指令解释：PLC 读取站号 6 的变频器的 7 号参数-加速时间，保存到 D150。

（6）变频器参数写入的 PLC 程序示例

如图 4-82 所示。

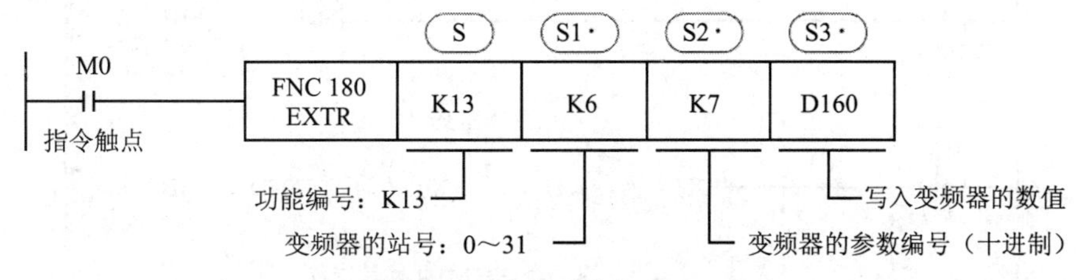

图 4-82 变频器参数的写入

EXTR K13：变频器参数写入指令；

K6：站号 6；K7：参数 7-加速时间；

指令解释：PLC 将站号 6 的变频器的 7 号参数-加速时间变更为 D160 里的数值。

5．实用程序举例

例 4-1 FX_{2N}、FX_{2NC} 可编程控制器与 1 台变频器连接的系统。

（1）系统构成

系统构成如图 4-83 所示。

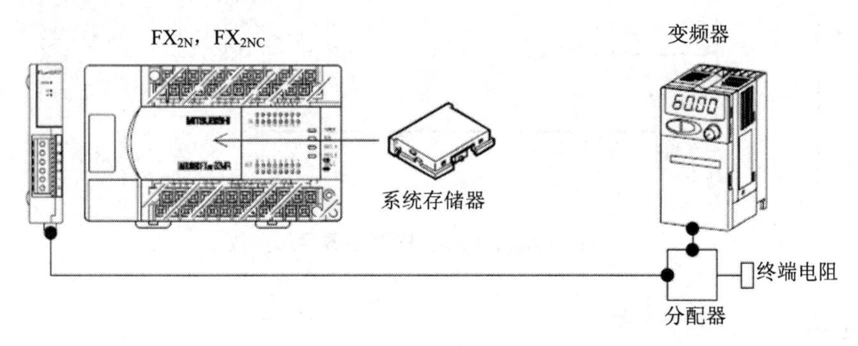

图 4-83 FX_{2N}、FX_{2NC} 可编程控制器与 1 台变频器连接

（2）动作内容

作为运行控制的示例，执行变频器的停止（X000），正转（X001），反转（X002）。

此外，通过更改 D10 的内容来变更速度。

可以在顺控程序或者人机界面中更改 D10 的内容。

（3）梯形图程序

① 在可编程控制器运行时，向变频器写入参数值

如图 4-84 所示。

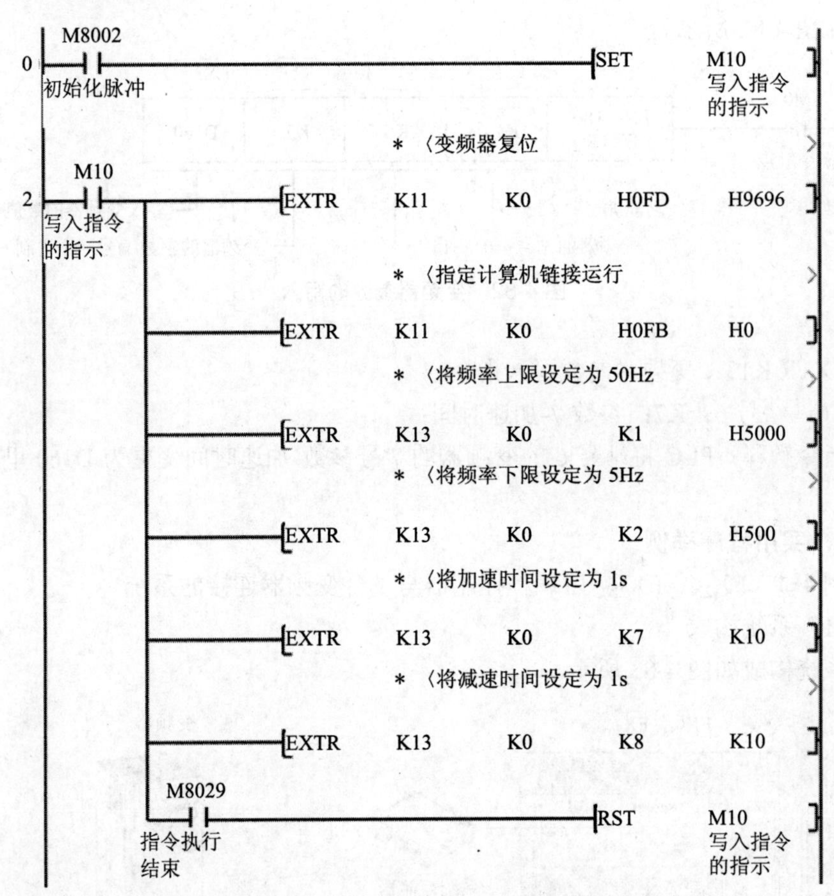

图 4-84 FX_{2N}、FX_{2NC} 向变频器写入参数

② 通过程序更改速度

如图 4-85 所示。

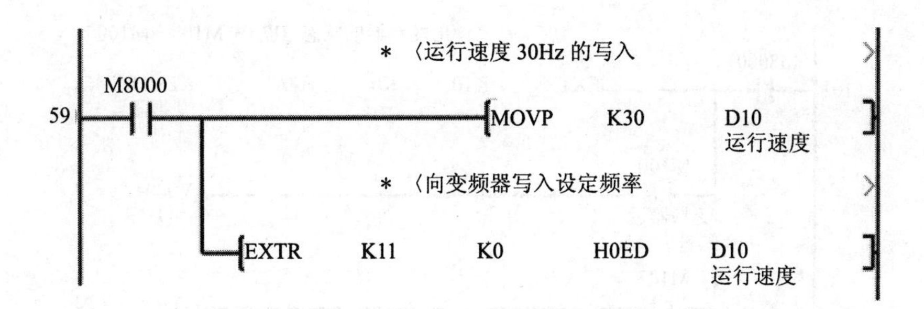

图 4-85 FX_{2N}、FX_{2NC} 更改变频器速度

③ 变频器的运行控制

如图 4-86 所示。

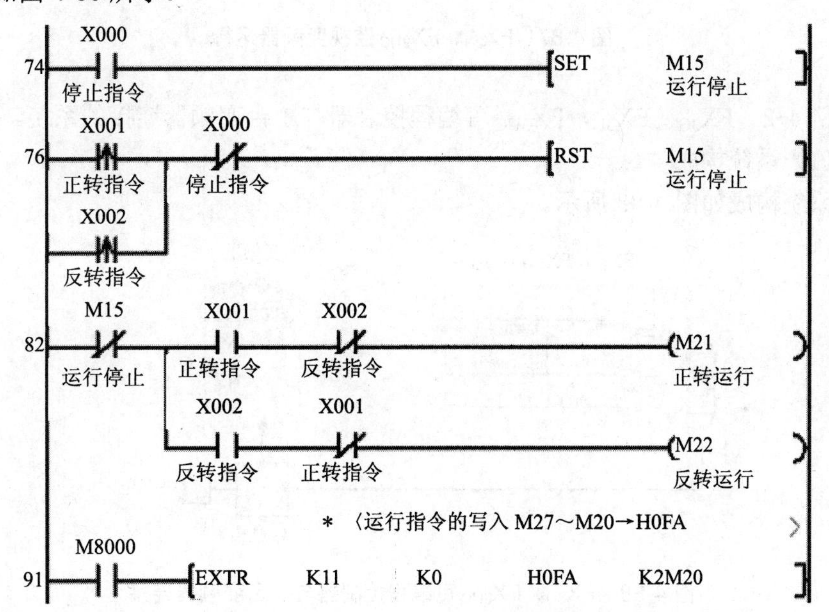

图 4-86 FX_{2N}、FX_{2NC} 控制变频器运行

④ 变频器的运行监视

如图 4-87 所示。

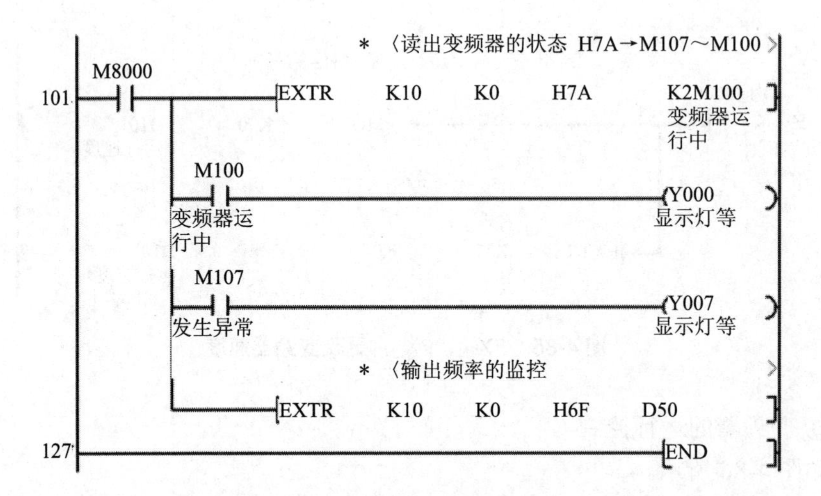

图 4-87 FX_{2N}、FX_{2NC} 监视变频器运行

例 4-2 FX_{3G}，FX_{3U}，FX_{3UC} 可编程控制器与 1 台变频器连接的系统。

（1）系统构成

系统构成如图 4-88 所示。

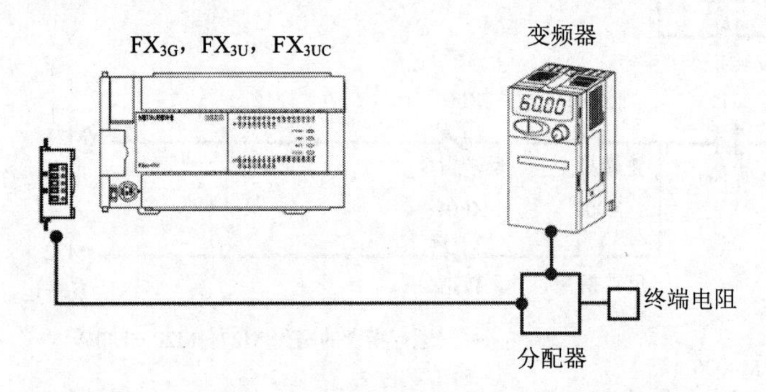

图 4-88 FX_{3U}、FX_{3UC} 可编程控制器与 1 台变频器连接

（2）动作内容

作为运行控制的示例，执行变频器的停止（X000），正转（X001），反转（X002）。

此外，通过更改 D10 的内容来变更速度。

可以在顺控程序或者人机界面中更改 D10 的内容。

（3）梯形图程序

可编程控制器与变频器使用下面的应用指令进行通信。在应用指令中，根据数据通信的方向和参数的写入/读出方向，有「IVCK（FNC270）～IVBWR

(FNC274)」5 种指令。指令的格式如图 4-89 所示。

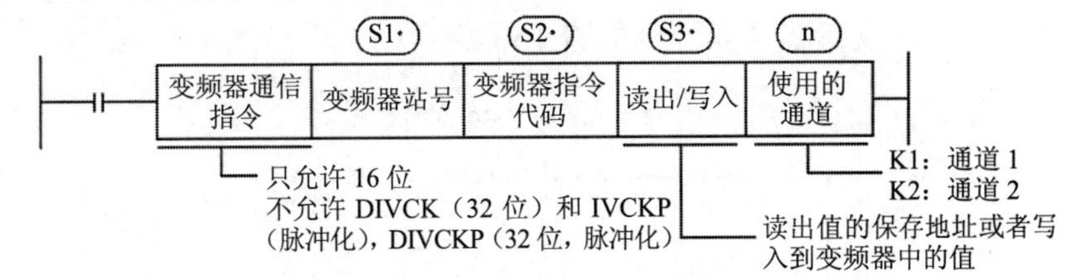

图 4-89 FX_{3U}、FX_{3UC} 通信指令的格式

① 在可编程控制器运行时，向变频器写入参数值如图 4-90 所示。

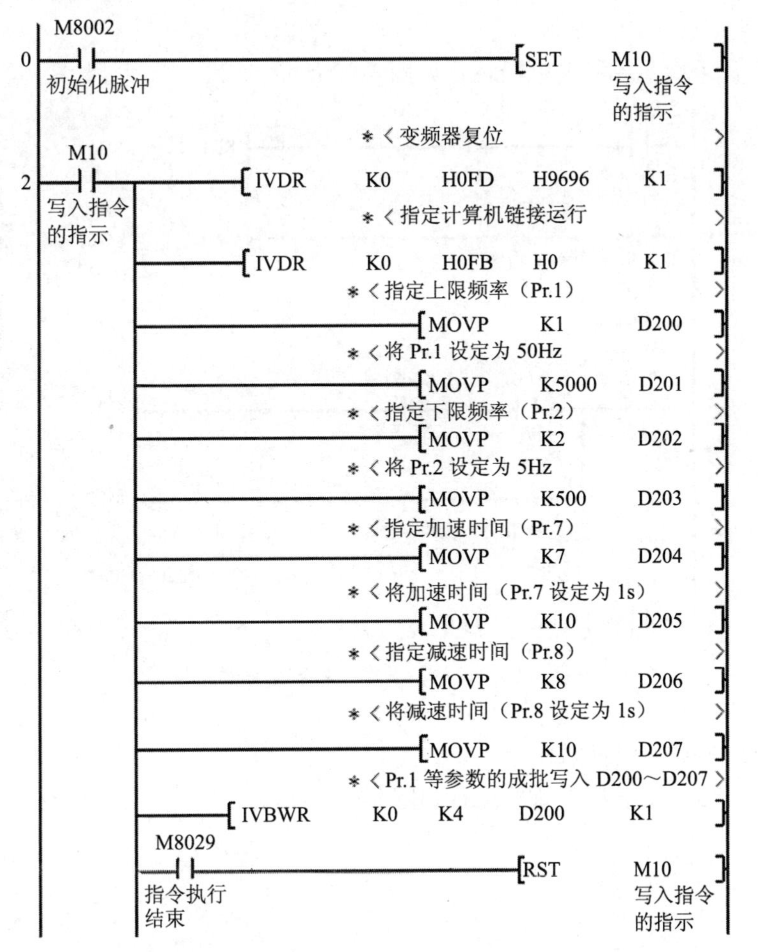

图 4-90 FX_{3U}、FX_{3UC} 向变频器写入参数

② 通过程序更改速度

FX_{3U}、FX_{3UC}更改变频器速度如图 4-91 所示。

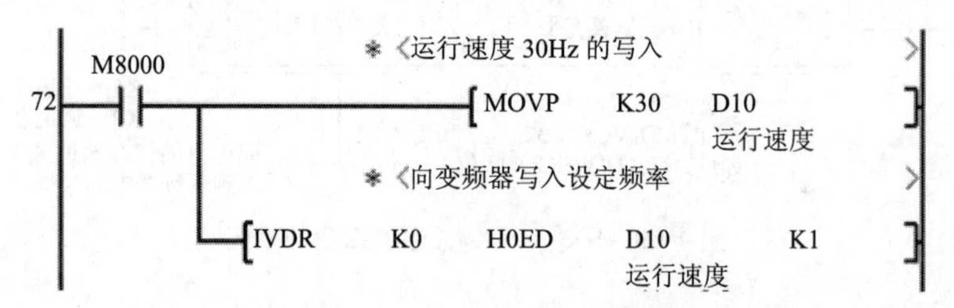

图 4-91 FX_{3U}、FX_{3UC}更改变频器速度

③ 变频器的运行控制

FX_{3U}、FX_{3UC}控制变频器运行如图 4-92 所示。

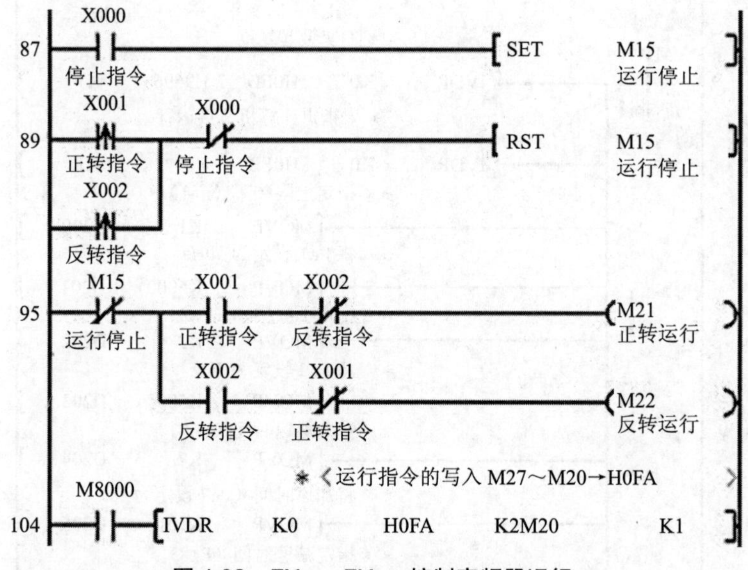

图 4-92 FX_{3U}、FX_{3UC}控制变频器运行

④ 变频器的运行监视

FX_{3U}、FX_{3UC}监视变频器运行如图 4-93 所示。

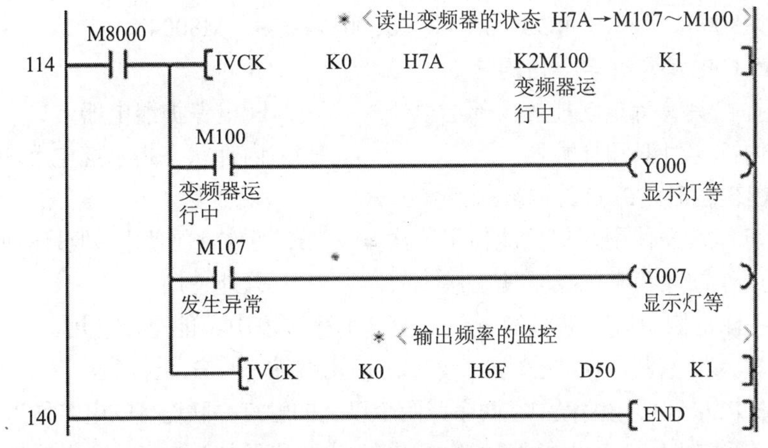

图 4-93 FX_{3U}、FX_{3UC} 监视变频器运行

综上所述，PLC 采用扩展存储器通信控制变频器的方法确有造价低廉、易学易用、性能可靠的优势；若配置人机界面，变频器参数设定和监控将变得更加便利。1 台 PLC 和不多于 8 台变频器组成的交流变频传动系统是常见的小型工业自动化系统，广泛地应用在小型造纸生产线、单面瓦楞纸板机械、塑料薄膜生产线、印染煮漂机械、活套式金属拉丝机等各个工业领域。采用简便控制方法，可以使工程方案拥有通信控制的诸多优势，又可省却 RS-485 数据通信中的诸多繁杂计算，使工程质量和工作效率得到极大提高。

习题

一、判断题

1．OUT 指令是驱动线圈指令，用于驱动各种继电器。（ ）

2．PLC 的内部继电器线圈不能作为输出控制，它们只是一些逻辑控制用的中间存储状态寄存器。（ ）

3．PLC 的定时器都相当于通电延时继电器，可见 PLC 的控制无法实现断电延时。（ ）

4．PLC 的所有继电器全部采用十进制编号。（ ）

二、选择题

1．FX_{2N} 系统可编程序控制器能够提供 100 ms 时钟脉冲的辅助继电器是（ ）。

A．M8011 B．M8012 C．M8013 D．M8014

2．FX_{2N} 系统编程序控制器提供一个常开触点型的初始脉冲是（ ），用于对程序作初始化。

A．M8000　B．M8001　C．M8002　D．M8004

3．PLC 的特殊继电器指的是（　）。

A．提供具有特定功能的内部继电器　B．断电保护继电器

C．内部定时器和计数器　D．内部状态指示继电器和计数器

4．在编程时，PLC 的内部触点（　）。

A．可作常开使用，但只能使用一次　B．可作常闭使用，但只能使用一次

C．可作常开和常闭反复使用，无限制　D．只能使用一次

5．在梯形图中同一编号的（　）在一个程序段中不能重复使用。

A．输入继电器　B．定时器　C．输出线圈　D．计时器

6．在 PLC 梯形图编程中，两个或两个以上的触点并联连接的电路称为（　）。

A．串联电路　B．并联电路　C．串联电路块　D．并联电路块

7．在 FX_{2N} 系统 PLC 的基本指令中，（　）指令是无操作元件的。

A．OR　B．ORI　C．ORB　D．OUT

8．PLC 程序中 END 指令的用途是（　）。

A．程序结束，停止运行

B．指令扫描到端点，有故障

C．指令扫描到端点，将进行新的扫描

D．A 和 B

9．在梯形图中，表明存在某一步，不进行任何操作的指令是（　）。

A．PLS　B．PLF　C．NOP　D．MCR

三、设计题

1．控制彩灯闪烁电路系统示意图，如图 4-94 所示。其控制要求如下：

（1）彩灯电路受启动开关 S07 控制，当 S07 接通时，彩灯系统 LDl～LD3 开始顺序工作。当 S07 断开时，彩灯全熄灭。

（2）彩灯工作循环；LDl 彩灯亮，延时 8 s 后，闪烁三次（每一周期为亮 1 s 熄 1 s）熄灭，同时 LD2 彩灯亮，延时 2 s 后，LD3 彩灯亮；LD2 彩灯继续亮，延时 2 s 后熄灭；LD3 彩灯亮 10 s 后，进入再循环。

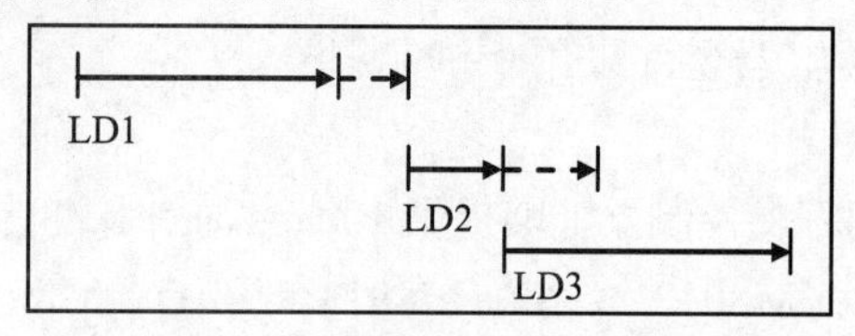

图 4-94　控制彩灯闪烁电路系统示意

2. 如图 4-95 所示仓库门自动开闭的装置，设计用 PLC 实现其控制。在库门的上方装设一个超声波检测开关 S01，当行人（车）进入超声波发射范周内，开关便检测出超声回波，从而产生输出电信号（S01=ON），由该信号启动接触器 KM1，电动机 M 正转使卷帘上升开门。在库门的下方装设一套光敏开关 S02，用以检测是否有物体穿过库门。光敏开关由两个部件组成，一个是能连续发光的光源；另一个是能接收光束，并能将之转换成电脉肿的接收器。当行人（车）遮断了光束，光敏开关 S02 便检测到这一物体，产生电脉冲，当该信号消失后，启动接触器 KM2，使电动机 M 反转，从而使卷帘开始下降关门。用两个行程开关 S1 和 S2 来检测库门的开门上限和关门下限，以停止电动机的转动。

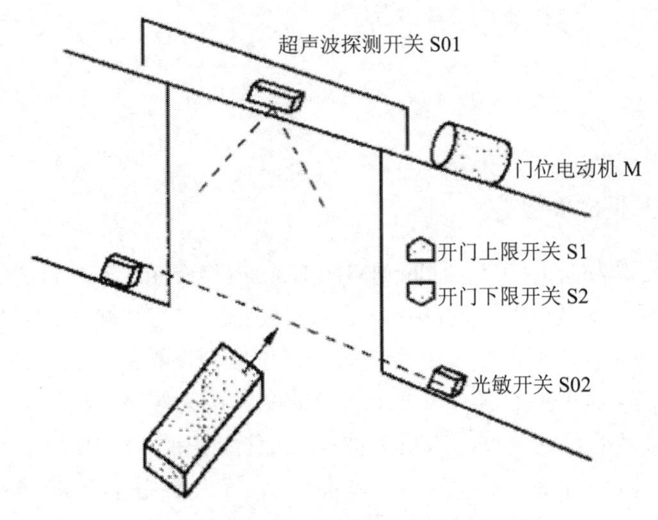

图 4-95 PLC 控制仓库门自动开闭

四、问答题

1. 通信系统的基本组成由哪几部分构成？各部分的作用怎样？

2. 数据通信有哪两种基本方式？各种方式有何优缺点？

3. 什么叫通信协议？起什么作用？

4. PLC 的通信指什么？采用何种基本方式？FX 系列 PLC 有哪些通信接口？

5. RS-232 接口与 RS422 接口在 PLC 通信系统的应用过程中有何不同？

6. FX 系列 PLC 与计算机之间的通信若采用 RS-232C 标准，数据交换格式的通信协议是如何规定的？

7. PLC 网络系统的基本结构形式有哪几种？网络的信息通信方式是如何进行的？

项目五 上位机组态监控技术应用

[学习目标]

1. 了解人机界面的定义、特点及分类;
2. 熟悉触摸屏的原理、功能和特点;
3. 掌握 MCGS 触摸屏的使用方法。

任务一 认识人机界面

一、PLC 人机界面概述

人机界面又称为人机接口，简称 HMI（Human Machine Interface）。从广义上来说，HMI 泛指计算机与操作人员交换信息的设备。在控制领域，HMI 指的是介于人与 PLC 控制系统之间的信息交互的媒介，包括硬件界面和软件界面，人机界面是计算机科学与设计艺术学、人机工程学的交叉研究领域。近年来，随着信息技术与计算机技术的迅速发展，人机界面在工业控制中已有广泛的应用。常见的人机对话的终端监控设备有触摸屏、文本显示器、PC 机用作 PLC 人机界面等，其中最常用的人机对话设备是触摸屏，文本显示器是早期过渡产品，触摸屏技术已完全将其替代。三菱的图形操作终端（Graph Operation Terminal，GOT）是比较先进的一种触摸屏。

触摸屏是“触摸式图形显示器”的简称，是一种可以接收触点等输入信号的感应式液晶显示装置，当接触屏幕上的图形按钮时，屏幕上的触觉反馈系统可以根据预先编写的程序驱动各种连接装置。工业用人机界面，也称为 HMI 或 MMI（Man Machine Interface），指 PLC、电子设备和计算机设备专用的工业级触摸屏，其可连接对象示意如图 5-1 所示。触摸屏是 PLC 控制系统不可或缺的人机对话/监控窗口，它改变了 PLC 控制系统开放性不足的弱点，使系统运行的人机对话/监控问题得以根本解决。触摸屏的画面编辑简便、与 PLC 连接十分方便，有利于用户的二次开发，而且它的品牌和型号也很多。

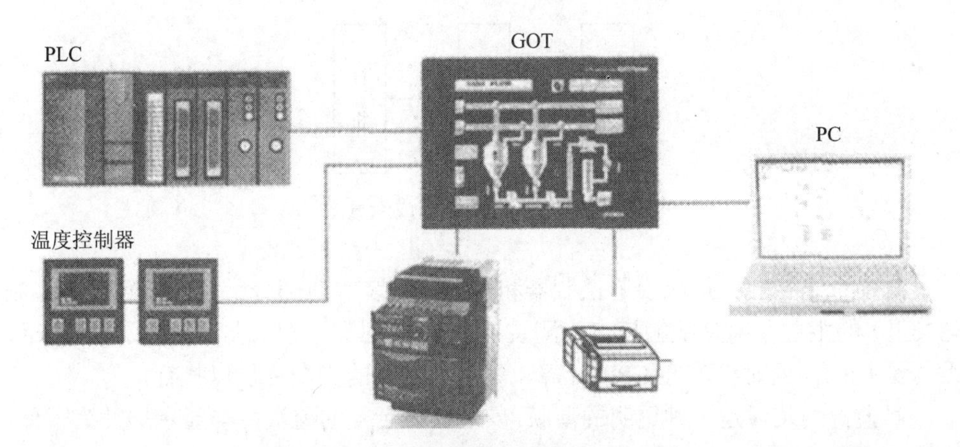

图 5-1 工业级触摸屏连接对象示意图

较大 PLC 生产商都同时生产自己品牌的触摸屏，并有专门生产触摸屏的生产商。三菱常见的有 GT 系列触摸屏、西门子常见有 TP270-6 和 TP270-10 触摸屏、欧姆龙常见有 NT 系列和 Ns 系列，这些品牌的触摸屏也能与大多数的其他品牌 PLC 相连接；我国的一些专门生产触摸屏的公司，如台达（HITECH）公司和深圳人机（eview）等，其触摸屏能与所有品牌的 PLC 连接，编程及应用相对比较容易，价格也相对比较便宜，台达（HITECH）常见的有 PWSl7 系列、PWS3 系列、新 PWS6 和新 AE/A/AS 系列等；深圳人机（eview）常见的有 MT5 系列等。

PC 机也可用作 PLC 人机界面。由于 PC 机的功能强大，因此也是很好的 PLC 人机界面，但它的设计与开发需要通过 VB、C++等软件制作开发成类似“监控指挥中心”的组态软件，不过已有开发成模式化的通用组态软件，适合作 PLC 的人机界面。它是将一般工业器件、图表、过程动画作成模式化图库等，用户编程时只要“调用、设置”即可完成，十分简便易行，也便于一般工程用户的二次开发。

二、触摸屏的组成、分类及工作原理

1. 触摸屏的基本组成原理与特点

（1）组成原理

触摸屏的基本原理是用手或其他物体触摸安装在显示器前端的触摸屏时，触摸的位置坐标由触摸屏控制器检测，并通过接口（如 RS-232）送到 CPU，从而确定输入信息。

当需要屏显信息时，信息可按相反路径返回，显示在屏前相关坐标位置。其内部组成如图 5-2 所示。

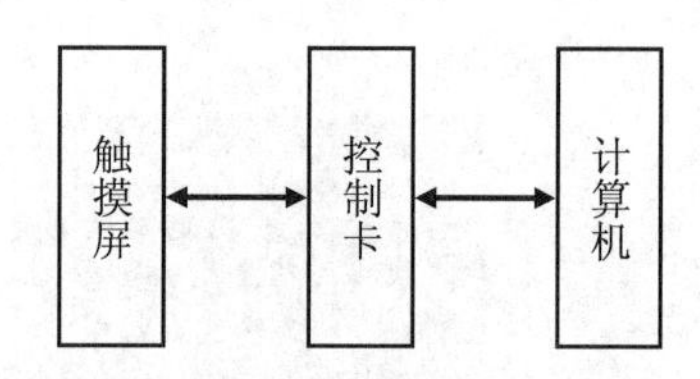

图 5-2　触摸屏内部组成示意图

触摸系统一般包括触摸屏控制器和触摸检测装置两部分。其中，触摸屏控制器（卡）的主要作用是从触摸点检测装置上接收触摸位置信息，转换成触点坐标，发送给 CPU，同时接收经 CPU 计算、处理后发回的指令并加以执行。

触摸检测装置是一种透明的薄膜，安装在显示器的前端并与显示屏贴为一体，主要作用是检测用户触摸的位置信息，并将其传送给触摸屏控制卡中的 CPU。这样，当用手指或其他物体触摸安装在显示器前端的触摸屏时，所触摸的位置就会被触摸屏检测出来形成坐标值。触摸屏的位置坐标是绝对坐标，一般以屏幕的左上角为原点。

（2）触摸屏的特点

① 操作简便。只需用手指轻触屏幕上的有关指示按钮，便可进行相应的操作。

② 界面友好。使用者即使没有计算机的专业知识，根据屏幕上提示的信息、指令，也可进行操作。

③ 信息丰富。存储信息种类丰富，包括文字、声音、图形、图像等。信息存储量几乎不受限制，任何复杂的数据信息，都可纳入多媒体系统。

④ 安全可靠。可长时间连续运行，系统稳定可靠，易于维护。

⑤ 扩充性好。具有良好的扩充性，可随时增加系统内容和数据，并为系统联网运行、多数据库的操作等提供方便。

⑥ 可动态联网。根据用户需要，可与各种局域网或广域网相互连接。

2．触摸屏的种类及工作原理

依照触摸屏的构造和感测形式的不同可区分为：电阻式触摸屏、电容式触摸屏、红外触摸屏、表面声波触摸屏等。

（1）电阻式触摸屏

电阻式触摸屏利用压力感应进行控制，这种触摸屏的结构是以一层玻璃或强化玻璃平板作为基层，表面涂有一层透明氧化金属的导电层，上面再盖有一层外表面硬化处理、光滑防擦的塑料层，它的内表面也涂有一层导电涂层，在它们之间有许多细小（小于 1/1 000 in）的透明绝缘隔离点把两层导电层隔开绝缘。在上下两层导电上分别附上 Y 轴、X 轴两个方向的 5 V 电压场，当手指触压屏幕时，两层涂层会出现一个接触点，如图 5-3 所示。因其中一面导电层接通 Y 轴方向的电源使得侦测层的电压由 0 变为非 0，控制器就会侦测到这个非 0 的电压值。控制器首先将模拟电压值进行 A/D 转换，然后传送给计算机，计算机再将检测到的电压值与电压源电压相比较，即可得到触摸点的 Y 轴坐标，同理得出 X 轴的坐标。这就是所有电阻感应式触摸屏共有的最基本原理。其等效电路原理如图 5-4 所示。

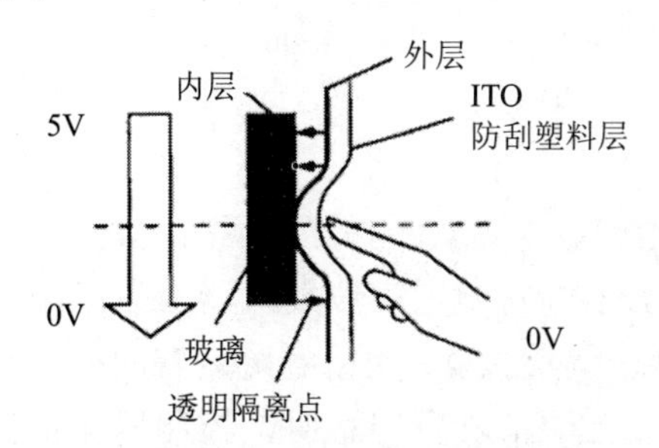

图 5-3 触摸屏的工作原理

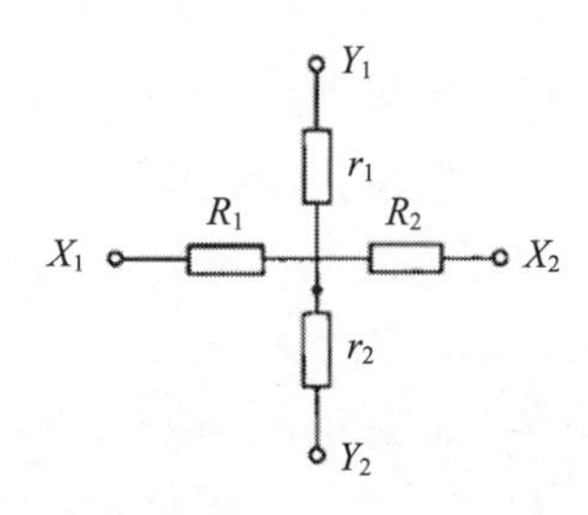

图 5-4 电阻触摸屏的等效电路原理

电阻式触摸屏是目前工业控制中最常用的触摸屏。

（2）电容式触摸屏

电容式触摸屏利用人体的电流感应原理进行工作。其外表是一块 4 层复合玻璃屏，玻璃屏的内表面和夹层各涂有一层导电的防刮塑料层（ITO），最外层是一薄层硅土玻璃保护层（图 5-5），电极印刷玻璃四周。夹层的导电涂层的四个角上引出四个电极，形成一个低压交流电场。当手指触摸屏幕时，由于人体电场，使用者和触摸屏表面相成耦合电容。对于高频信号来说，电容是直接导体。使用者手指从接触点吸走一个很小的电流，电流分别从触摸屏的四个角上的电极中流出，并且流经这四个电极的电流与手指到四角的距离成比例，控制器通过对这四个电流比例的精密计算，得到手指触摸的精确位置（图 5-6）。

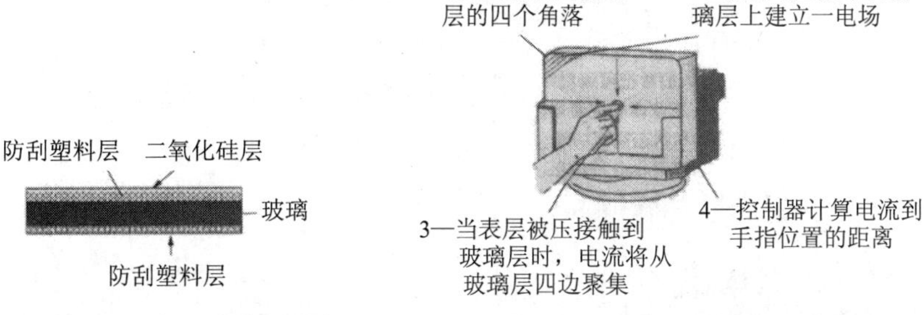

图 5-5 电容式触摸屏结构

图 5-6 电容式触摸屏工作原理

（3）红外触摸屏

红外触摸屏利用 X、Y 方向上密布的红外线矩阵来检测并定位用户的触摸。红外触摸屏在显示器的前面安装一个电路板外框，电路板在屏幕四周排布红外发射管和红外接收管，一一对应形成横竖交叉的红外线矩阵。用户在触摸屏幕时，手指就会挡住经过该位置的横竖两条红外线，因此可以判断出触摸点在屏幕上的位置。任何触摸物体都可改变触点上的红外线从而实现触摸屏操作。红外触摸屏不受电流、电压和静电干扰，能在比较恶劣的环境下工作。红外线技术是触摸屏产品的一种发展趋势。结构和工作原理如图 5-7 所示。

（4）表面声波触摸屏

表面声波触摸屏的触摸部分是一块强化玻璃板，安装在显示器屏幕的前面。玻璃屏的左上角和右下角分别固定竖直和水平方向的超声波发射器，右上角则固定两个相应的超声波接收器。玻璃屏的 4 个周边按 45°由密到疏刻有间隔非常精密的反射条纹。使用时，表面布满声波，当手指触及屏幕时，控制器便根据手指吸收或阻挡声波能量的相应数据计算出手指的位置。结构和工作原理如图 5-8 所示。

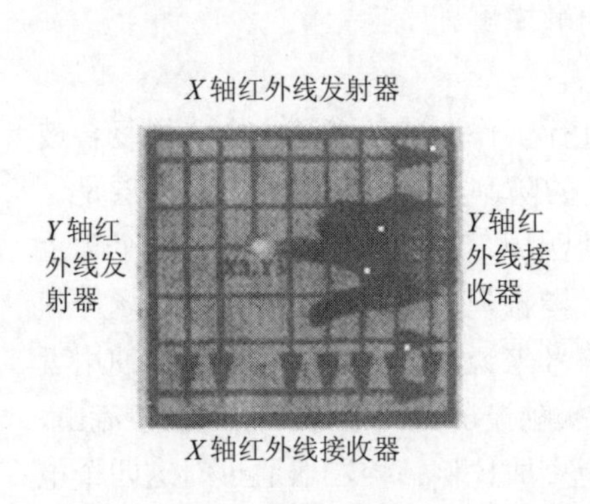

图 5-7 红外触摸屏结构和工作原理

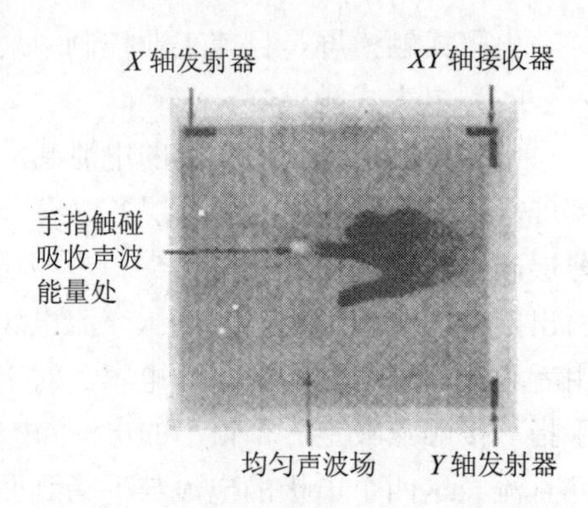

图 5-8 表面声波触摸屏结构和工作原理

任务二 上位机组态监控技术的认识和组态软件安装

一、上位机组态监控软件简介

1. 组态软件的概念

组态的概念最早来自英文 Configuration，组态软件是面向监控与数据采集，虽然目前国内对于组态软件还缺乏权威的定义，但可以做一个描述性的定义：组态软件是使用灵活的组态方式，为用户提供快速构建工业自动控制系统监控功能的、通用层次的软件工具。组态软件应该能支持各种工控设备和常见的通信协议，并且通常应提供分布式数据管理和网络功能。对应于原有的人机接口软件（Human Machine Interface，HMI）的概念，组态软件应该是一个使用户能快速建立自己的HMI的软件工具或开发环境。

从组态软件的内涵上来说，组态软件是指在软件领域内，操作人员根据应用对象及控制任务的要求，配置（包括对象的定义、制作和编辑，对象状态特征属性参数的设定等）用户应用软件的过程，即使用软件工具对计算机及软件的各种资源进行配置，达到让计算机或软件按照预先设置自动执行特定任务、满足使用者要求的目的，也就是把组态软件视为“应用程序生成器”。从应用角度上来讲，组态软件是完成系统硬件与软件沟通、建立现场与监控层沟通的人机界面的软件平台，它的应用领域不仅仅局限于工业自动化领域。而工业控制领域是组态软件应用的重要阵地，伴随着集散型控制系统DCS（Distributed Control System）的出现组态软件已引入工业控制系统。在工业过程控制系统中存在两大类可变因素：一是操作人员需求的变化；二是被控对象状态的变化及被控对象所用硬件的变化。而组态软件正是在保持软件平台执行代码不变的基础上通过改变软件配置信息（包括图形文件、硬件配置文件、实时数据库等），适应两大不同系统对两大因素的要求，构建新的监控系统的平台软件。以这种方式构建系统既提高了系统的成套速度，又保证了系统软件的成熟性和可靠性，使用起来方便灵活，而且便于修改和维护。

2. 什么是MCGS组态软件

MCGS（Monitor and Control Generated System）是一套基于Windows平台的，用于快速构造和生成上位机监控系统的组态软件系统，可运行于 Microsoft Windows 95/98/Me/NT/2000等操作系统。

MCGS为用户提供了解决实际工程问题的完整方案和开发平台，能够完成现场数据采集、实时和历史数据处理、报警和安全机制、流程控制、动画显示、趋势曲线和报表输出以及企业监控网络等功能。

使用MCGS，用户无须具备计算机编程的知识，就可以在短时间内轻而易举地完成一个运行稳定、功能成熟、维护量小并且具备专业水准的计算机监控系统的开发工作。

MCGS具有操作简便、可视性好、可维护性强、高性能、高可靠性等突出特点，已成功应用于石油化工、钢铁行业、电力系统、水处理、环境监测、机械制造、交通运输、能源原材料、农业自动化、航空航天等领域，经过各种现场的长期实际运行，系统稳定可靠。

3．MCGS 组态软件的系统构成

（1）MCGS 组态软件的整体结构

MCGS 5.1 软件系统包括组态环境和运行环境两个部分。组态环境相当于一套完整的工具软件，帮助用户设计和构造自己的应用系统。运行环境则按照组态环境中构造的组态工程，以用户指定的方式运行，并进行各种处理，完成用户组态设计的目标和功能。

如图 5-9 所示，MCGS 组态软件（以下简称 MCGS）由“MCGS 组态环境”和“MCGS 运行环境”两个系统组成。两部分既互相独立，又紧密相关。

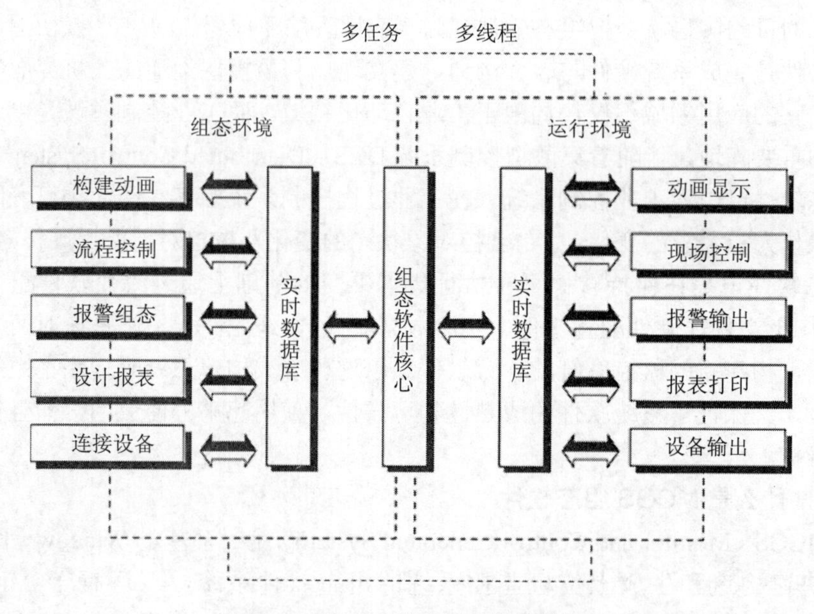

图 5-9　MCGS 组态软件整体结构

MCGS 组态环境是生成用户应用系统的工作环境，由可执行程序 McgsSet.exe 支持，其存放于 MCGS 目录的 Program 子目录中。用户在 MCGS 组态环境中完成动画设计、设备连接、编写控制流程、编制工程打印报表等全部组态工作后，生成扩展名为.mcg 的工程文件，又称为组态结果数据库，其与 MCGS 运行环境一起，构成了用户应用系统，统称为“工程”。

MCGS 运行环境是用户应用系统的运行环境，由可执行程序 McgsRun.exe 支持，其存放于 MCGS 目录的 Program 子目录中。在运行环境中完成对工程的控制工作。

（2）MCGS 组态软件五大组成部分

MCGS 组态软件所建立的工程由主控窗口、设备窗口、用户窗口、实时数据库和运行策略五部分构成（图 5-10），每一部分分别进行组态操作，完成不同的工作，具有不同的特性。

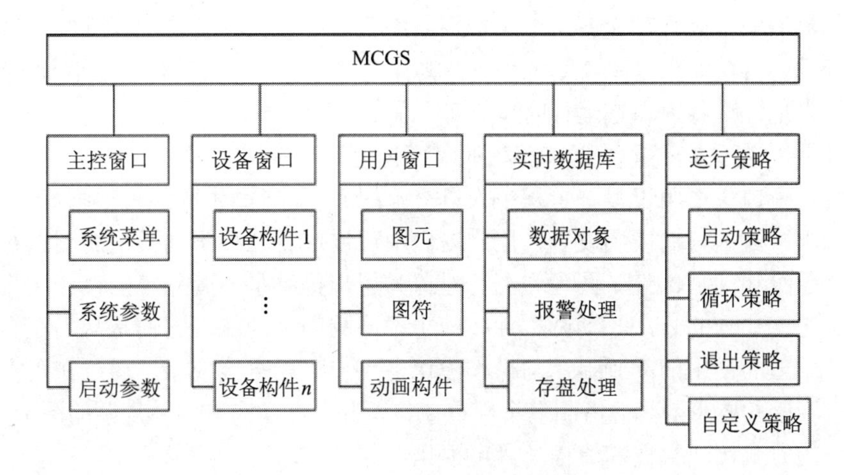

图 5-10 MCGS 组态软件组成

窗口是屏幕中的一块空间，是一个“容器”，直接提供给用户使用。在窗口内，用户可以放置不同的构件，创建图形对象并调整画面的布局，组态配置不同的参数以完成不同的功能。

在 MCGS 的单机版中，每个应用系统只能有一个主控窗口和一个设备窗口，但可以有多个用户窗口和多个运行策略，实时数据库中也可以有多个数据对象。MCGS 用主控窗口、设备窗口和用户窗口构成一个应用系统的人机交互图形界面，组态配置各种不同类型和功能的对象或构件，同时可以对实时数据进行可视化处理。

① 主控窗口构造了应用系统的主框架

主控窗口是工程的主窗口或主框架。主控窗口确定了工业控制中工程作业的总体轮廓，以及运行流程、菜单命令、特性参数和启动特性等项内容，是应用系统的主框架。在主控窗口中可以放置一个设备窗口和多个用户窗口，负责调度和管理这些窗口的打开或关闭。主要的组态操作包括：定义工程的名称、编制工程菜单、设计封面图形、确定自动启动的窗口、设定动画刷新周期、指定数据库存盘文件名称及存盘时间等。

② 设备窗口是 MCGS 系统与外部设备联系的媒介

设备窗口是连接和驱动外部设备的工作环境。在本窗口内配置数据采集与控制输出设备，注册设备驱动程序，定义连接与驱动设备用的数据变量。设备窗口专门用来放置不同类型和功能的设备构件，实现对外部设备的操作和控制。设备窗口通过设备构件把外部设备的数据采集进来，送入实时数据库，或把实时数据库中的数据输出到外部设备。一个应用系统只有一个设备窗口，运行时，系统自动打开设备窗口，管理和调度所有设备构件正常工作，并在后台独立运行。注意，对用户来说，设备窗口在运行时是不可见的。

③ 用户窗口实现了数据和流程的“可视化”

用户窗口主要用于设置工程中人机交互的界面，诸如生成各种动画显示画面、报警输出、数据与曲线图表等。用户窗口中可以放置三种不同类型的图形对象：图元、图符和动画构件。图元和图符对象为用户提供了一套完善的设计制作图形画面和定义动画的方法。动画构件对应于不同的动画功能，它们是从工程实践经验中总结出的常用的动画显示与操作模块，用户可以直接使用。通过在用户窗口内放置不同的图形对象，搭制多个用户窗口，用户可以构造各种复杂的图形界面，用不同的方式实现数据和流程的“可视化”。

组态工程中的用户窗口，最多可定义 512 个。所有的用户窗口均位于主控窗口内，其打开时窗口可见，关闭时窗口不可见。允许多个用户窗口同时处于打开状态。用户窗口的位置、大小和边界等属性可以随意改变或设置，如可以让一个用户窗口在顶部作为工具条，也可以放在底部作为状态条，还可以使其成为一个普通的最大化显示窗口等。多个用户窗口的灵活组态配置，就构成了丰富多彩的图形界面。

④ 实时数据库是 MCGS 系统的核心

实时数据库是工程各个部分的数据交换与处理中心，它将 MCGS 工程的各个部分连接成有机的整体。在本窗口内定义不同类型和名称的变量，作为数据采集、处理、输出控制、动画连接及设备驱动的对象。实时数据库相当于一个数据处理中心，同时也起到公用数据交换区的作用。MCGS 用实时数据库来管理所有实时数据。从外部设备采集来的实时数据送入实时数据库，实时数据库将数据传送给系统其他部分操作系统，其他部分操作的数据也来自实时数据库。实时数据库自动完成对实时数据的报警处理和存盘处理，同时它还根据需要把有关信息以事件的方式发送给系统的其他部分，以便触发相关事件，进行实时处理。因此，实时数据库所存储的单元，不单是变量的数值，还包括变量的特征参数（属性）及对该变量的操作方法（报警属性、报警处理和存盘处理等）。这种将数值、属性、方法封装在一起的数据我们称为数据对象。实时数据库采用面向对象的技术，为其他部分提供服务，提供了系统各个功能部件的数据共享。

⑤ 运行策略是对系统运行流程实现有效控制的手段

运行策略主要完成工程运行流程的控制，包括编写控制程序（if…then 脚本程序），选用各种功能构件，如数据提取、历史曲线、定时器、配方操作、多媒体输出等。

运行策略本身是系统提供的一个框架，其里面放置有策略条件构件和策略构件组成的“策略行”，通过对运行策略的定义，使系统能够按照设定的顺序和条件操作实时数据库，控制用户窗口的打开、关闭，并确定设备构件的工作状态等，从而实现对外部设备工作过程的精确控制。

一个应用系统有三个固定的运行策略：启动策略、循环策略和退出策略，用户也可根据具体需要创建新的用户策略、循环策略、报警策略、事件策略、热键策略，并且用户最多可创建 512 个用户策略。启动策略在应用系统开始运行时调用，退出策略在应用系统退出运行时调用，循环策略由系统在运行过程中定时循环调用，用户策略供系统中的其他部件调用。

综上所述，一个应用系统由主控窗口、设备窗口、用户窗口、实时数据库和运行策略五个部分组成。组态工作开始时，系统只为用户搭建了一个能够独立运行的空框架，提供了丰富的动画部件与功能部件。如果要完成一个实际的应用系统，应主要完成以下工作：首先，要像搭积木一样，在组态环境中用系统提供的或用户扩展的构件构造应用系统，配置各种参数，形成一个具有丰富功能并可实际应用的工程；其次，把组态环境中的组态结果提交给运行环境，运行环境和组态结果就构成了用户自己的应用系统。

二、MCGS 组态软件的安装

1. MCGS 组态软件的系统要求

MCGS 组态软件是专为标准 Microsoft Windows 系统设计的 32 位应用软件。因此，必须运行在 Microsoft Windows98、Windows NT 4.0 或以上版本的 32 位操作系统中。推荐使用中文 Windows98、中文 Windows NT 4.0 或以上版本的操作系统。

安装或升级 MCGS 组态软件之前，必须安装好中文 Windows98 或中文 Windows NT 4.0，详细的安装指导请参见相关软件的软件手册。

2. MCGS 组态软件版本类型

（1）MCGS 通用版。MCGS 通用版无论在界面的友好性、内部功能的强大性、系统的可扩充性、用户的使用性以及设计理念上都有一个质的飞跃，是国内组态软件行业划时代的产品。MCGS 通用版是一款全中文、可视化组态软件，界面简洁，使用方便灵活，具有完善的中文在线帮助系统和多媒体教程；支持多任务、多线程；提供近百种绘图工具和基本图符，能够快速构造图形界面；支持温控曲线、计划曲线、实时曲线、历史曲线、XY 曲线等多种工控曲线；可以支持多种通信方式，包括电话通信网、宽带通信网、ISDN 通信网、GPRS 通信网和无线通信网等。

（2）MCGS 网络版。MCGS 网络版在 MCGS 通用版的基础上增加了强大的网络功能，是企业实现从现场监控到网络监控、网络管理的一个重要的工具，是实现企业现代化管理的必备手段。MCGS 网络版具有先进的 C/S（客户端/服务器）结构，客户端只需要使用标准的 IE 浏览器就可以实现对服务器的浏览和控制。MCGS 网络版支持局域网、广域网、企业专线和 MODEM 拨号等多种连接方式，便于实现企业范围和距离的扩充，应用时无须安装其他任何辅助软件，客户操作起来得心应手，节省了大量的开发和调试时间。

（3）MCGS 嵌入版。MCGS 嵌入版是在 MCGS 通用版的基础上开发的，专门应用于嵌入式计算机监控系统的组态软件，适用于对功能、可靠性、成本、体积、功耗等综合性能有严格要求的专用计算机系统。通过对现场数据的采集处理，以动画显示、报警处理、流程控制和报表输出等多种方式向用户提供解决实际工程问题的方案。MCGS 嵌入版组态软件组态好的用户工程可以通过以太网下载到嵌入式操作系统 Windows CE 中实时运行，从而能避开复杂的嵌入版计算机软、硬件问题，将精力集中于解决工程问题本身，根据工程作业的需要和特点，组态配置出高性能、高可靠性和高度专业化的工业监控系统，在自动化领域有广泛的应用。

3. 安装 MCGS 组态程序

MCGS 组态软件的安装盘只有一张光盘。具体安装步骤如下（以 Windows2000 下的安装为例，WindowsNT4.0 和 WindowsXP 下的安装无任何差别）：

第一步：启动计算机系统。

第二步：在光盘驱动器中插入 MCGS 软件的安装光盘，系统自动运行 AutoRun.exe 安装程序（图 5-11），也可以通过光盘中的 AutoRun.exe 启动安装程序。

图 5-11 启动 MCGS 安装程序

该安装界面右边有一列按钮，各个按钮作用分别为：

“安装 MCGS 组态软件通用版”按钮：安装 MCGS 单机版组态软件程序。

“安装 MCGS 组态软件 WWW 版”按钮：安装 MCGS 网络版组态软件程序。

“安装 MCGS 组态软件嵌入版”按钮：安装 MCGS 组态软件嵌入程序。

“安装 MCGS 高级开发包”按钮：安装设备驱动构件的源程序框架程序。

“MCGS 组态软件版本说明”按钮：说明 MCGS 组态软件三个版本的功能修改情况。

“联系我们”按钮：给出了北京昆仑通态自动化软件科技有限公司的联系方式和公司地址等信息。

“退出安装程序”按钮：退出 MCGS 组态软件的安装。

第三步：开始安装。在图 5-11 中，单击“安装 MCGS 组态软件通用版”按钮，将开始安装 MCGS 通用版组态软件。首先弹出如图 5-12 所示。

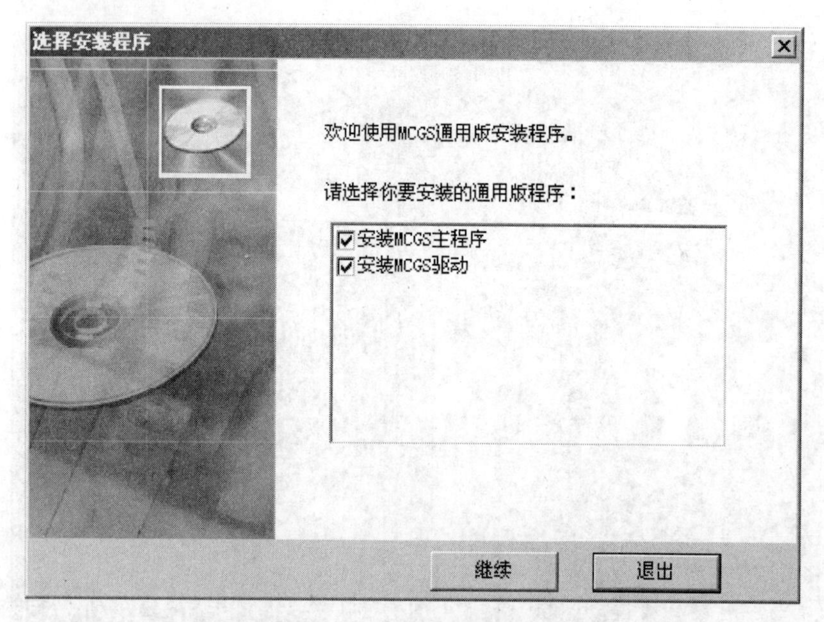

图 5-12　安装程序选择界面

选择了需要安装的程序后，单击图 5-12 中的“继续”按钮，弹出开始安装程序的对话框（图 5-13）。

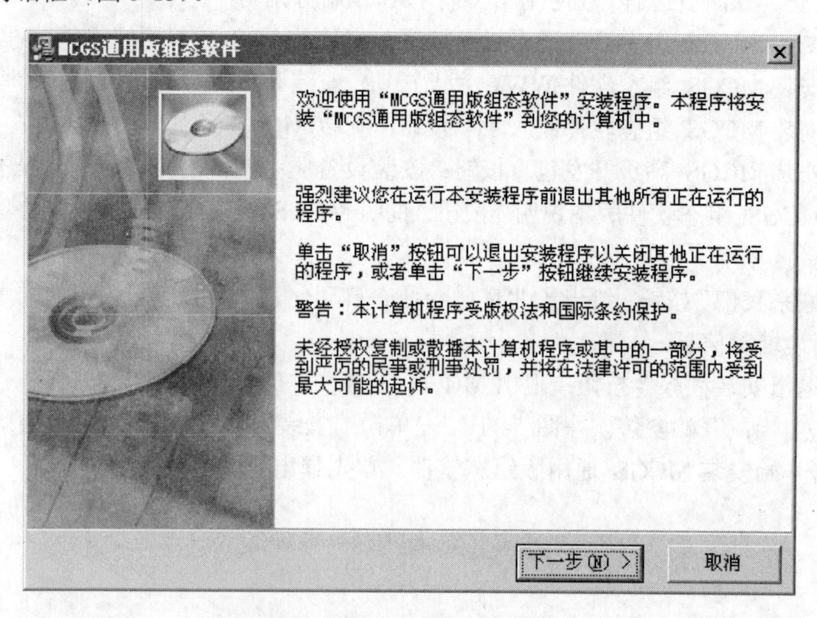

图 5-13　开始安装 MCGS

继续安装请单击“下一步”按钮，会弹出 MCGS 自述文件对话框（图 5-14）。

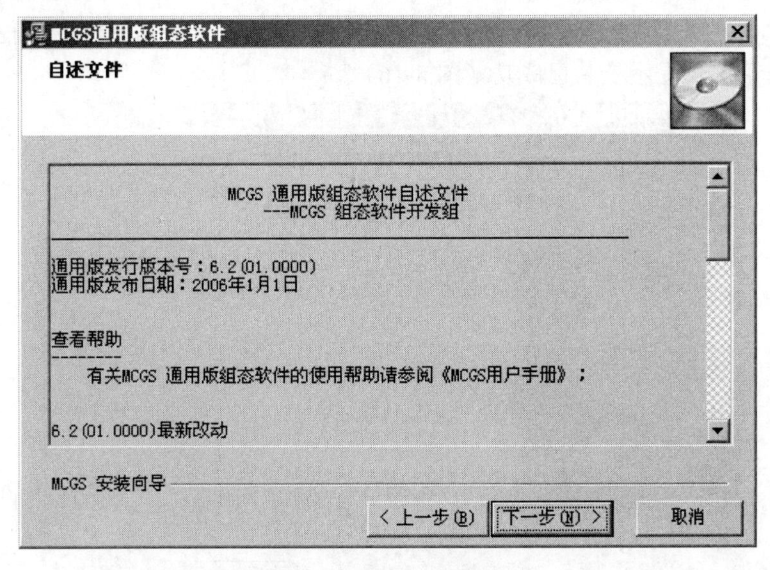

图 5-14 自述文件界面

第四步：选择 MCGS 软件安装路径。单击“下一步”，选择相应的安装目录，默认为“D：\MCGS”（也可以单击“浏览”，自定义目录安装）（图 5-15）。

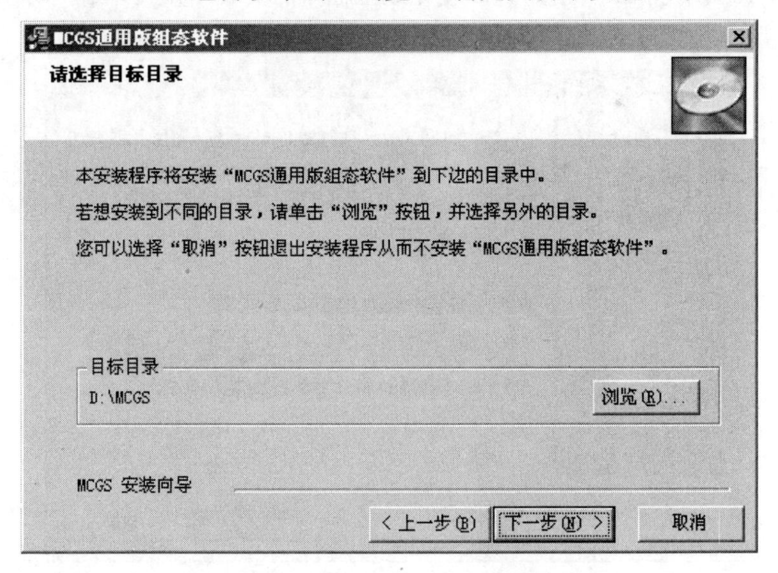

图 5-15 指定 MCGS 软件的安装路径

在图 5-15 中设定好软件的安装路径后，单击“下一步”按钮，开始安装 MCGS 通用版软件，整个安装过程大约要持续数分钟。安装过程完成后，安装程序将弹出提示对话框，提示安装已成功（图 5-16）。

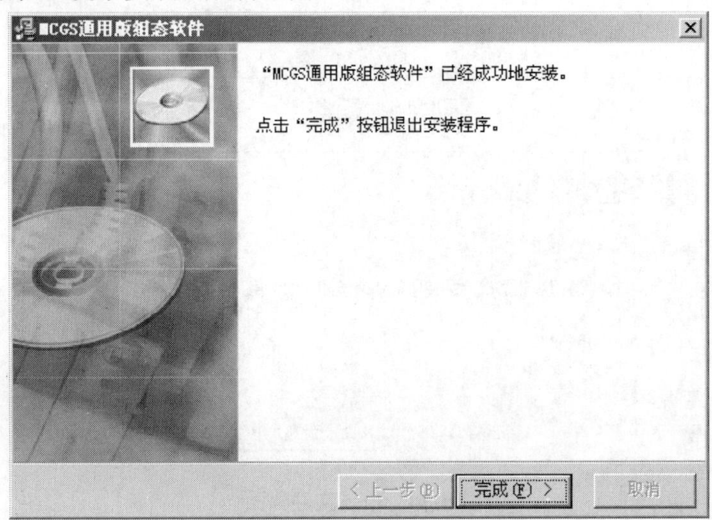

图 5-16 安装结束界面

图 5-16 中，点击“完成”，以便完成主程序的安装，并且开始驱动程序的安装（图 5-17）。

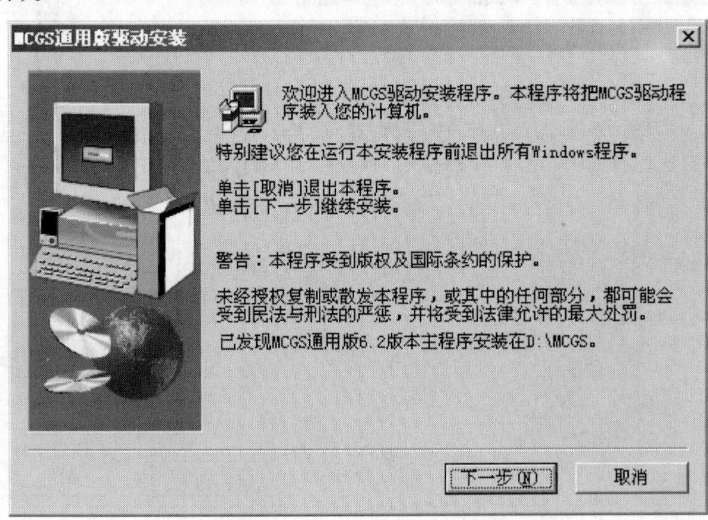

图 5-17 开始安装驱动程序

单击“下一步”，出现驱动程序安装界面，可以选择需要安装的驱动程序，也可以选择全部安装（图 5-18）。

图 5-18　驱动程序安装

单击下一步，开始安装驱动程序，也可以单击“上一步”（图 5-19）。

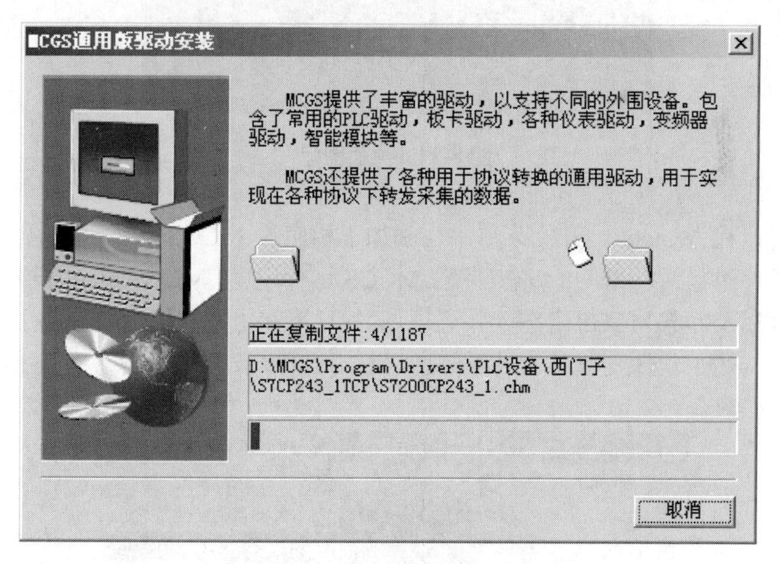

图 5-19　选择需要安装的驱动程序

驱动程序的安装所需要的时间根据所选安装不同而时间不同，全部安装需要几分钟，驱动程序安装完毕，点击“完成”，弹出图 5-20 所示对话框，提示重新启动操作系统。一般在计算机初次安装时需要选择重新启动计算机，按“确定”按钮，操作系统重新启动，完成安装。如果选择以后再重新启动，点击“取消”按钮即可。

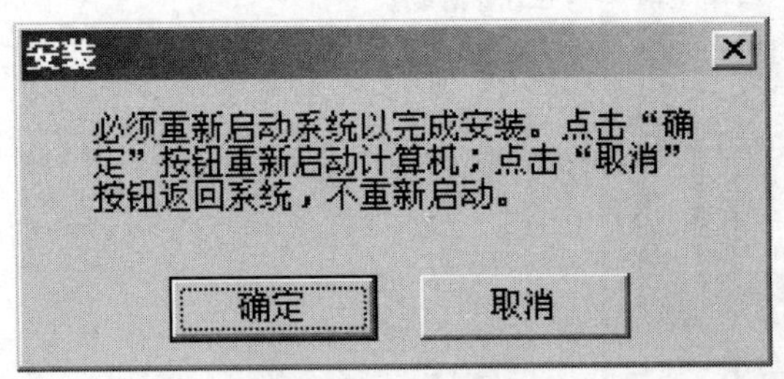

图 5-20　重启界面

安装完成后，Windows 操作系统的桌面上添加了如图 5-21 所示的两个图标，分别用于启动 MCGS 组态环境和运行环境。

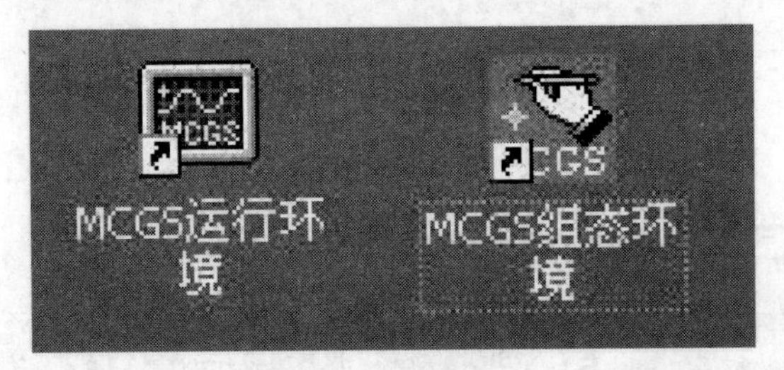

图 5-21　桌面图标

同时，在 Windows 开始菜单中也添加了相应的 MCGS 程序组（图 5-22）；MCGS 程序组包括：MCGS 组态环境、MCGS 运行环境、MCGS 电子文档、MCGS 自述文件以及卸载MCGS组态软件五项。运行环境和组态环境为软件的主体程序，自述文件描述了软件发行时的最后信息，MCGS 电子文档则包含了有关 MCGS 最新的帮助信息。

图 5-22　MCGS 程序组

4. MCGS 的运行

MCGS 系统分为组态环境和运行环境两个部分。文件 McgsSet.exe 对应于 MCGS 系统的组态环境，文件 McgsRun.exe 对应于 MCGS 系统的运行环境。

此外，系统还提供了几个组态完好的样例工程文件，用于演示系统的基本功能。

MCGS 系统安装完成后，在用户指定的目录（或系统缺省目录 D：\MCGS）下创建有三个子目录：Program、Samples 和 Work。组态环境和运行环境对应的两个执行文件以及 MCGS 中用到的设备驱动、动画构件及策略构件存放在子目录 Program 中，样例工程文件存放在 Samples 目录下，Work 子目录则是用户的缺省工作目录。

分别运行可执行程序 McgsSet.exe 和 McgsRun.exe，就能进入 MCGS 的组态环境和运行环境。安装完毕后，运行环境能自动加载并运行样例工程。用户可根据需要创建和运行自己的新工程。

任务三 MCGS 组态简单工程

一、组建新工程的一般过程

1. 工程项目系统分析

分析工程项目的系统构成、技术要求和工艺流程，弄清系统的控制流程和监控对象的特征，明确监控要求和动画显示方式，分析工程中的设备采集及输出通道与软件中实时数据库变量的对应关系，分清哪些变量是要求与设备连接的，哪些变量是软件内部用来传递数据及动画显示的。

2. 工程立项搭建框架

MCGS 称为建立新工程。主要内容包括：定义工程名称、封面窗口名称和启动窗口（封面窗口退出后接着显示的窗口）名称，指定存盘数据库文件的名称以及存盘数据库，设定动画刷新的周期。经过此步操作，即在 MCGS 组态环境中，建立了由五部分组成的工程结构框架。封面窗口和启动窗口也可等到建立了用户窗口后，再行建立。

3. 设计菜单基本体系

为了对系统运行的状态及工作流程进行有效地调度和控制，通常要在主控窗口内编制菜单。编制菜单分两步进行，第一步首先搭建菜单的框架，第二步再对各级菜单命令进行功能组态。在组态过程中，不断完善工程的菜单。

4．制作动画显示画面

动画制作分为静态图形设计和动态属性设置两个过程。前一部分类似于“画画”，用户通过 MCGS 组态软件中提供的基本图形元素及动画构件库，在用户窗口内“组合”成各种复杂的画面；后一部分则设置图形的动画属性，与实时数据库中定义的变量建立相关性的连接关系，作为动画图形的驱动源。

5．编写控制流程程序

在运行策略窗口内，从策略构件箱中，选择所需功能策略构件，构成各种功能模块（称为策略块），由这些模块实现各种人机交互操作。MCGS 还为用户提供了编程用的功能构件（称为“脚本程序”功能构件），使用简单的编程语言，编写工程控制程序。

6．完善菜单按钮功能

包括对菜单命令、监控器件、操作按钮的功能组态；实现历史数据、实时数据、各种曲线、数据报表、报警信息输出等功能；建立工程安全机制等。

7．编写程序调试工程

利用调试程序产生的模拟数据，检查动画显示和控制流程是否正确。

8．连接设备驱动程序

选定与设备相匹配的设备构件，连接设备通道，确定数据变量的数据处理方式，完成设备属性的设置。此项操作在设备窗口内进行。

9．工程完工综合测试

最后测试工程各部分的工作情况，完成整个工程的组态工作，实施工程交接。

二、MCGS 组态软件的操作

MCGS 组态软件提供了大量的工控领域常用的设备驱动程序，本节通过介绍“双灯闪烁”系统的组态过程，讲解如何应用 MCGS 组态软件完成一个简单的组态工程。

任务：用可编程控制器编制双灯闪烁（图 5-23）控制程序，并将 PLC 数据送入 PC 机，使用 MCGS 组态软件完成对 PLC 的运行监控设计。

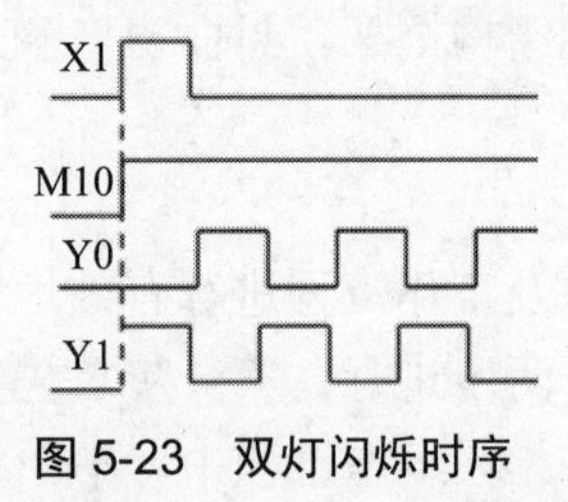

图 5-23　双灯闪烁时序

MCGS 制作一简单组态工程的一般过程：制作工程图画，定义数据对象，进行动画连接，设备连接，编写控制工程。对于大多数简单的应用系统，MCGS 的简单组态就可完成。只有比较复杂的系统才需要使用脚本程序，但正确地编写脚本程序，可简化组态过程大大提高工作效率，优化控制过程。

1. 建立新工程

在 Windows 系统桌面上，通过以下三种方式中的任一种，都可以进入 MCGS 组态环境，以通用版为例：

（1）鼠标双击 Windows 桌面上的“MCGS 组态环境”图标；

（2）选择“开始”→“程序”→“MCGS 组态软件”→“通用版”→“MCGS 组态环境”命令；

（3）快捷键“Ctrl + Alt + G”。

进入 MCGS 组态环境后，单击工具条上的“新建”按钮，或执行“文件”菜单中的“新建工程”命令，如图 5-24 所示。系统自动创建一个名为“新建工程 X.MCG”的新工程（X 为数字，表示建立新工程的顺序，如 1、2、3…）。由于尚未进行组态操作，新工程只是一个“空壳”，一个包含五个基本组成部分的结构框架，接下来要逐步在框架中配置不同的功能部件，构造完成特定任务的应用系统。

图 5-24 MCGS 启动画面

在缺省情况下，所有的工程文件都存放在 MCGS 安装目录下的 Work 子目录里，用户也可以根据自身需要指定存放工程文件的目录，更改工程文件的名称。

2. 设计画面流程

用户窗口相当于一个“容器”，用来放置各种图形对象。用户窗口内的图形对象是以“所见即所得”的方式来构造的，即组态时用户窗口内的图形对象是什么样，运行时就是什么样，不同的图形对象对应不同的功能。通过对用户窗口内多个图形对象的组态，生成漂亮的图形界面，为实现动画显示效果做准备。

生成图形界面的基本操作步骤：创建用户窗口→设置用户窗口属性→创建编辑图形对象。

（1）创建用户窗口

选择组态环境工作台中的用户窗口页，点击“新建窗口”（图 5-25），新建窗口默认名称“窗口 0”：

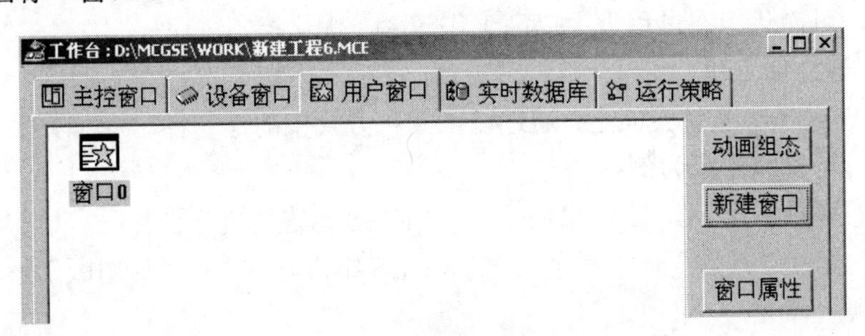

图 5-25　新建用户窗口

（2）设置用户窗口属性

选择待定义的用户窗口图标，点鼠标右键选择属性，也可以单击工作台窗口中的“窗口属性”按钮，或者单击工具条中的“显示属性”按钮，或者操作快捷键“Alt+Enter”，弹出“用户窗口属性设置”对话框（图 5-26），按所列款项设置有关属性。

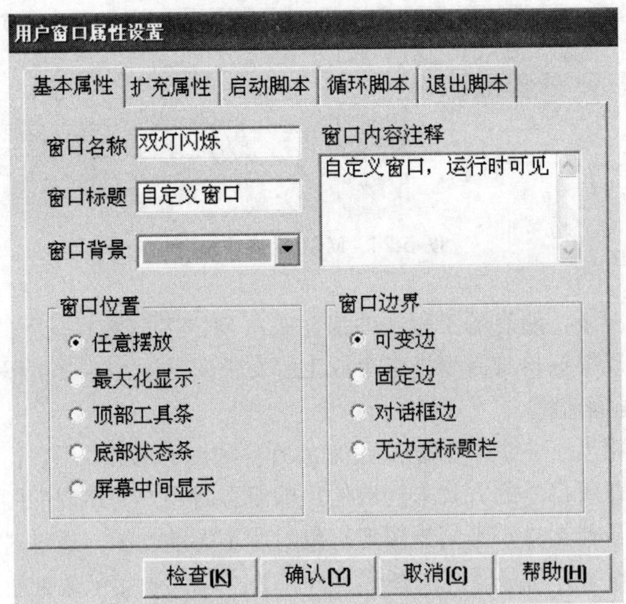

图 5-26　用户窗口属性设置

用户窗口的属性包括基本属性、扩充属性和脚本控制（启动脚本、循环脚本、退出脚本），由用户选择设置。

窗口的基本属性包括窗口名称、显示标题、背景颜色、窗口位置、窗口边界、窗口内容注释等项内容。

窗口的扩充属性包括窗口的外观、位置坐标和视区大小等项内容。窗口的视区是指实际可用的区域，与屏幕上所见的区域可以不同，当选择视区大于可见区时，窗口侧边附加滚动条，操作滚动条可以浏览窗口内所有的图形对象。

脚本控制包括启动脚本、循环脚本和退出脚本。启动脚本是在用户窗口打开时执行，循环脚本是在窗口打开期间以指定的间隔循环执行，退出脚本则是在用户窗口关闭时执行。

在该实验中：基本属性中设置窗口命名为“双灯闪烁”，在扩充属性里面，把窗口宽度设为1024，高度为768。

（3）创建编辑图形对象

图形对象是组成用户应用系统图形界面的最小单元，用户可以从MCGS提供的绘图工具箱（图5-27）中选取各种图形对象，不同类型的图形对象有不同的属性，所能完成的功能也各不相同。MCGS中的图形对象包括图元对象、图符对象和动画构件三种类型。

① 图元对象。图元对象是构成图形对象的最小单元。多种图元对象的组合可以构成新的、复杂的图形对象。MCGS为用户提供了8种图元对象，包括直线、弧线、矩形、圆角矩形、椭圆、折线或多边形、标签及位图。

图元对象是以向量图形的格式存在的，根据需要可随意移动图元对象的位置和改变图元对象的大小。对于文本图元（由多个字符组成的一行字符串，在指定的矩形框内显示），只能改变显示矩形框的大小，文本字体的大小不改变；对于位图图元，不仅可以改变显示区域的大小，还可以对位图轮廓进行缩放处理，但位图本身的实际大小并无变化。

② 图符对象。图符对象是将多个图元对象按照一定规则组合在一起所形成的图形对象，它是一个整体，可以随意移动和改变大小。多个图元对象构成图符对象，图元对象和图符对象又可以构成新的图符对象。

单击绘图工具箱中的图标，弹出常用图符工具箱。在常用图符工具箱中，MCGS嵌入版系统内部提供了27种常用的图符对象（也称系统图符对象），为快速构图和组态提供了方便。系统图符是专用的，不能分解，只能以一个整体的形式参与图形对象的制作。

③ 动画构件。动画构件实际上就是将工程监控作用中经常操作或观测用的一

些功能性器件软件化，做成外观相似、功能相同的构件，存入 MCGS 嵌入版的“工具箱”中，供用户在图形对象配置时选用，完成特定的动画功能。动画构件本身是一个独立的实体，不能与其他图元和图符对象一起构成新的图符对象。MCGS 嵌入版目前提供的动画构件有输入框构件、标签构件、流动块构件、百分比填充构件、实时曲线构件、历史曲线构件、报警显示构件、自由表格构件、历史表格构件、存盘数据浏览构件及组合框构件等 17 种类型。

双击打开新建的窗口，开始编辑画图。首先单击工具条中的“工具箱”按钮，打开绘图工具箱，如图 5-27 所示。在用户窗口内创建图形对象的过程，就是从工具箱中选取所需的图形对象，绘制新的图形对象的过程。除此之外，还可以采取复制、剪贴、从元件库中读取图形对象等方法，加快创建图形对象的速度，使图形界面更加漂亮。

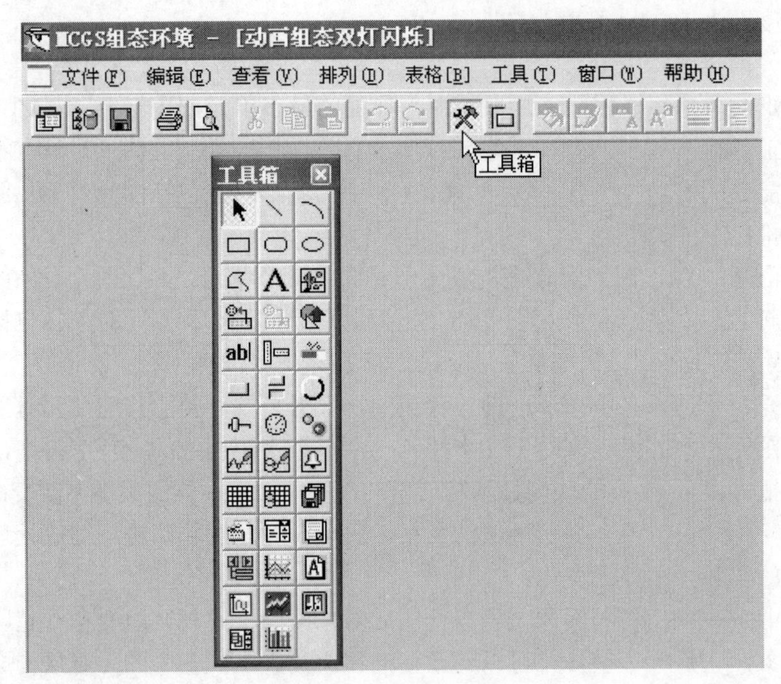

图 5-27 打开工具箱

操作方法是鼠标单击工具箱内对应的图标，选中所要绘制的图元、图符或动画构件。把鼠标移到用户窗口内，此时鼠标光标变为十字形，按下鼠标左键不放，在窗口内拖动鼠标到适当的位置，然后松开鼠标左键，则在该位置建立了所需的图形，绘制图形对象完成，此时鼠标光标恢复为箭头形状。

当绘制折线或者多边形时，在工具箱中选中折线图元按钮，将鼠标移到用户窗口编辑区，先将十字形光标放置在折线的起始点位置，单击鼠标，再移动到第二点位置，单击鼠标，如此进行直到最后一点位置时，双击鼠标，完成折线的绘制。如果最后一点和起始点的位置相同，则折线闭合成多边形。多边形是一封闭的图形，其内部可以填充颜色。

① 添加标题

点击工具箱里的A标签，在窗口里拉出需要的大小，然后在光标出现的位置输入标题“双灯闪烁”，如需修改标题则选中标签点右键“改字符”进行修改；把光标移开，双击这个标签栏，可以更改字体，颜色，背景等各种属性。

② 添加图符

点击工具箱里的（插入元件），弹出对象元件管理对话框（图 5-28）。

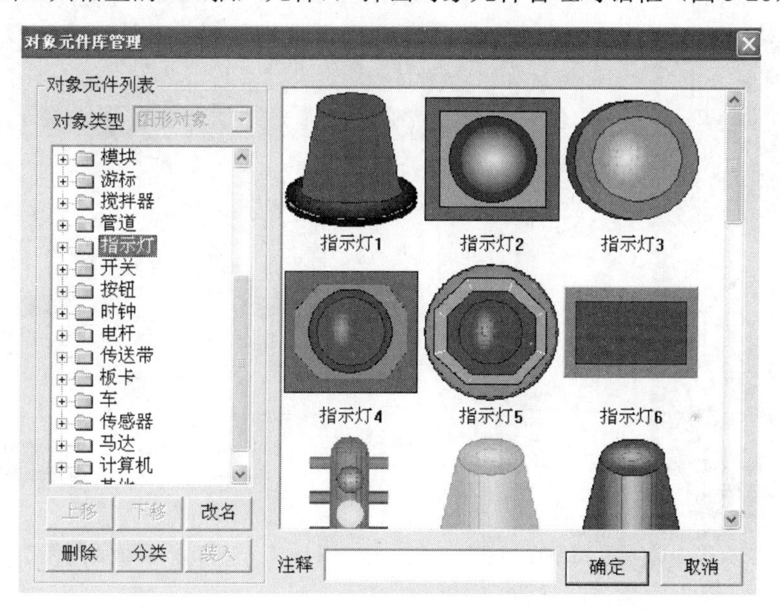

图 5-28 添加对象元件

从[指示灯]类中选取[指示灯 3]，点[确定]，[指示灯 3]就出现在画面中了，将指示灯调整为适当大小，放到适当位置。并且复制一个粘贴在第一个灯的右边。

复制对象是将用户窗口内已有的图形对象拷贝到指定的位置，原图形仍保留，这样可以加快图形的绘制速度，操作步骤如下：

鼠标单击用户窗口内要复制的图形对象，选中（或激活）后，执行“编辑”菜单中“拷贝”命令，或者按快捷键“Ctrl+C”，然后，执行“编辑”菜单中“粘贴”命令，或者按快捷键“Ctrl+V”，就会复制出一个新的图形，连续“粘贴”，可复制出多个图形。

图形复制完毕，用鼠标拖动到用户窗口中所需的位置。

也可以采用拖曳法复制图形。先激活要复制的图形对象，按下“Ctrl”键不放，鼠标指针指向要复制的图形对象，按住左键移动鼠标，到指定的位置抬起左键和“Ctrl”键，即可完成图形的复制工作。

使用工具箱中的图标A，分别对灯 1、灯 2 进行文字注释。

点击工具箱里的 ⊐（标准按钮）（图 5-29）。鼠标的光标呈十字形，在指示灯下方合适位置，根据需要拉出一个一定大小的矩形后松手。双击这个按钮，在随后弹出的“标准按钮构件属性设置”画面中，将按钮标题改为“启动按钮”；用类似方法再添加一个“停止按钮”。完成后的画面（图 5-30）。

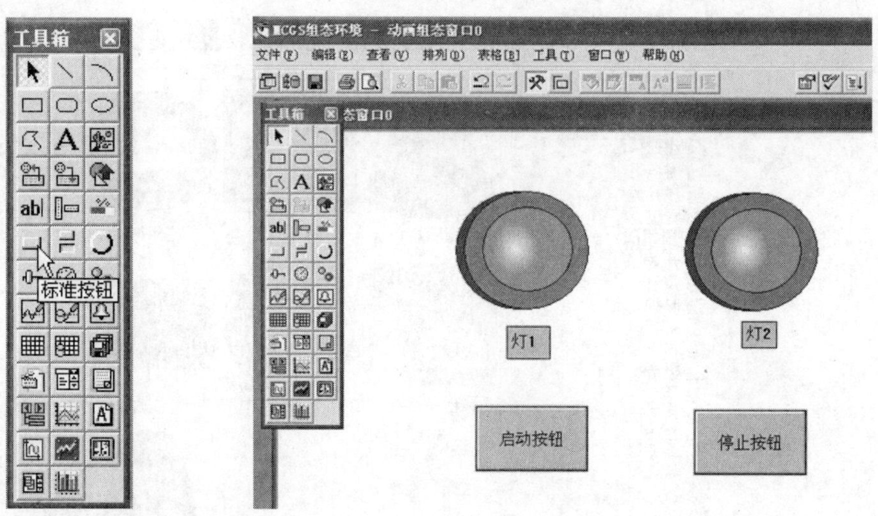

图 5-29　工具箱中选[标准按钮]　　　　图 5-30　双灯闪烁画面制作

3．定义数据变量

实时数据库是 MCGS 工程的数据交换和数据处理中心。数据变量是构成实时数据库的基本单元，建立实时数据库的过程也即是定义数据变量的过程。不同类型的数据对象，其属性不同，用途也不同。在 MCGS 嵌入版中，数据对象有开关型、数值型、字符型、事件型和数据组对象五种类型。

① 开关型数据对象。开关型数据对象是记录开关信号（0 或非 0）的数据对象，通常与外部设备的数字量输入、输出通道连接，用来表示某一设备当前所处的状态。开关型数据对象没有工程单位和最大、最小值属性，没有限值报警属性，

只有状态报警属性。

② 数值型数据对象。除了存放数值及参与数值运算外，数值型数据对象还提供报警信息，并能够与外部设备的模拟量输入、输出通道相连接。数值型数据对象有最大、最小值属性，其值不会超过设定的数值范围，当对象的值小于最小值或大于最大值时，对象的值分别取为最小值或最大值。

数值型数据对象有限值报警属性，可同时设置下下限、下限、上限、上上限、上偏差、下偏差 6 种报警限值，当对象的值超过设定的限值时，发出报警；当对象的值回到所有的限值之内时，报警结束。

③ 字符型数据对象。字符型数据对象是存放文字信息的单元，用于描述外部对象的状态特征，其值为由多个字符组成的字符串，字符串长度最长可达 64 kB。字符型数据对象没有工程单位和最大值、最小值属性，也没有报警属性。

④ 数据组对象。数据组对象是 MCGS 引入的一种特殊类型的数据对象，类似于一般编程语言中的数组和结构体，用于把相关的多个数据对象集合在一起，作为一个整体来定义和处理。例如，在实际工程中，描述一个锅炉的工作状态有温度、压力、流量、液面高度等多个物理量，为便于处理，定义“锅炉”为一个组对象，用来表示“锅炉”这个实际的物理对象，其内部成员则由上述物理量对应的数据对象组成，这样在对“锅炉”对象进行处理（如进行组态存盘、曲线显示、报警显示）时，只需指定组对象的名称“锅炉”，就包括对其所有成员的处理。

组对象只是一种在组态时对某一类对象的整体表示方法，实际的操作则针对每一个成员进行。如在报警显示动画构件中，指定要显示报警的数据对象为组对象“锅炉”，则该构件显示组对象包含的各个数据对象在运行时产生的所有报警信息。组对象没有工程单位和最大值、最小值属性，组对象本身没有报警属性。

注意：数据组对象是多个数据对象的集合，应包含两个以上的数据对象，但不能包含其他的数据组对象。一个数据对象可以是多个不同组对象的成员。

定义数据对象的内容主要包括：指定数据变量的名称、类型、设置变量的初始值和数值范围，确定数据变量的存盘属性（如存盘的周期、存盘的时间范围和保存期限等）和报警属性。

首先对所有数据对象进行分析，该项目中要用到的数据对象如表 5-1 所示。

表 5-1 项目中用到的数据对象

数据对象名称	类型	对象内容注释
灯 1	开关型	彩灯 1
灯 2	开关型	彩灯 2
启动	开关型	启动按钮
停止	开关型	停止按钮

进入工作台——实时数据库窗口，通过新增对象建立变量，变量名称、限值、报警等属性可以通过对象属性来修改。

下面以数据对象“灯 1”为例，介绍一下定义数据对象的步骤：

（1）单击工作台中的“实时数据库”窗口标签，进入实时数据库窗口界面（图 5-31）。对于新建工程，窗口中显示系统内建的 4 个字符型数据对象，分别是 InputETime、InputSTime、InputUser1、InputUser2。

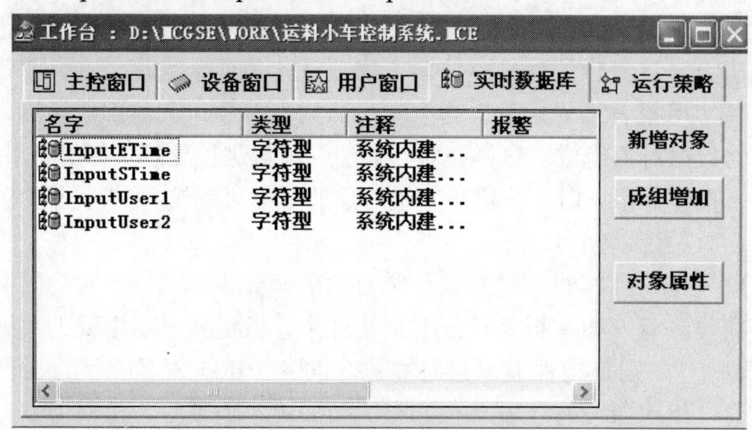

图 5-31 “实时数据库”窗口

（2）单击“新增对象” 按钮，在窗口的数据对象列表中，增加新的数据对象，系统缺省定义的名称为“Data1”、“Data2”、“Data3” 等（多次点击该按钮，则可增加多个数据对象）。

（3）选中对象，按“对象属性”按钮，或双击选中对象，则打开“数据对象属性设置”窗口（图 5-32）。

（4）将对象名称改为：灯 1；对象类型选择：开关型；在对象内容注释输入框内输入：“彩灯 1”，单击“确认”。

按照此步骤，根据上面列表，设置其他 4 个数据对象（图 5-33）。

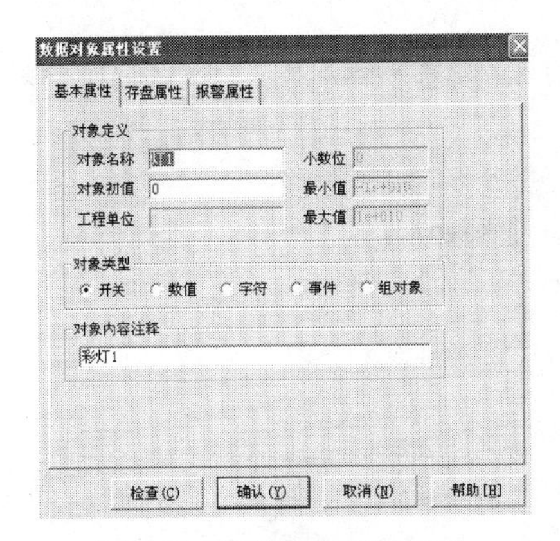

图 5-32 数据对象属性设置

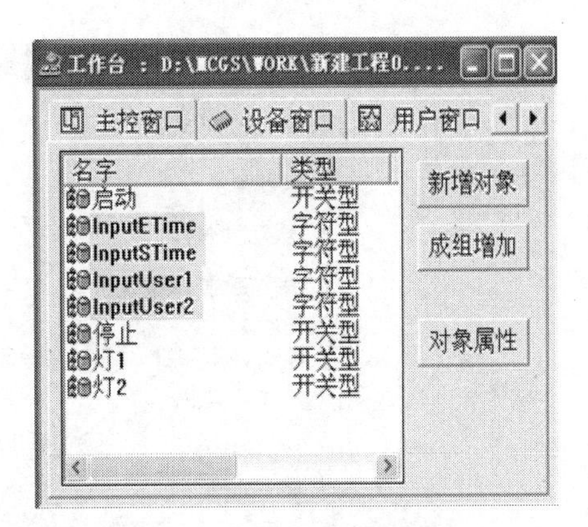

图 5-33 “双灯闪烁”数据对象

4. 动画连接

由图形对象搭制而成的图形画面是静止不动的，需要对这些图形对象进行动画设计，真实地描述外界对象的状态变化，达到过程实时监控的目的。MCGS 实现图形动画设计的主要方法是将用户窗口中图形对象与实时数据库中的数据对象建立相关性连接，并设置相应的动画属性。在系统运行过程中，图形对象的外观和状态特征，由数据对象的实时采集值驱动，从而实现了图形的动画效果，使图形界面“动”起来。

用户窗口中的图形界面是由系统提供的图元、图符及动画构件等图形对象搭制而成的，动画构件是作为一个独立的整体供选用的，每一个动画构件都具有特定的动画功能，一般来说，动画构件用来完成图元和图符对象所不能完成或难以完成的、比较复杂的动画功能，而图元和图符对象可以作为基本图形元素，便于用户自由组态配置，来完成动画构件中所没有的动画功能。

所谓动画连接，实际上是将用户窗口内创建的图形对象与实时数据库中定义的数据对象，建立起对应的关系，在不同的数值区间内设置不同的图形状态属性（如颜色、大小、位置移动、可见度、闪烁效果等），将物理对象的特征参数以动画图形方式来进行描述，这样在系统运行过程中，用数据对象的值来驱动图形对象的状态改变，进而产生形象逼真的动画效果。

对系统提供的动画构件的动画连接方法在《MCGS 用户参考手册》中有详细说明，这里只介绍图元、图符对象的动画连接方法（图 5-34），图元、图符对象所包含的动画连接方式有四类（颜色动画连接、位置动画连接、输入输出连接和特殊动画连接）共 11 种。

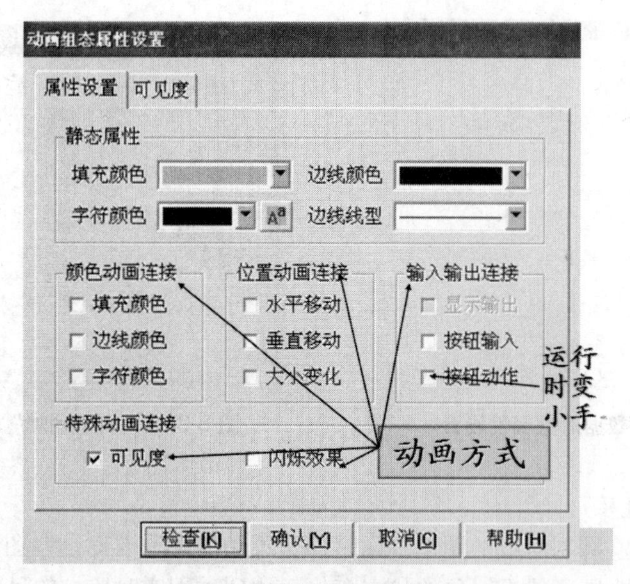

图 5-34　动画组态属性设置

一个图元、图符对象可以同时定义多种动画连接，由图元、图符组合而成的图形对象，最终的动画效果是多种动画连接方式的组合效果。我们根据实际需要，灵活地对图形对象定义动画连接，就可以呈现出各种逼真的动画效果来。

建立动画连接的操作步骤是：

- 鼠标双击图元、图符对象，弹出“动画组态属性设置”对话框。
- 对话框上端用于设置图形对象的静态属性，下面四个方框所列内容用于设置图元、图符对象的动画属性。图 5-34 中定义了填充颜色、水平移动、垂直移动三种动画连接，实际运行时，对应的图形对象会呈现出在移动的过程中填充颜色同时发生变化的动画效果。
- 每种动画连接都对应于一个属性窗口页，当选择了某种动画属性时，在对话框上端就增添相应的窗口标签，用鼠标单击窗口标签，即可弹出相应的属性设置窗口。
- 在表达式名称栏内输入所要连接的数据对象名称。也可以用鼠标单击右端带“？”号图标的按钮，弹出数据对象列表框，鼠标双击所需的数据对象，则把该对象名称自动输入表达式一栏内。
- 设置有关的属性。
- 按“检查”按钮，进行正确性检查。检查通过后，按“确认”按钮，完成动画连接。

（1）颜色动画连接

颜色动画连接，就是指将图形对象的颜色属性与数据对象的值建立相关性关系，使图元、图符对象的颜色属性随数据对象值的变化而变化，用这种方式实现颜色不断变化的动画效果。

如图5-34所示，颜色属性包括填充颜色、边线颜色和字符颜色三种，只有“标签”图元对象才有字符颜色动画连接。对于“位图”图元对象，无须定义颜色动画连接。

如图5-35所示，图形对象的填充颜色由数据对象Data0的值来控制，或者说是用图形对象的填充颜色来表示对应数据对象的值的范围。

与填充颜色连接的数据对象可以是一个表达式，用表达式的值来决定图形对象的填充颜色（单个对象也可作为表达式）。当表达式的值为数值型时，最多可以定义32个分段点，每个分段点对应一种颜色；当表达式的值为开关型时，只能定义两个分段点，即0 或非0两种不同的填充颜色。

在图5-35所示的属性设置窗口中，还可以进行如下操作：

- 按“增加”按钮，增加一个新的分段点；
- 按“删除”按钮，删除指定的分段点；
- 用鼠标双击分段点的值，可以设置分段点数值；
- 用鼠标双击颜色栏，弹出色标列表框，可以设定图形对象的填充颜色。

边线颜色和字符颜色的动画连接与填充颜色动画连接相同。

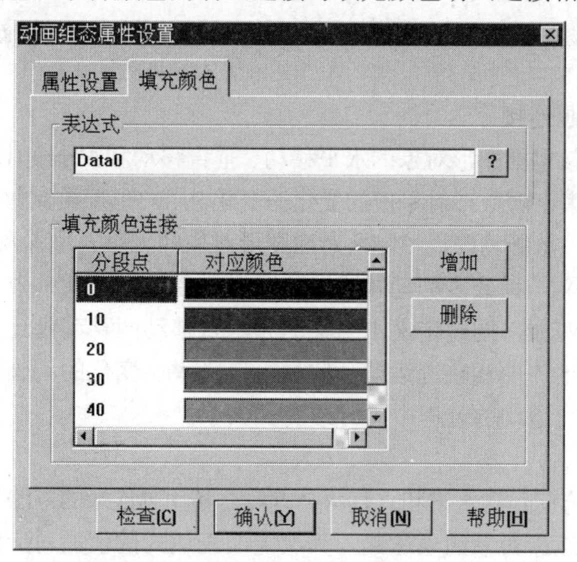

图5-35　颜色动画组态

在“双灯闪烁”的样例里，在设计画面时，也可以不从元件库里找[指示灯3]，而直接画椭圆表示灯。那么，动画连接时，双击椭圆图形对象，在“静态属性”下“填充颜色”里选红色，“边线颜色”也可以选红色（图 5-36）；在“颜色动画连接”下的“填充颜色”前打“√”，则“填充颜色”页面就相应出现了，如图 5-37 所示。

在新增的“填充颜色”页里，表达式后面“ ? ”，选“灯 1”，双击，然后，点“增加”，分段点“0”对应颜色：黑色；再点“增加”，分段点“1”对应颜色：红色。

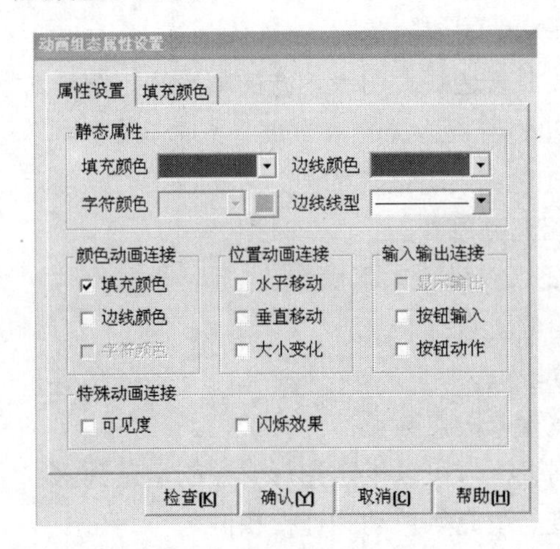

图 5-36 动画组态属性设置

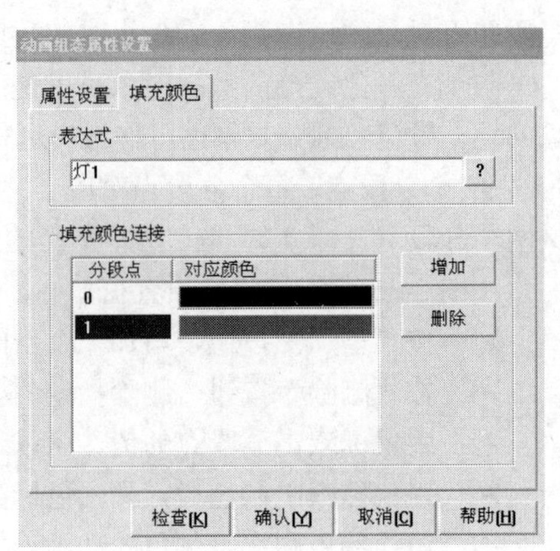

图 5-37 填充颜色连接

（2）位置动画连接

位置动画连接包括图形对象的水平移动、垂直移动和大小变化三种属性，使图形对象的位置和大小随数据对象值的变化而变化。用户只要控制数据对象值的大小和值的变化速度，就能精确地控制所对应图形对象的大小、位置及其变化速度。

用户可以定义一种或多种动画连接，图形对象的最终动画效果是多种动画属性的合成效果。例如，同时定义水平移动和垂直移动两种动画连接，可以使图形对象沿着一条特定的曲线轨迹运动，假如再定义大小变化的动画连接，就可以使图形对象在做曲线运动的过程中同时改变其大小。

① 平行移动

平行移动的方向包含水平和垂直两个方向，其动画连接的方法相同（图 5-38）。首先要确定对应连接对象的表达式，其次定义表达式的值所对应的位置偏移量。以图中的组态设置为例，当表达式 Data0 的值为 0 时，图形对象的位置向右移动

0 点（即不动），当表达式 Data0 的值为 100 时，图形对象的位置向右移动 100 点，当表达式 Data0 的值为其他值时，利用线性插值公式即可计算出相应的移动位置。

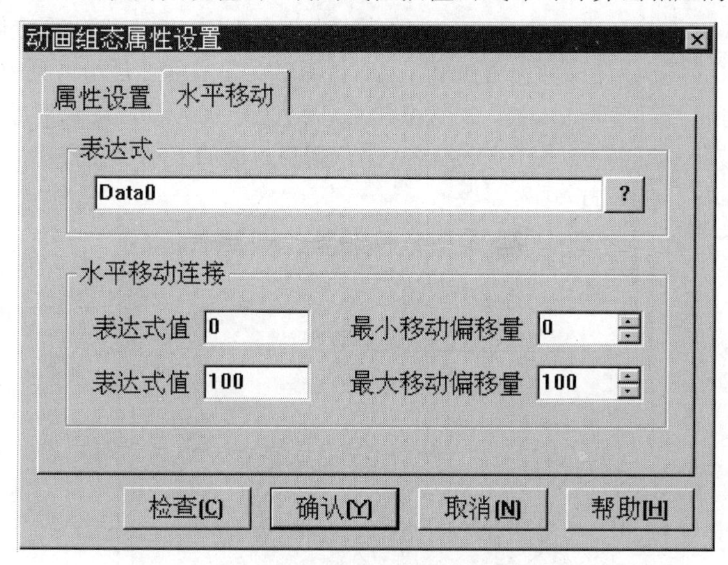

图 5-38 位置动画连接

注意：偏移量是以组态时图形对象所在的位置为基准（初始位置），单位为像素点，向左为负方向，向右为正方向（对垂直移动，向下为正方向，向上为负方向）。当把图中的 100 改为–100 时，则随着 Data0 值从小到大的变化，图形对象的位置则从基准位置开始，向左移动 100 点。

② 大小变化

图形对象的大小变化以百分比的形式来衡量的，把组态时图形对象的初始大小作为基准（100%即为图形对象的初始大小）。在 MCGS 中，图形对象大小变化方式有如下七种：

- 以中心点为基准，沿 *X* 方向和 *Y* 方向同时变化；
- 以中心点为基准，只沿 *X*（左右）方向变化；
- 以中心点为基准，只沿 *Y*（上下）方向变化；
- 以左边界为基准，沿着从左到右的方向发生变化；
- 以右边界为基准，沿着从右到左的方向发生变化；
- 以上边界为基准，沿着从上到下的方向发生变化；
- 以下边界为基准，沿着从下到上的方向发生变化。

改变图形对象大小的方法有两种：一是按比例整体缩小或放大，称为缩放方式；二是按比例整体剪切，显示图形对象的一部分，称为剪切方式。两种方式都以图形对象的实际大小为基准的。

如图 5-39 所示，当表达式 Data0 的值小于等于 0 时，最小变化百分比设为 0，即图形对象的大小为初始大小的 0%，此时，图形对象实际上是不可见的；当表达式 Data0 的值大于等于 100 时，最大变化百分比设为 100%，则图形对象的大小与初始大小相同。不管表达式的值如何变化，图形对象的大小都在最小变化百分比与最大变化百分比之间变化。

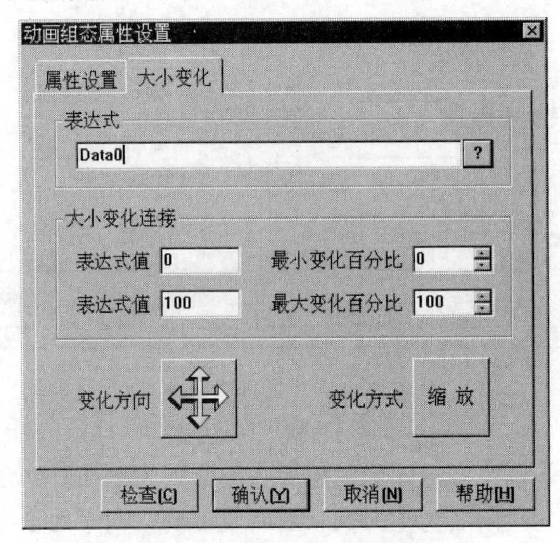

图 5-39 大小变化动画组态

在缩放方式下，是对图形对象的整体按比例缩小或放大，来实现大小变化的。当图形对象的变化百分比大于 100%时，图形对象的实际大小是初始状态放大的结果，当小于 100%时，是初始状态缩小的结果。

在剪切方式下，不改变图形对象的实际大小，只按设定的比例对图形对象进行剪切处理，显示整体的一部分。变化百分比等于或大于 100%，则把图形对象全部显示出来。采用剪切方式改变图形对象的大小，可以模拟容器充填物料的动态过程，具体步骤：首先制作两个同样的图形对象，完全重叠在一起，使其看起来像一个图形对象；将前后两层的图形对象设置不同的背景颜色；定义前一层图形对象的大小变化动画连接，变化方式设为剪切方式。实际运行时，前一层图形对象的大小按剪切方式发生变化，只显示一部分，而另一部分显示的是后一层图形对象的背景颜色，前后层图形对象视为一个整体，从视觉上如同一个容器内物料按百分比填充，获得逼真的动画效果。

（3）输入输出连接

为使图形对象能够用于数据显示，并且使操作人员对系统方便操作，更好地实现人机交互功能，系统增加了设置输入输出属性的动画连接方式。

设置输入输出连接方式从显示输出、按钮输入和按钮动作三个方面去着手，实现动画连接，体现友好的人机交互方式。

- 显示输出连接只用于“标签”图元对象，显示数据对象的数值；
- 按钮输入连接用于输入数据对象的数值；
- 按钮动作连接用于响应来自鼠标或键盘的操作，执行特定的功能。

在设置属性时，在“动画组态属性设置”对话框内，从“输入输出连接”栏目中选定一种，进入相应的属性窗口页进行设置。

① 显示输出

显示输出的属性设置窗口形式如图 5-40 所示，它只适用于“标签”图元，显示表达式值的结果。输出格式由表达式值的类型决定，当输出值的类型设定为数值型时，应指定小数位的位数和整数位的位数；对字符型输出值，直接把字符串显示出来；对开关型输出值，应分别指定开和关时所显示的内容。在这里应当指出，设定的输出值类型必须与表达式类型相符。

在图 5-40 中，“标签”图元对应的表达式是 Data2，输出值的类型设定为开关量输出，当表达式 Data2 的值为 0（关闭状态）时，标签图元显示内容为：“This is Off”；当表达式 Data2 的值为非 0（开启状态）时，标签图元显示的内容为：“This is On”。

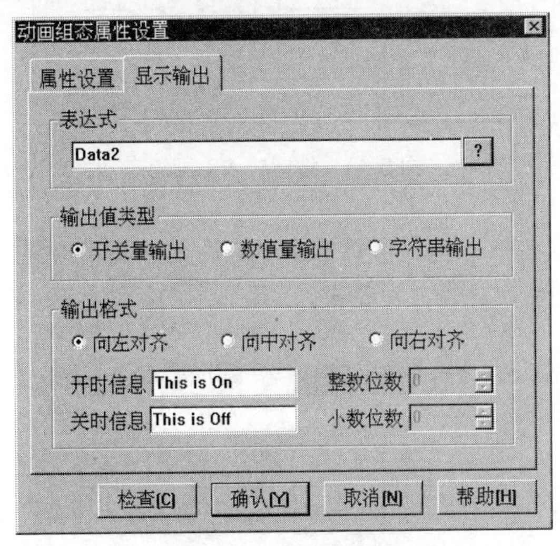

图 5-40 显示输出的属性设置

② 按钮输入

采用按钮输入方式使图形对象具有输入功能，在系统运行时，当用户单击设定的图形对象时，将弹出输入窗口，输入与图形建立连接关系的数据对象的值。所有的图元、图符对象都可以建立按钮输入动画连接，在“动画组态属性设置”对话框内，从“输入输出连接”栏目中选定“按钮输入”一栏，进入“按钮输入”属性设置窗口页，如图 5-41 所示。

如果图元、图符对象定义了按钮输入方式的动画连接，在运行过程中，当鼠标移动到该对象上面时，光标的形状由“箭头”形变成“手掌”状，此时再单击鼠标左键，则弹出输入对话框，对话框的形式由数据对象的类型决定。

在图 5-41 中，与图元、图符对象连接的是数值型数据对象 Data2，输入值的范围在 0～200，并设置功能键 F2 为快捷键。

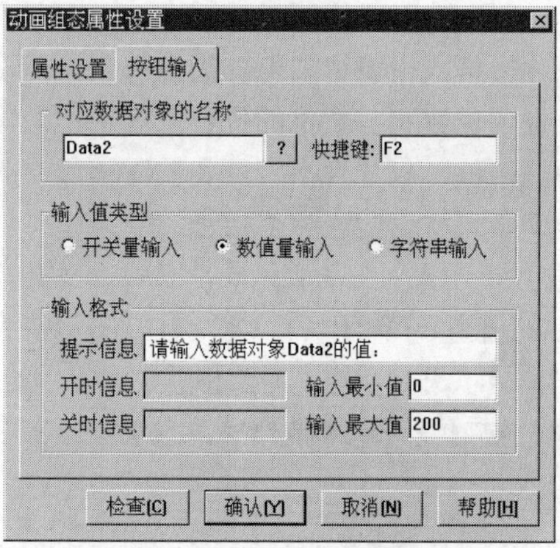

图 5-41　按钮输入动画组态

当进入运行状态时，当用鼠标单击对应图元、图符对象或者按下快捷键 F2 时，弹出如图 5-42 所示的输入对话框，上端显示的标题为组态时设置的提示信息。

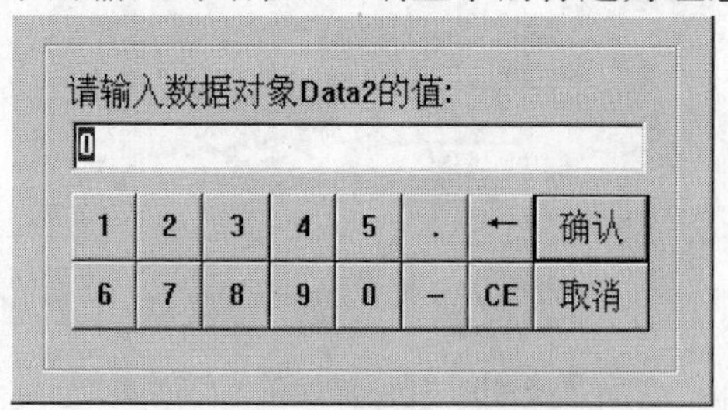

图 5-42　数值输入对话框

当数据对象的类型为开关型时，如在提示信息一栏设置为“请选择 1#电机的工作状态”，“开时信息”一栏设置：“打开 1#电机”；“关时信息”一栏设置：“关闭 1#电机”，则运行时弹出如图 5-43 所示的对话框。

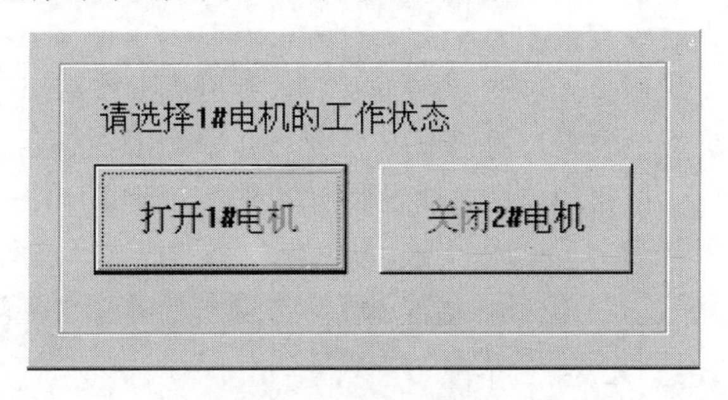

图 5-43 开关选择对话框

对字符型数据对象，例如提示信息为“请输入字符型数据对象 Message 的值：”，则运行时弹出如图 5-44 所示的输入对话框。

图 5-44 字符输入对话框

③ 按钮动作

按钮动作的方式不同于按钮输入，后者是在鼠标到达图形对象上时，单击鼠标进行信息输入，而按钮动作则是响应用户的鼠标按键动作或键盘按键动作，完成预定的功能操作。这些功能操作包括：

- 执行运行策略中指定的策略块；
- 打开指定的用户窗口，若该窗口已经打开，则激活该窗口并使其处于最前层；
- 关闭指定的用户窗口，若该窗口已经关闭，则不进行此项操作；

- 把指定的数据对象的值设置成 1，只对开关型和数值型数据对象有效；
- 把指定的数据对象的值设置成 0，只对开关型和数值型数据对象有效；
- 把指定的数据对象的值取反（非 0 变成 0，0 变成 1），只对开关型和数值型数据对象有效；
- 退出系统，停止 MCGS 系统的运行，返回到操作系统。

在“动画组态属性设置”对话框内，从“输入输出连接”栏目中选定“按钮动作”一栏，进入“按钮动作”属性设置窗口页，在该窗口的“指定按钮动作完成的功能”栏目内，列出了上述七项功能操作，供用户选择设定（图 5-45）。

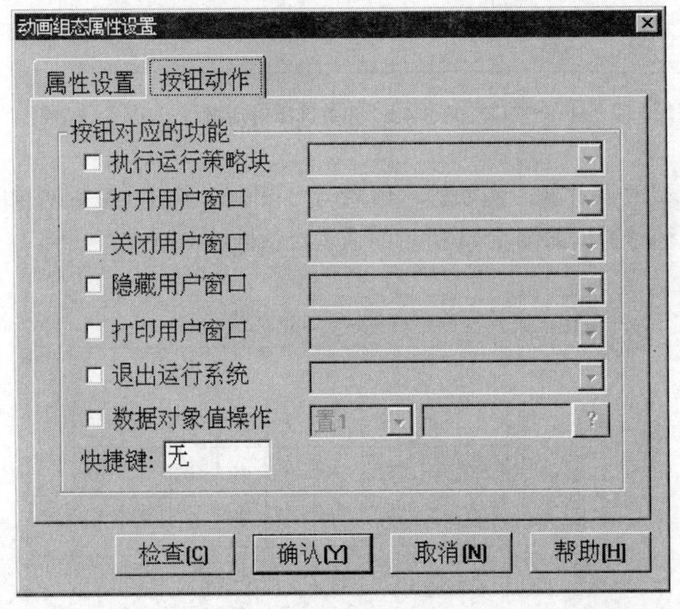

图 5-45　按钮动作组态

注意：在实际应用中，一个按钮动作可以同时完成多项功能操作。但应注意避免设置相互矛盾的操作，虽然相互矛盾的功能操作不会引起系统出错，但最后的操作结果是不可预测的。

例如，对同一个用户窗口同时选中执行打开和关闭操作，该窗口的最终状态是不定的，可能处于打开状态，也可能处于关闭状态；再如，对同一个数据对象同时完成置 1、置 0 和取反操作，该数据对象最后的值是不定的，可能是 0，也可能是 1。

系统运行时，按钮动作也可以通过预先设置的快捷键来启动。MCGS 的快捷键一般可设置 F1～F12 功能键，也可以设置 Ctrl 键与 F1～F12 功能键、数字键、英文字母键组合而成的复合键。组态时，激活快捷键输入框，按下选定的快捷键即可完成快捷键的设置。

在数据对象值“置 0”、“置 1”和“取反”三个输入栏的右端，均有一个带“？”号图标的按钮，用鼠标单击该按钮，则显示所有已经定义的数据对象列表，鼠标双击指定的数据对象，则把该对象的名称自动输入到设置栏内。

（4）特殊动画连接

在 MCGS 中，特殊动画连接包括可见度和闪烁效果两种方式，用于实现图元、图符对象的可见与不可见交替变换和图形闪烁效果，图形的可见度变换也是闪烁动画的一种。MCGS 中每一个图元、图符对象都可以定义特殊动画连接的方式。

① 可见度连接

可见度连接的属性窗口页如图 5-46 所示，在“表达式”栏中，将图元、图符对象的可见度和数据对象（或者由数据对象构成的表达式）建立连接，而在“当表达式非零时”的选项栏中，可根据表达式的结果来选择图形对象的可见度方式。如下图的设置方式，将图形对象和数据对象 Data1 建立了连接，当 Data1 的值为 1 时，指定的图形对象在用户窗口中显示出来；当 Data1 的值为 0 时，图形对象消失，处于不可见状态。

通过这样的设置，就可以利用数据对象（或者表达式）值的变化，来控制图形对象的可见状态。

注意：当图形对象没有定义可见度连接时，该对象总是处于可见状态。

在“双灯闪烁”的样例中，如果图形对象灯 1 是元件库中的[指示灯 3]，就通过动画连接可见度来实现。双击[灯 1]，弹出单元属性设置窗口，单击[数据对象] 右端出现的浏览按钮 ? ，在弹出的对话框中选择[灯 1]，单击[动画连接]标签，出现如图 5-47 所示的窗口。

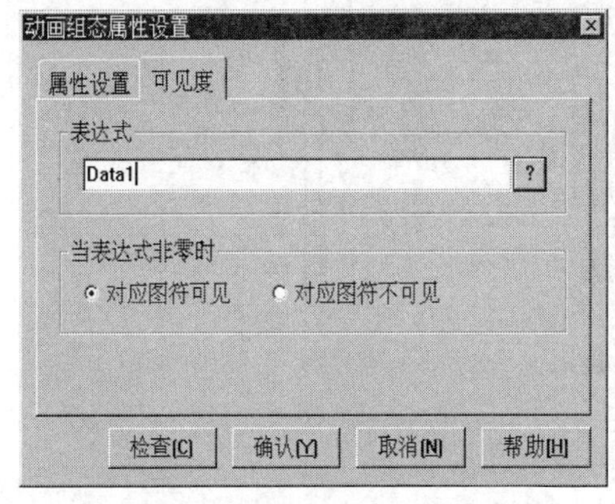

图 5-46 可见度连接属性设置窗口

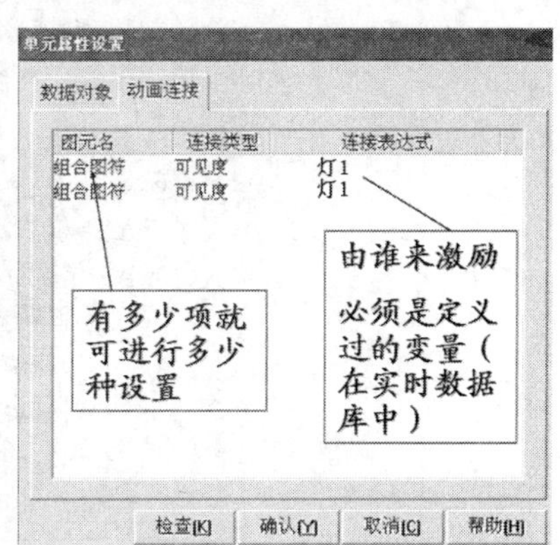

图 5-47 可见度动画连接

将鼠标移到对话框中的第一行，单击[>]进入[动画组态属性设置]窗口，单击[可见度]标签，弹出画面如图 5-48 所示，表达式非零时，则默认为对应图符不可见。由于该指示灯图符是由两种不同颜色（绿和红）图符叠加而成，而彩灯也有两种状态。将绿色对应于彩灯亮，将红色对应于彩灯熄灭。因此还需设定第二个图符的可见度，而连接表达式还是[灯 1]，表达式非零时，则默认为对应图符可见（图 5-49）。

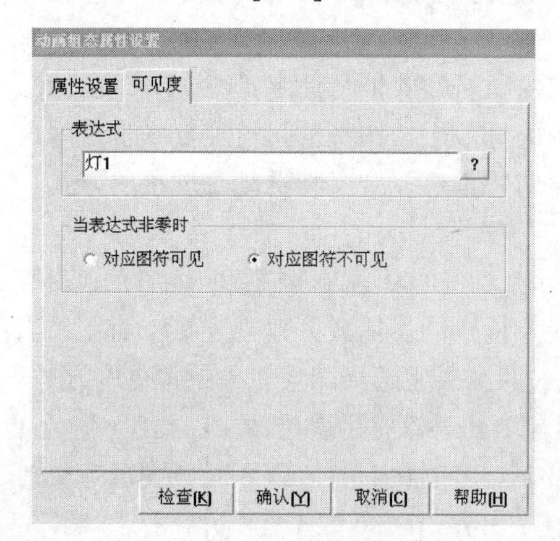

图 5-48　可见度动画设置窗口

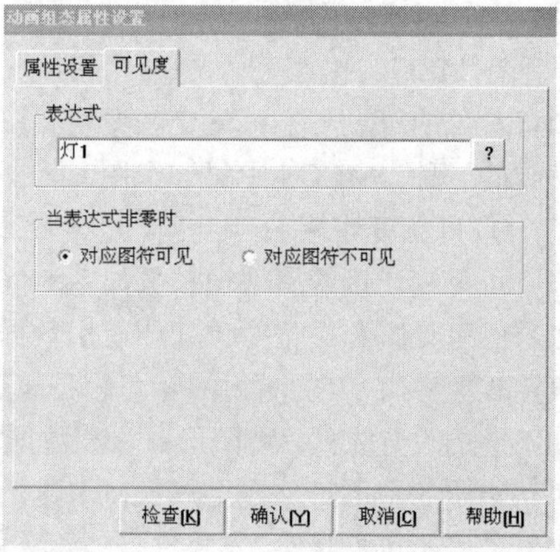

图 5-49　组合图形可见度动画设置

② 闪烁效果连接

在 MCGS 中，实现闪烁的动画效果有两种方法：一种是不断改变图元、图符对象的可见度来实现闪烁效果；另一种是不断改变图元、图符对象的填充颜色、边线颜色或者字符颜色来实现闪烁效果，属性设置方式如图 5-50 所示。

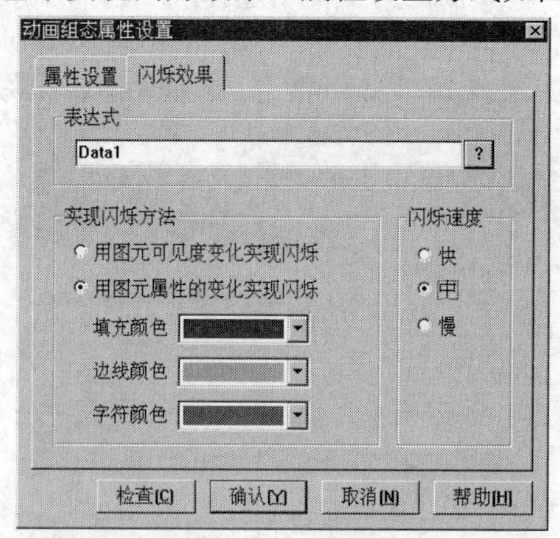

图 5-50　闪烁效果连接

在这里，图形对象的闪烁速度是可以调节的，MCGS 给出了快速、中速和慢速三挡的闪烁速度来供调节。

闪烁属性设置完毕，在系统运行状态下，当所连接的数据对象（或者由数据对象构成的表达式）的值为非 0 时，图形对象就以设定的速度开始闪烁，而当表达式的值为 0 时，图形对象就停止闪烁。

注意：在“闪烁实现方式栏”中，“字符颜色”的闪烁效果设置是只对“标签”图元对象有效的。

5. 设备组态

设备窗口负责建立系统与外部硬件设备的连接，使得 MCGS 能从外部设备读取数据并控制外部设备的工作状态，实现对工业过程的实时监控。

在设备管理窗口左边的列表框中列出了系统目前支持的所有设备（驱动程序在\MCGS\Program\Drivers 目录下），设备是按一定分类方法分类排列的（图 5-51），用户可以根据分类方法去查找自己需要的设备。

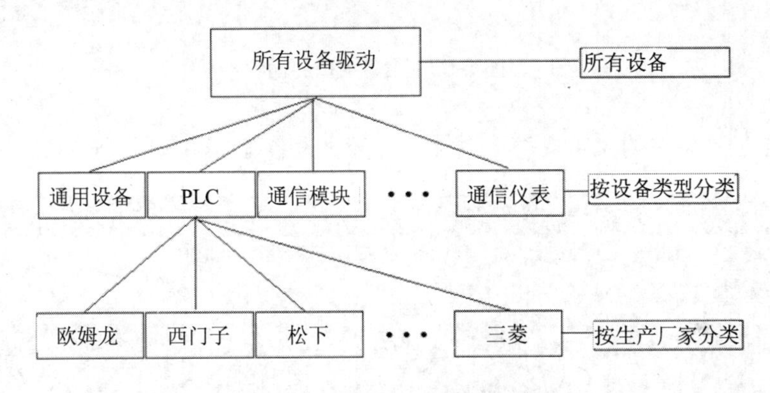

图 5-51 MCGS 设备驱动分类方法

在设备窗口内配置不同类型的设备构件，并根据外部设备的类型和特征，设置相关的属性，将设备的操作方法，如硬件参数配置、数据转换、设备调试等都封装在构件之内，以对象的形式与外部设备建立数据的传输通道连接。

设备构件是 MCGS 系统对外部设备实施设备驱动的中间媒介，通过建立的数据通道，在实时数据库与测控对象之间，实现数据交换，达到对外部设备的工作状态进行实时检测与控制的目的。

MCGS 系统内部设立有设备工具箱，工具箱内提供了与常用硬件设备相匹配的设备构件。MCGS 设备工具箱内一般只列出工程所需的设备构件，方便工程使用，如果需要在工具箱中添加新的设备构件，可用鼠标单击工具箱上部的

“设备管理”按钮，弹出设备管理窗口，设备窗口的“可选设备”栏内列出了已经完成登记的、系统目前支持的所有设备，找到需要添加的设备构件，选中它，双击鼠标，或者单击“增加”按钮，该设备构件就添加到右侧的“选定设备”栏中。选定设备栏中的设备构件就是设备工具箱中的设备构件。如果我们将自己定制的新构件完成登记，添加到设备窗口，也可以用同样的方法将它添加到设备工具箱中。

在工作台“设备窗口”中双击“设备窗口”图标进入（图 5-52）。

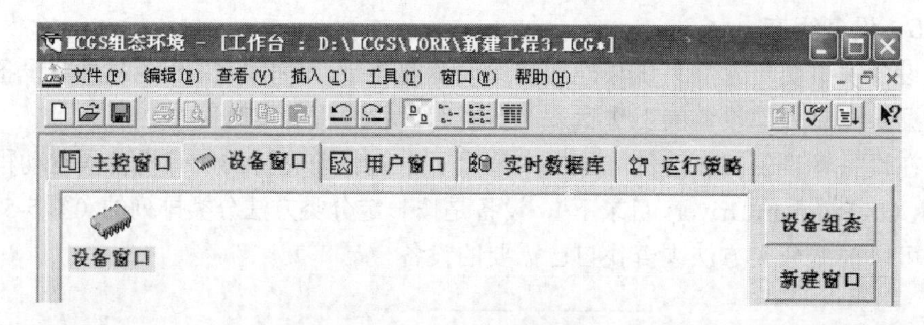

图 5-52 设备窗口界面

点击工具条中的“工具箱”图标，打开“设备工具箱”（图 5-53）。

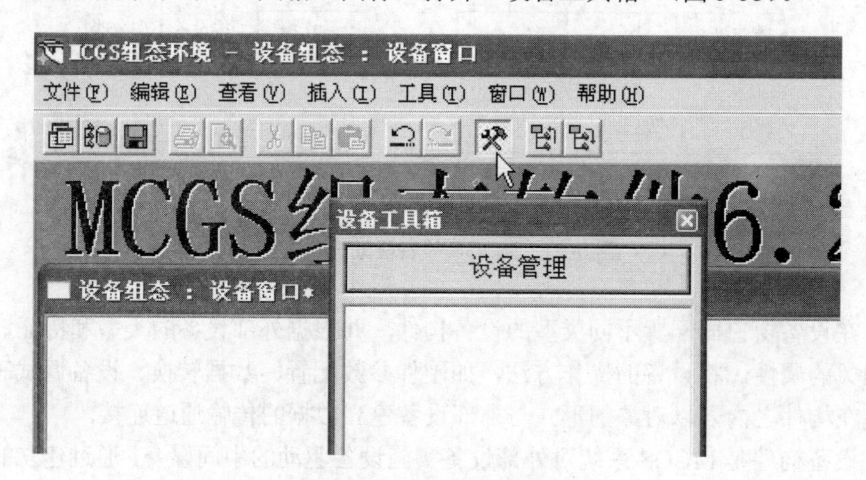

图 5-53 设备工具箱画面

单击“设备工具箱”中的“设备管理”按钮，弹出如图 5-54 所示的窗口。

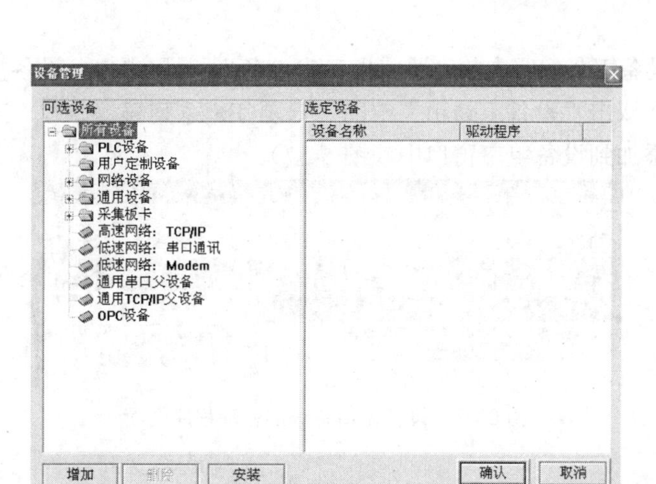

图 5-54　设备管理窗口

在可选设备列表中，双击“通用串口父设备”，即可将“通用串口父设备”添加到右侧选定设备列表中。单击“确认”，“通用串口父设备”即被添加到“设备工具箱”中。执行同样操作步骤，在可选设备列表中双击“PLC 设备”。双击“三菱”，然后再双击“三菱_FX 系列编程口”，在下方出现子项目中选择“三菱_FX 系列编程口”图标（图 5-55）。双击图标，即可将“三菱_FX 系列编程口”添加到右侧的选定设备列表中，选中选定设备列表中的“三菱_FX 系列编程口”，单击“确认”，“三菱_FX 系列编程口”即被添加到“设备工具箱”中（图 5-56）。

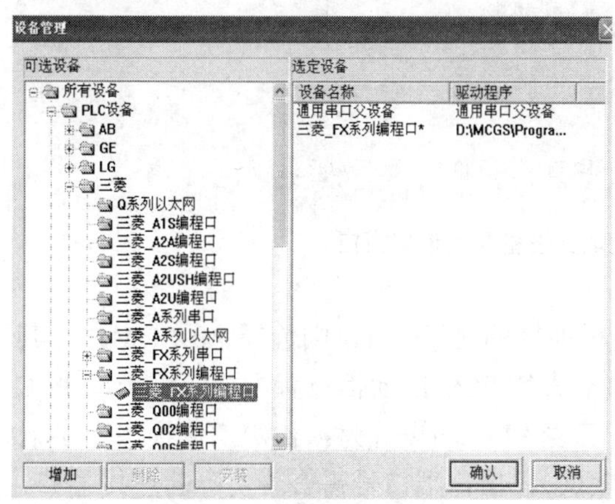

图 5-55　添加设备窗口

图 5-56　添加后的设备工具箱

双击“设备工具箱”中的“通用串口父设备”，通用串口父设备被添加到设备组态窗口中；双击“设备工具箱”中的“三菱_FX 系列编程口”，“三菱_FX 系列编程口”被添加到设备组态窗口中（图 5-57）。

图 5-57　设备窗口中添加驱动程序画面

双击设备组态窗口中的“设备 0-[通用串口父设备]”，进入串口通信父设备属性设置窗口（图 5-58）。

通用串口设备属性编辑

基本属性　电话连接

设备属性名	设备属性值
设备名称	通用串口父设备0
设备注释	通用串口父设备
初始工作状态	1 - 启动
最小采集周期(ms)	1000
串口端口号(1~255)	0 - COM1
通讯波特率	6 - 9600
数据位位数	0 - 7位
停止位位数	0 - 1位
数据校验方式	2 - 偶校验

检查(K)　确认(Y)　取消(C)　帮助(H)

图 5-58　串口通信父设备属性设置窗口

设置串口端口号，如 PLC 与计算机连接的是串口 1，则选择“0-COM1”，其他设置请与 PLC 的通信方式一致。如不清楚 PLC 的通信设置方式，可查询 PLC 手册或 PLC 编程软件中的有关设置。三菱 PLC 的设置为：初始工作状态为 1-启动（默认），最小采集周期为 1 000（默认），串口端口号需查看实际的连接端口，通信波特率也需查看 PLC 实际设定的数据 19 200 或 9 600，7 位数据位，1 位停止位，偶校验，数据采集方式为同步采集。

双击设备组态窗口中的“设备 0-[三菱_FX 系列编程口]”，进入设备属性设置窗口（图 5-59）。

设备属性设置： -- [设备0]

基本属性 通道连接 设备调试 数据处理

设备属性名	设备属性值
[内部属性]	设置设备内部属性 ...
采集优化	1-优化
[在线帮助]	查看设备在线帮助
设备名称	设备0
设备注释	三菱_FX系列编程口
初始工作状态	1 - 启动
最小采集周期[ms]	1000
设备地址	0
通讯等待时间	200
快速采集次数	0
CPU类型	2 - FX2NCPU

检查[K] 确认[Y] 取消[C] 帮助[H]

图 5-59 PLC 的属性设置窗口

点击基本属性页中的“内部属性”选项，该项右侧会出现小图标，单击此按钮进入“内部属性”设置（图 5-60）。

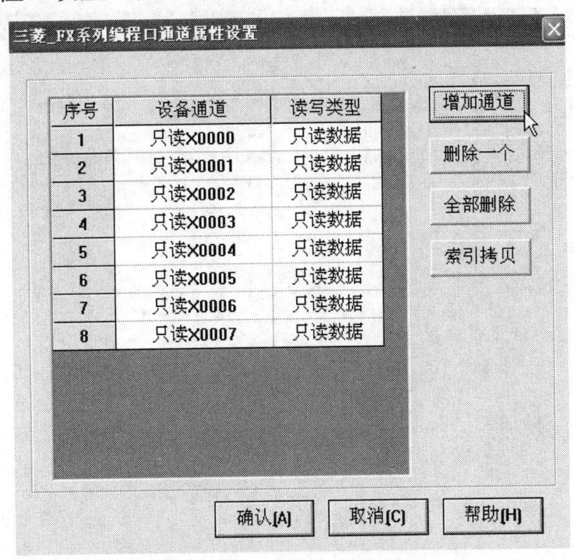

图 5-60 增加通道属性设置窗口

在此窗口下可进行增加通道或删除通道等操作。如果不是所需要监控的通道，可执行删除操作。选择“全部删除按钮”，点击“是[Y]”则现有通道将被全部删除。

删除所有不需要的通道后，选中“增强通道”按钮，可添加所需监控采集数据的通道。可添加的通道类型、数据位数、连续通道个数、操作方式等在相应的选择框中选择（图 5-61）。

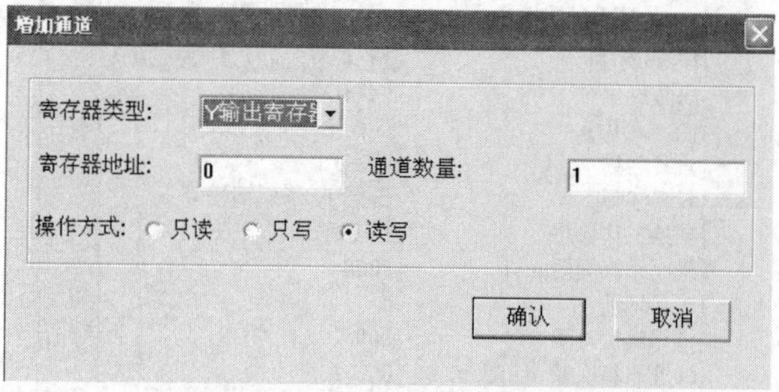

增加通道

寄存器类型: Y输出寄存器

寄存器地址: 0　通道数量: 1

操作方式: 只读　只写　读写

确认　取消

图 5-61　增加通道属性设置窗口

“X 输入寄存器”的操作方式只可设定为只读。“Y 输出寄存器”“M 辅助继电器”的操作方式可定为读写、只读、只写。

灯 1 对应于 Y0，灯 2 对应于 Y1，其属性设置为可读。由于 X 不能被组态软件编程，所以 MCGS 通过写 M 来实现上位机按键对下位 PLC 的控制：M0—X0，M1—X1，修改原双灯闪烁程序。增加通道如图 5-62 所示。

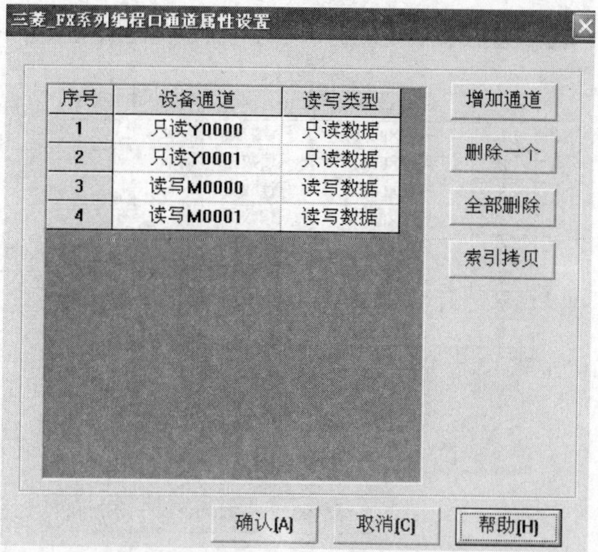

三菱_FX系列编程口通道属性设置

序号	设备通道	读写类型
1	只读Y0000	只读数据
2	只读Y0001	只读数据
3	读写M0000	读写数据
4	读写M0001	读写数据

增加通道　删除一个　全部删除　索引拷贝

确认[A]　取消[C]　帮助[H]

图 5-62　增加的 PLC 通道及其类型

选择“通道连接”标签，进入通道连接设置。选中通道 1“对应数据对象”输入框，单击鼠标右键，弹出数据列表后，选择“灯 1”；选中通道 2“对应数据对象”输入框，单击鼠标右键选择“灯 2”。其他操作类似，完成后点击“确认”后完成通道连接过程（图 5-63）。

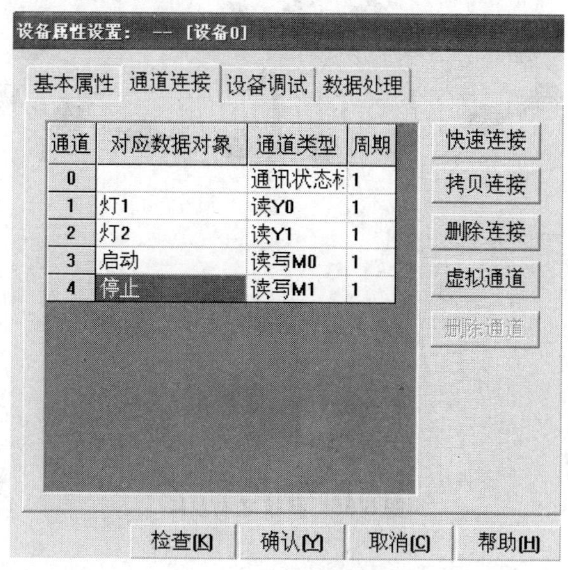

图 5-63 通道连接

将修改后的 PLC 程序（图 5-64）下载到 PLC 中并运行，然后关闭 GX 编程软件，以免与 MCGS 共用串口出现冲突，进入 MCGS 运行。

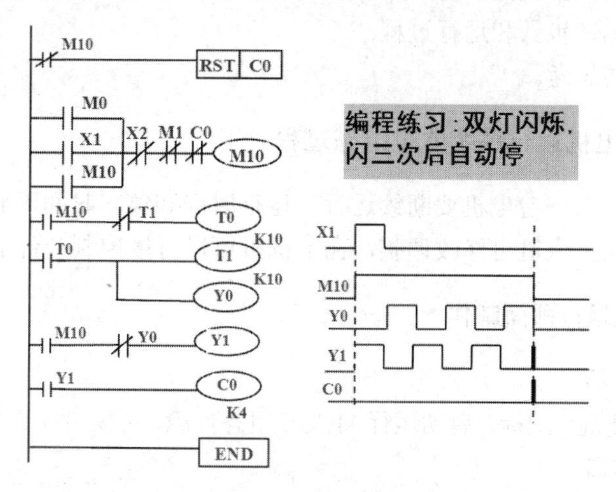

图 5-64 双灯闪烁 PLC 程序

练习：实际建立一个新工程

用可编程控制器编制16彩灯花样控制程序，并将PLC数据送入PC机，使用MCGS上位组态进行PLC的运行监控。科技之光效果如图5-65所示。

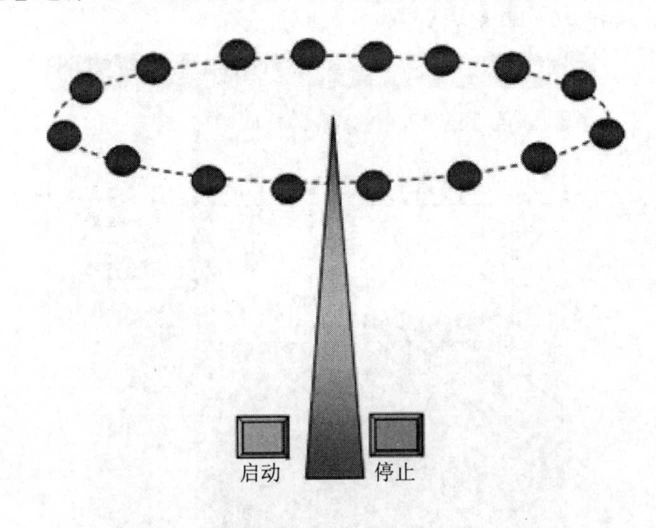

图5-65 科技之光效果

（1）画出“科技之光灯塔”彩灯的PLC控制系统硬件电路图；

（2）给出“科技之光灯塔”的彩灯控制系统梯形图并进行设计说明；

（3）给出“科技之光灯塔”监控画面组态图；

（4）说明其数据变量、动画连接、设备组态与通道连接；

（5）说明调试步骤和运行过程；

（6）总结与思考。

三、制作电机运行系统监控组态过程

控制要求：有一台电机要断续运行，运行时间和停车时间可显示，并且运行时间要求时间在上位机可修改调整，在上位机可以直接控制一台水泵运行。

（一）电机运行画面制作

1. 新建工程

双击“快捷键”图标，启动运行MCGS组态环境，在文件中选择“新建工程”。

2. 新建窗口

在“用户窗口”中单击“新建窗口”按钮，建立“窗口0”。选中“窗口0”，单击“窗口属性”，进入“用户窗口属性设置”。将窗口名称改为：“电机控制”；窗口标题改为：“电机控制”；窗口位置选中“最大化设置”，其他不变，单击“确认”。在“用户窗口”中，选中“电机控制”，点击右键，选择下拉菜单中的“设置为启动窗口”选项，将该窗口设置为运行时自动加载的窗口（图 5-66）。

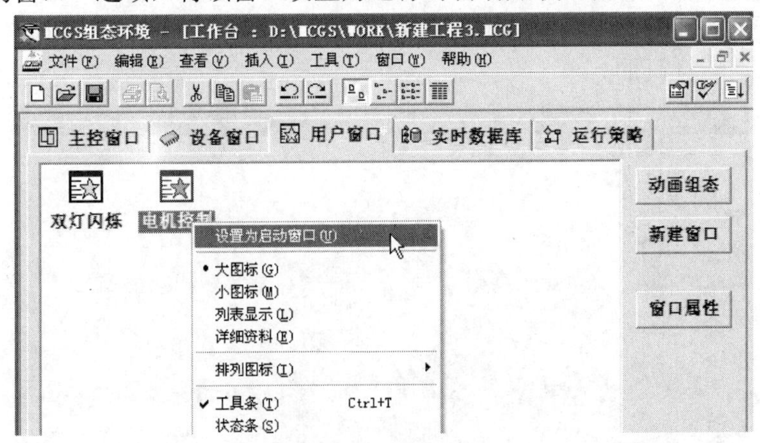

图 5-66 新建用户窗口

3. 编辑画图

选中“电机控制”图标，单击“动画组态”，进入动画组态窗口，开始编辑画图。

（1）制作文字框图

首先单击工具条中的（工具箱）按钮，打开绘图工具箱；然后选择工具箱内的（标签）按钮，鼠标的光标呈十字形，在窗口顶端中心位置拖曳鼠标，根据需要拉出一个一定大小的矩形，在光标位置输入文字“电机控制系统工程”，按回车键或在窗口任意位置用鼠标点击一下，文字输入完毕，选中文字框作如下设置；点击（填充色）按钮，设定文字框的颜色背景为：没有填充；点击（线色按钮）设置文字框的边线颜色为：没有边线。点击（字符字体）按钮，设置文字字体为：宋体；字形为粗体；大小为 24；点击（字符颜色）按钮，将文字颜色设为：蓝色。

（2）制作电机、水泵、输入框、指示灯、按钮

单击绘图工具中的（插入元件）图标，弹出对象元件管理对话框。

从“指示灯”类中选取“指示灯 3”，从“马达类”类中选取“马达 26”，从“泵”类中选取“泵 30”，从按钮类中选取“按钮 73”。将指示灯、马达、泵、按钮、调整为适当大小，放到适当位置。使用工具箱中的图标，分别对指示灯、马达、泵、按钮进行文字注释。依次为：启动按钮信号、电机运行状态、水泵运

行状态、水泵控制按钮。

在工具箱中选择输入栏添加 4 个输入框分别进行文字注释，依次为电机运行时间调整，电机运行剩余时间显示，停止运行时间显示，停止运行剩余时间显示。并在电机运行剩余时间显示和停止运行剩余时间显示加入矩形 2 个，填充颜色分别选择绿和红。最后生成的画面如图 5-67 所示。选择“文件”菜单中的“保存窗口”选项，保存画面。

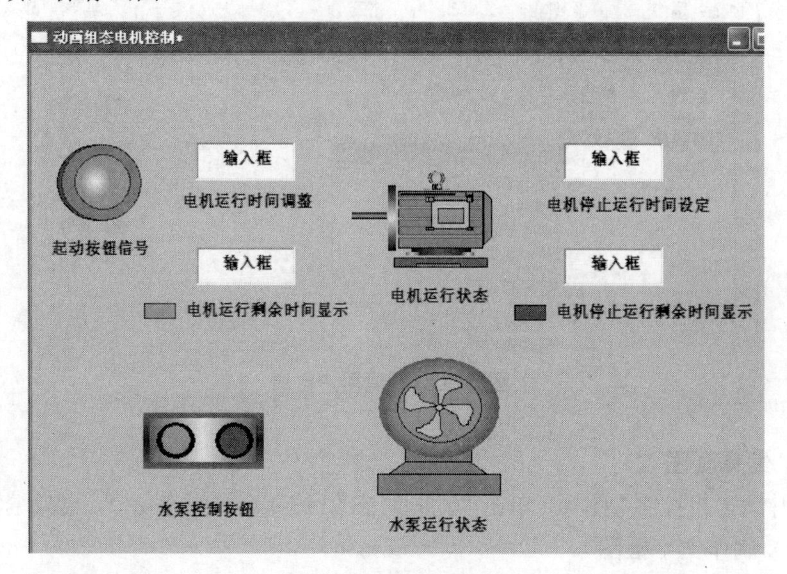

图 5-67　系统监控

4．定义数据对象

在开始定义数据对象之前，根据控制要求编写 PLC 程序。

首先对所有数据对象进行分析，该项目中要用到的数据对象如表 5-2 所示。

表 5-2　项目中用到的数据对象

数据对象名称	类　型	对象内容注释
启动按钮	开关型	启动信号
电机	开关型	电机运行状态
上位机控制电机	开关型	按钮输入和上位机控制电机运行
电机运行时间	数值型	电机运行时间调整
电机运行剩余时间	数值型	电机运行剩余时间显示
停止运行时间	数值型	停止运行时间显示
停止运行剩余时间	数值型	停止运行剩余时间显示

定义数据对象：单击工作台中的“实时数据库”窗口标签进入实时数据库窗口页。单击[新增对象]按钮，在窗口数据列表中增加新的数据对象，系统缺省的定义名称为“Data1”“Data2”等（多次点击该按钮，则可增加多个数据对象）。

选中对象，按“对象属性”按钮，或双击选中对象，则打开“数据对象属性设置”窗口。将对象名称改为：启动按钮；对象类型选择：开关型；在对象内容注释框内输入：“起动信号”，单击“确认”。按此步骤，根据上面列表，设置其他6个数据对象（图5-68）。

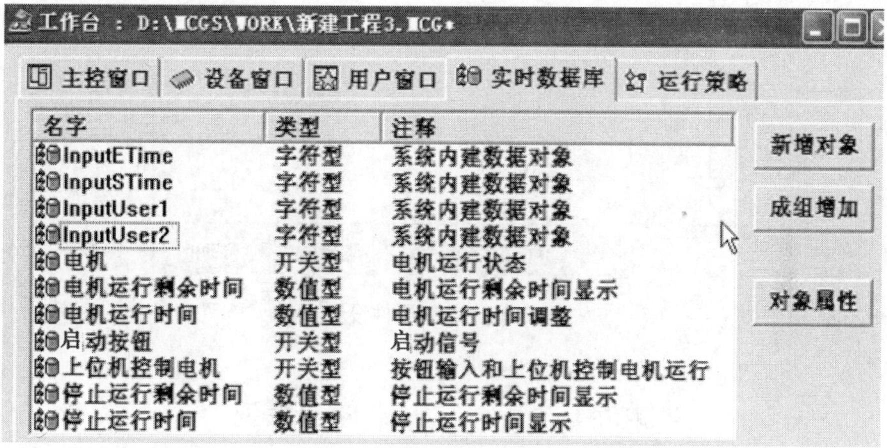

图5-68　定义数据变量

（二）制作电机运行系统监控组态过程

在本工程中需要制作动画效果的部分包括：电机的启与停、电机启动时间修改与显示和停止时间的显示、上位机按钮控制水泵的启停等。

1．动画连接

电机启动按钮信号效果，它是通过动画连接设置可见度来实现的。在用户窗口中，双击“启动按钮信号”，弹出单元属性设置窗口（图5-69）。单击“数据对象”右端出现的浏览按钮?，弹出对话框如图5-70所示，选择“启动按钮”，单击“动画连接”标签，弹出如图5-71所示画面。

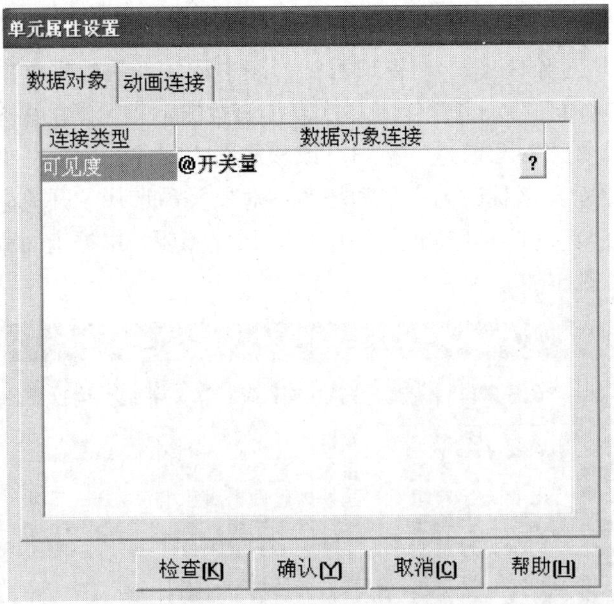

图 5-69 单元属性设置

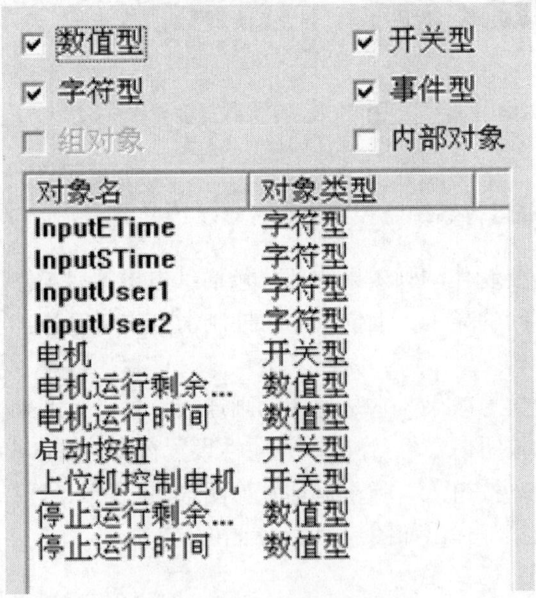

图 5-70 数据对象选择窗口

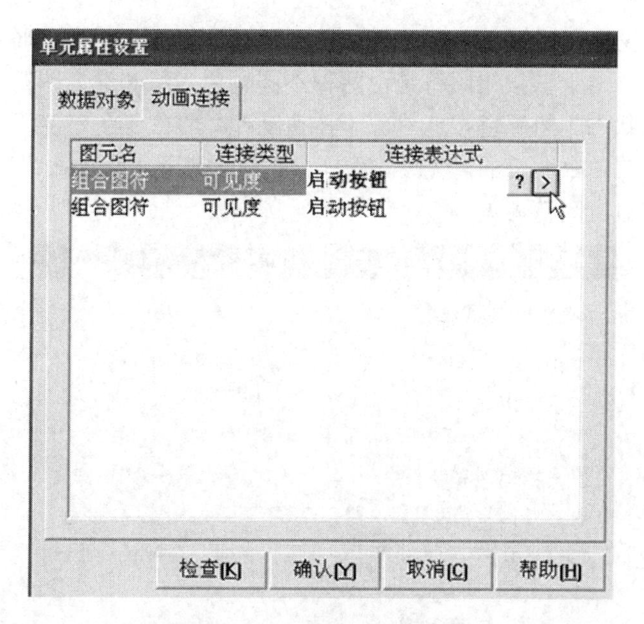

图 5-71 启动按钮动画连接画面

单击>进入[动画组态属性设置]窗口（图 5-72）。

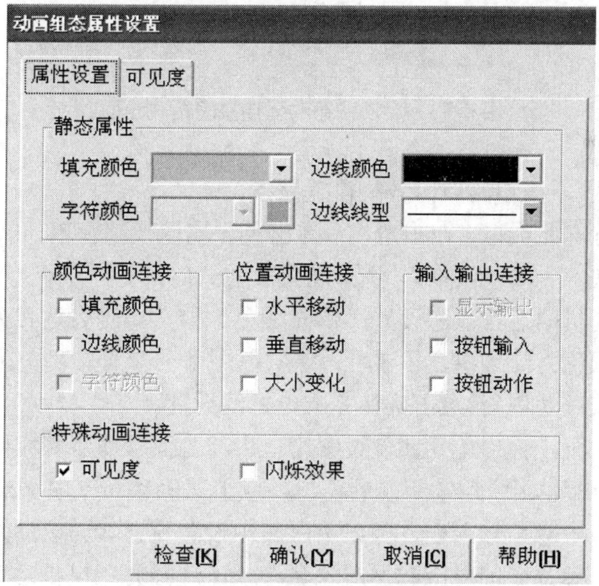

图 5-72 动画组态属性设置窗口

单击“可见度”标签，弹出画面如图 5-73 所示，表达式非零时，则默认为对应图符不可见。由于该按钮图符是由两种不同颜色（绿和红）图符叠加而成，而按钮也有两种状态。将绿色按钮对应于按钮动作，将红颜色对应于按钮不动作。因此还需设定第二个图符的可见度，而连接表达式还是“启动按钮”，表达式非零时，则默认为对应图符可见。

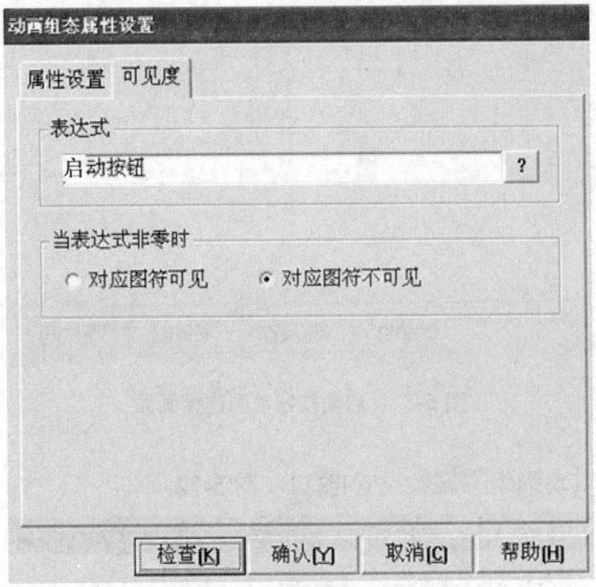

图 5-73 启动按钮动画连接表达式画面

单击“确认”，按钮的启停效果设置完毕。

其他的设置与此类似，双击电机，弹出单元属性设置窗口。单击“动画连接”标签，显示如图 5-74 所示窗口，选择连接表达式时选择“电机”，出现如图 5-75 所示的窗口，电机的运行状态设置“填充颜色”即可。当表达式为零时，该电机的矩形框填充颜色为红颜色，非零时为绿颜色。对于该工程“按钮动作”不使用，不需要设置“按钮动作”。点击确认完成电机的设置。

同样双击水泵，弹出单元属性设置窗口，与上面操作步骤相同，选择“上位机控制电机”，出现如图 5-76 所示的窗口，点击“确认”完成水泵的设置。

在用户窗口中双击输入框，弹出单元属性设置窗口。与上面操作步骤相同，在“操作属性”标签中的对应数据对象名称依次选择为：电机运行时间、电机运行剩余时间、停止运行剩余时间。可见度属性不设置则该输入栏一直出现。图 5-77 是电机运行时间输入栏设置，其他 3 个输入栏类似。

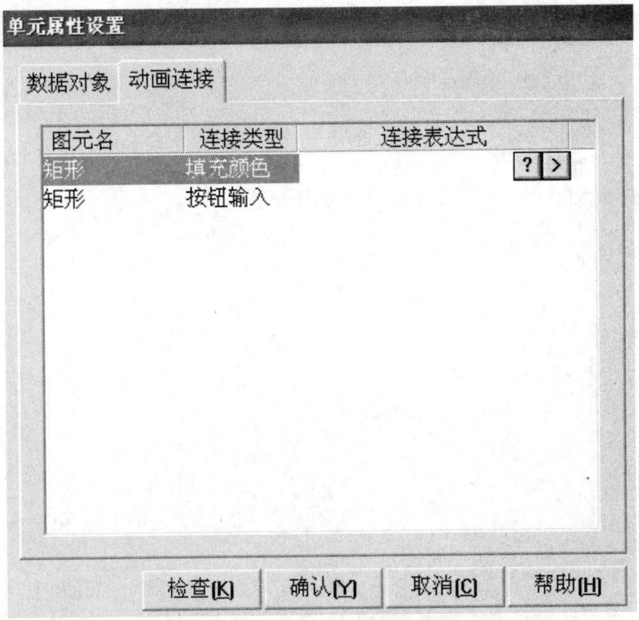

单元属性设置

数据对象 动画连接

图元名	连接类型	连接表达式
矩形	填充颜色	? >
矩形	按钮输入	

检查(K) 确认(Y) 取消(C) 帮助(H)

图 5-74 电动机单元属性设置窗口

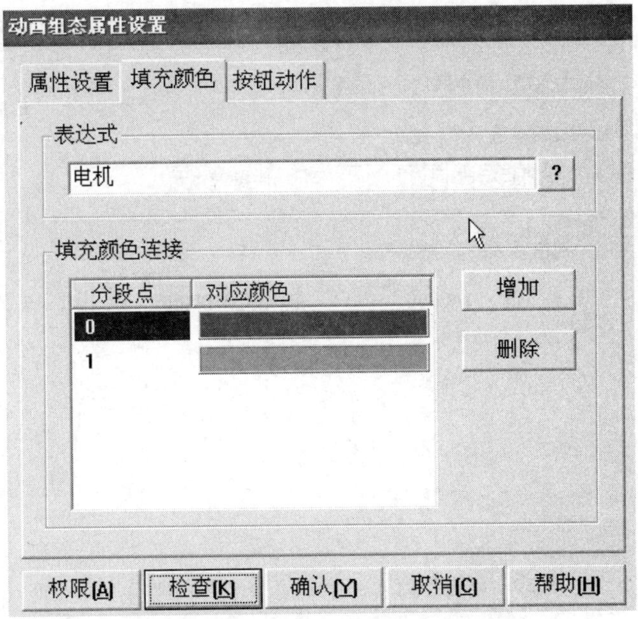

动画组态属性设置

属性设置 填充颜色 按钮动作

表达式

电机 ?

填充颜色连接

分段点	对应颜色
0	
1	

增加

删除

权限(A) 检查(K) 确认(Y) 取消(C) 帮助(H)

图 5-75 电动机动画组态属性设置

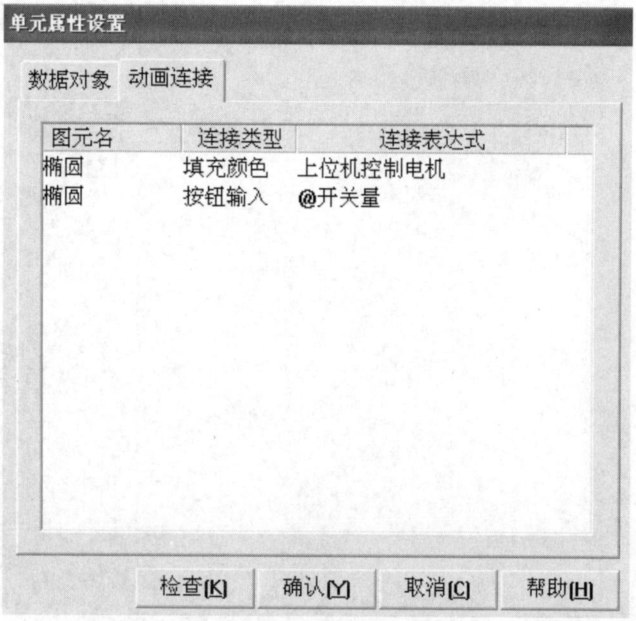

单元属性设置

数据对象 动画连接

图元名	连接类型	连接表达式
椭圆	填充颜色	上位机控制电机
椭圆	按钮输入	@开关量

检查[K] 确认[Y] 取消[C] 帮助[H]

图 5-76 动画连接表达式窗口

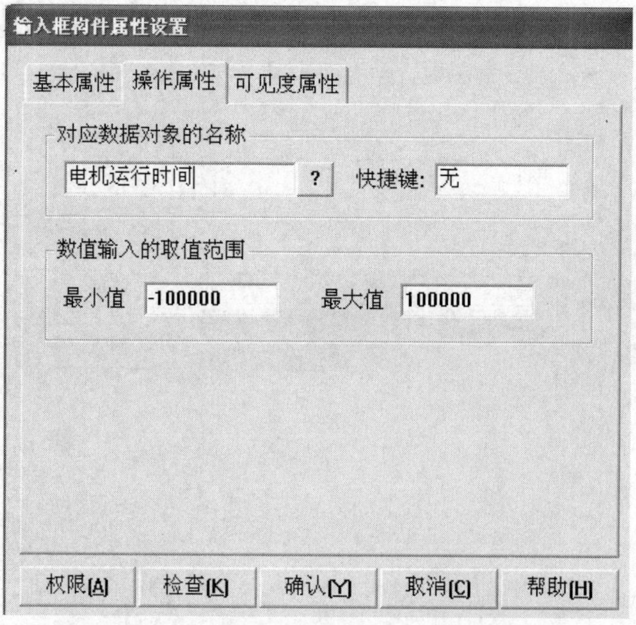

输入框构件属性设置

基本属性 操作属性 可见度属性

对应数据对象的名称

电机运行时间 ? 快捷键: 无

数值输入的取值范围

最小值 -100000 最大值 100000

权限[A] 检查[K] 确认[Y] 取消[C] 帮助[H]

图 5-77 电动机运行时间输入框动画连接画面

在用户窗口中双击水泵控制按钮图符，弹出单元属性设置窗口如图 5-78 所示。在“输入输出连接”选项中选中“按钮输入”，出现一个“按钮输入”标签，再设置参数。

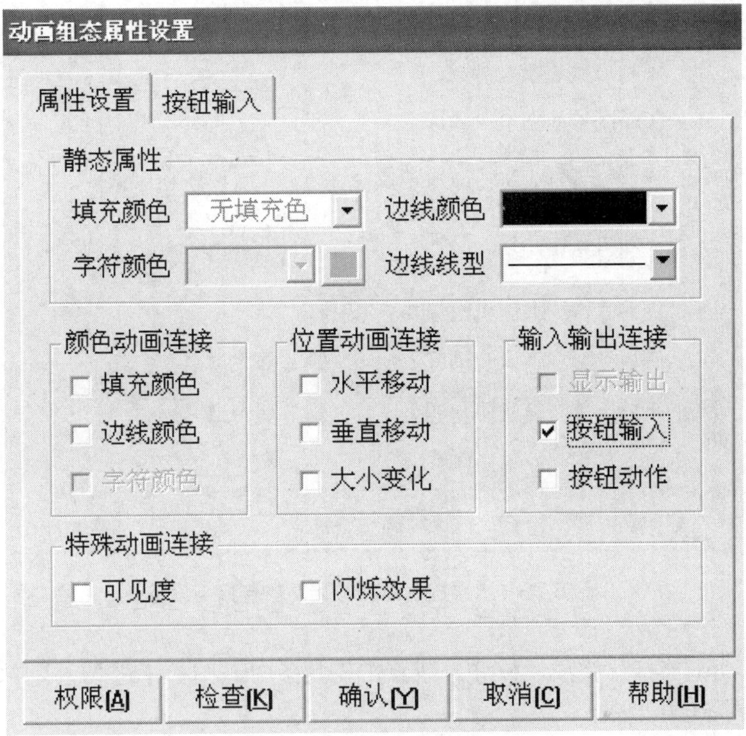

图 5-78 控制按钮动画组态属性设置

在“按钮输入”中，如图 5-79 所示，选择对应数据对象为上位机控制电机，输入值类型为开关量输入，提示信息为上位机控制水泵按钮，开时信息确认启动吗？关时信息为确认停止吗？点击“确认”完成水泵控制按钮的设置。

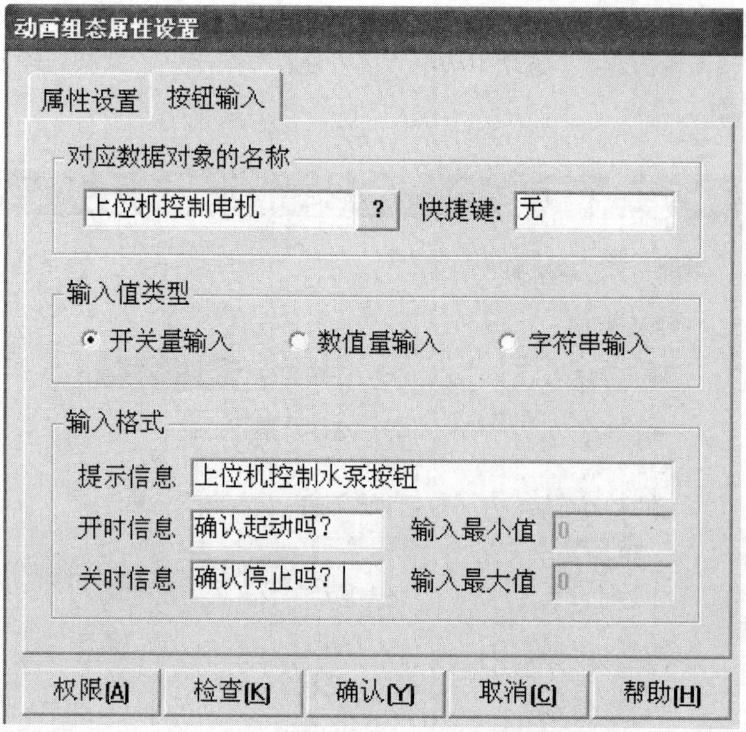

图 5-79 水泵控制按钮数据对象连接与设置

至此动画连接已完成，按 F5 或点击工具条中图标，进入运行环境，看一下组态后的结果。

2．设备连接

在工作台“设备窗口”中双击“设备窗口”图标进入，点击工具条中的“工具箱”图标，打开“设备工具箱”，单击“设备工具箱”中的“设备管理”按钮，在可选设备列表中，双击“通用串口父设备”，即可将“通用串口父设备”添加到右侧选定设备列表中。单击“确认”，“通用串口父设备”即被添加到“设备工具箱”中。执行同样操作步骤，在可选设备列表中双击“PLC 设备”。双击“三菱”，然后再双击“三菱_FX 系列编程口”，在下方出现子项目中选择“三菱_FX 系列编程口”图标。双击图标，即可将“三菱_FX 系列编程口”添加到右侧的选定设备列表中，选中选定设备列表中的“三菱_FX 系列编程口”，单击“确认”，“三菱_FX 系列编程口”即被添加到“设备工具箱”中。

双击“设备工具箱”中的“通用串口父设备”，通用串口父设备被添加到设备组态窗口中；双击“设备工具箱”中的“三菱_FX 系列编程口”，三菱_FX 系列编程口被添加到设备组态窗口中。

双击设备组态窗口中的“设备 0-[通用串口父设备]”，进入串口通信父设备属性设置窗口，设置串口端口号，如 PLC 与计算机连接的是串口 1，则选择“0-COM1”，其他设置请与 PLC 的通信方式一致。如不清楚 PLC 的通信设置方式，可查询 PLC 手册或 PLC 编程软件中的有关设置。三菱 PLC 的设置为：初始工作状态为 1-启动（默认），最小采集周期为 1000（默认），串口端口号需查看实际的连接端口，通信波特率也需查看 PLC 实际设定的数据 19 200 或 9 600，8 位数据位，1 位停止位，偶校验，数据采集方式为同步采集。

双击设备组态窗口中的“设备 0-[三菱_FX 系列编程口]”，进入设备属性设置窗口。

点击基本属性页中的“内部属性”选项，该项右侧会出现小图标，单击此按钮进入“内部属性”设置。

动画连接是将用户窗口中图形对象与实时数据库中的数据对象建立相关性连接，是将实时数据库中的数据对象与 PLC 建立相关性连接。根据 PLC 程序和组态画面控制要求的设计如表 5-3 所示。

表 5-3 数据对象

数据对象名称	类型	FX 系列 PLC 地址	操作方式
启动按钮	开关型	X0	只读
电　　机	开关型	Y0	只读
上位机控制电机	开关型	Y5	读写
电机运行时间	数值型	D0	只写
电机运行剩余时间	数值型	D2	只读
停止运行时间	数值型	D4	只写
停止运行剩余时间	数值型	D6	只读

启动按钮信号对应于 X0，电机对应于 Y0，上位机控制电机对应于 Y5，其属性设置为可写（按钮输入）和可读（电机运行监控显示），四个输入栏分别为：电机运行时间调整，电机运行剩余时间显示，停止运行时间设定，停止运行剩余时间显示。需要注意的是 Y5 在组态中的使用，但不能同时在 PLC 程序中使用，否则会出错。而停止按钮信号 X1 组态画面中不要求的话也可以不使用。按表 5-3 增加通道如图 5-80 所示。

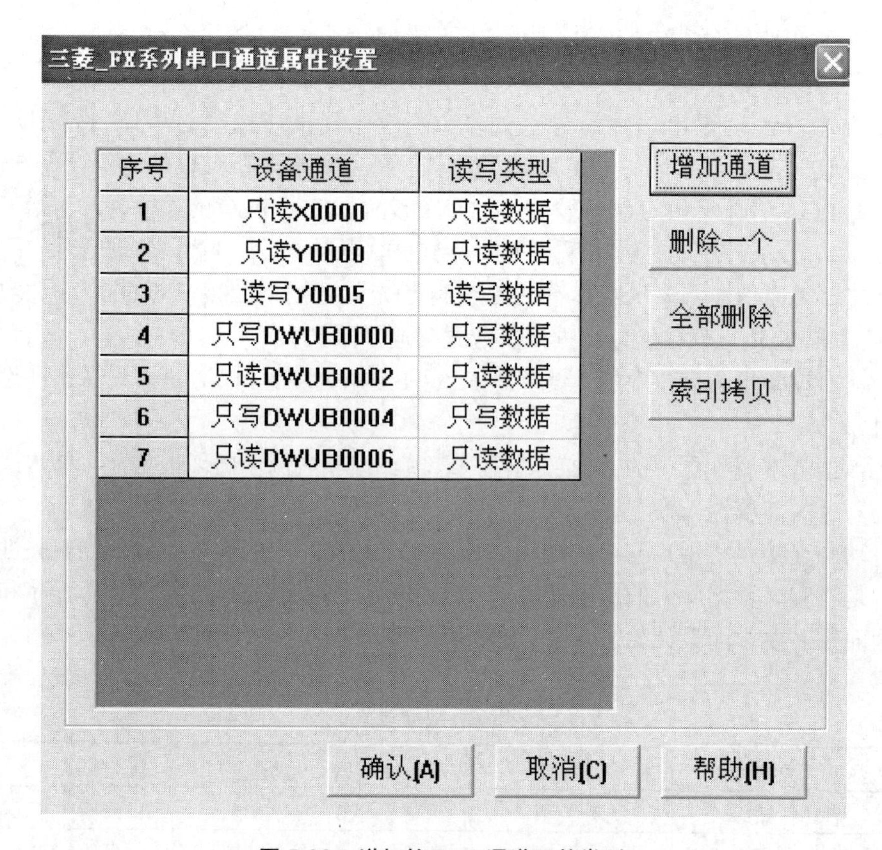

图 5-80 增加的 PLC 通道及其类型

单击“确认”完成“内部属性”设置。点击通道连接标签，进入通道连接设置。选中通道 1 对应数据对象输入框。根据上述数据对象和 PLC 地址对应表格，输入启动按钮或单击鼠标右键，弹出数据列表后，选择“启动按钮”；选中通道 2 对应数据对象输入框，单击鼠标右键选择“电机”。其他操作类似，完成后点击“确认”后完成通道连接过程。

执行“保存”操作。至此，即完成上述电机控制系统组态过程。

3. 设备调试

将计算机通过 COM1 口与 PLC 联机调试，首先验证上述设置是否正确。打开 PLC 编程软件，将设计好的程序（图 5-81）下载传入 PLC 中，并检查 PLC 与上位机组态的通信参数设置是否一致。

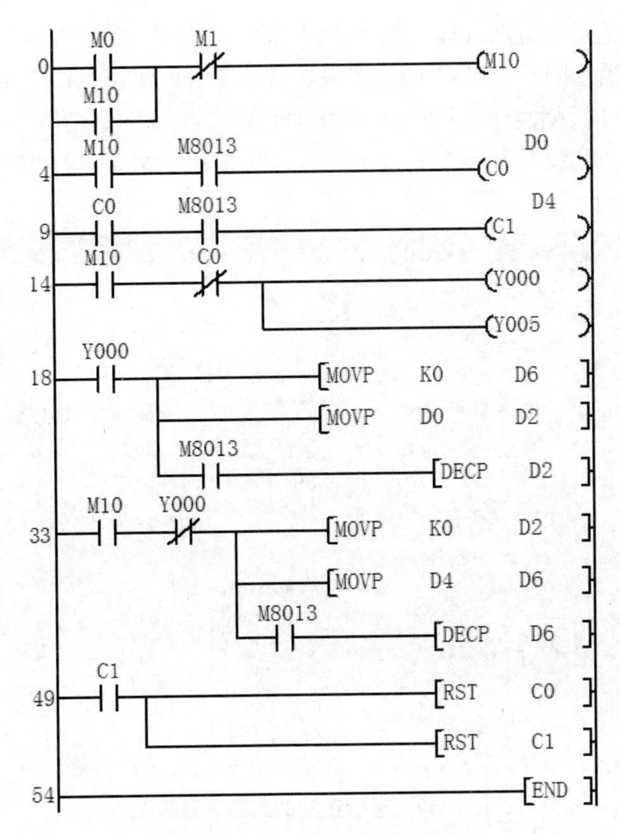

图 5-81　电机运行梯形图程序

检查完成后，将 PLC 编程软件关闭，再运行组态软件，以免发生串口通信竞争，导致出错，不能正常运行组态软件。返回进入 MCGS 软件的“设备组态窗口”中“设备调试”属性栏，此时若通信异常则通信状态标志位为“1”。此时需按步骤检查相关设置是否正确。如设置正确则通信状态标志为“0”，对应的 I 寄存器和 Q 寄存器的状态将与 PLC 的状态变化一致。此时组态软件即采集到 PLC 中数据，并可实现数据的读写监控。

设备调试完成，通信正常，关闭设备窗口前弹出一个对话框，要求存盘，选择[是]即可。

设置完成后，在“文件”菜单中选择进入“运行环境”或点击（进入运行环境），出现如图 5-82 所示画面，在电机运行时间调整输入栏中，输入“20”，改数据被写入 PLC 数据寄存器中，同时 PLC 的数据传输指令完成将数据传入定时器的设定值中，达到修改运行时间的效果，设定完时间后，鼠标在输入框外单击一下，数据才能完成写入过程，按下 PLC 的启动按钮 X0，在该界面中，启动信号由红变成绿颜色同时，PLC 输出继电器 Y0 闭合，组态画面中电机运行（矩形框由红变绿），按下水泵控制按钮，弹出对话框，出现一个询问，如需启动水泵，则按下确认启动按钮，要停车则按下确认停止按钮。水泵运行和停止状态也是由红、绿颜色表示。

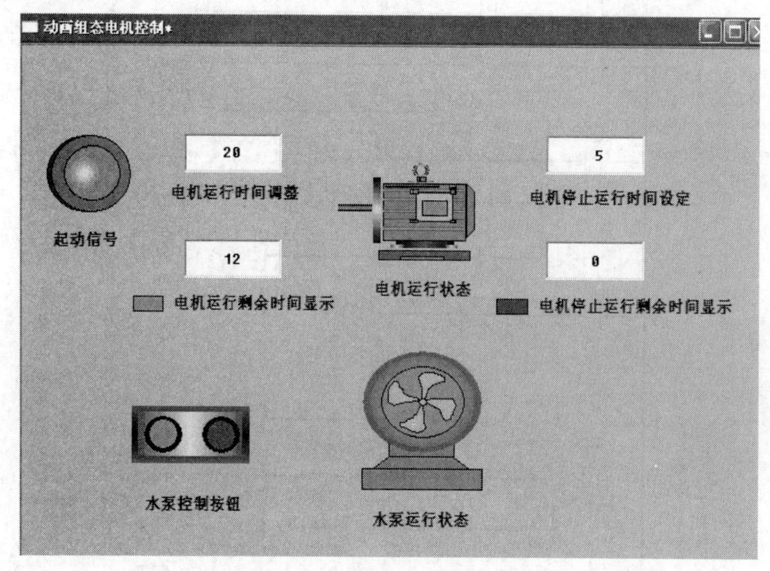

图 5-82　运行正常的组态工程画面

四、三菱 PLC（用 FX_{2N}-485BD）与（MCGS-TP7062KS）触摸屏通信

1．MCGS 屏和 PLC 通信线（485 通信用）制作

如图 5-83 所示。

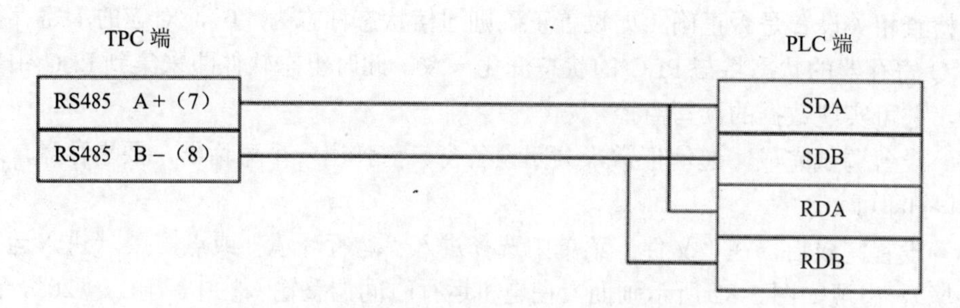

图 5-83　MCGS 屏和 PLC 通信线（485 通信用）制作

注：TPC 端采用 9 针 D 型母头：

7 脚：黄色线和绿色线；

8 脚：红色线和蓝色线。

PLC 端：

SDA：黄色线；

RDA：绿色线；

SDB：红色线；

RDB：蓝色线。

建议：采用 5 芯屏蔽线，长度约为 2 m。

2．MCGS 屏和 PLC 通信软件的设置

（1）触摸屏的设置

① 组态硬件

打开设备工具箱如图 5-84 所示。

图 5-84　打开设备工具箱

点击设备管理如图 5-85 所示。

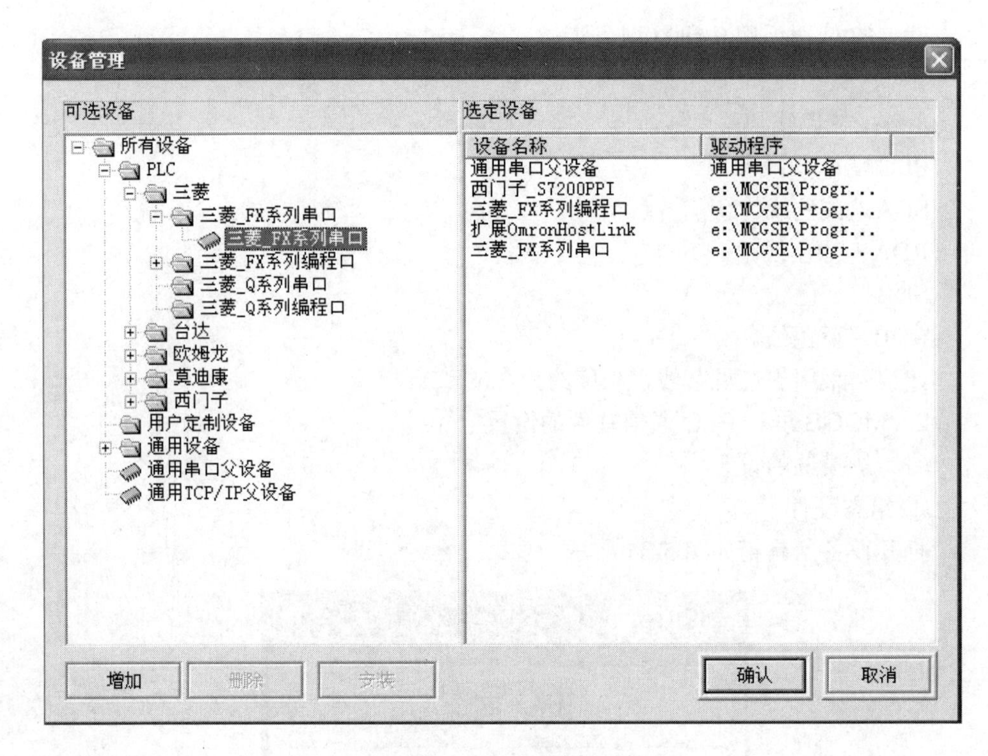

图 5-85　点击设备管理

找到三菱 FX 系列串口，并双击添加到设备工具箱里，最后组态后的父设备与子设备如图 5-86 所示。

图 5-86　组态后的设备窗口

② 修改父设备的参数

如图 5-87 所示。

通用串口设备属性编辑

基本属性 电话连接

设备属性名	设备属性值
设备名称	通用串口父设备0
设备注释	通用串口父设备
初始工作状态	1 - 启动
最小采集周期(ms)	1000
串口端口号(1~255)	1 - COM2
通讯波特率	6 - 9600
数据位位数	0 - 7位
停止位位数	0 - 1位
数据校验方式	2 - 偶校验

检查(K) 确认(Y) 取消(C) 帮助(H)

图 5-87 修改父设备参数

注：串口号应选 COM2，原因如表 5-4 所示，9 针公座包括 2 个 COM 口中。

表 5-4 COM 口引脚定义

接口	PIN	引脚定义
COM1	2	RS232 RXD
	3	RS232 TXD
	5	GND
COM2	7	RS485+
	8	RS485−

③ 修改子设备的参数

如图 5-88 所示。

设备属性名	设备属性值
[内部属性]	设置设备内部属性
采集优化	1-优化
设备名称	设备0
设备注释	三菱_FX系列串口
初始工作状态	1 - 启动
最小采集周期(ms)	100
设备地址	0
通讯等待时间	200
快速采集次数	0
协议格式	0 - 协议1
是否校验	1 - 求校验
PLC类型	4 - FX_{2N}

图 5-88　修改子设备参数

（2）PLC 的设置

打开 GX Developer 软件，选择 PLC 参数，如图 5-89 所示。

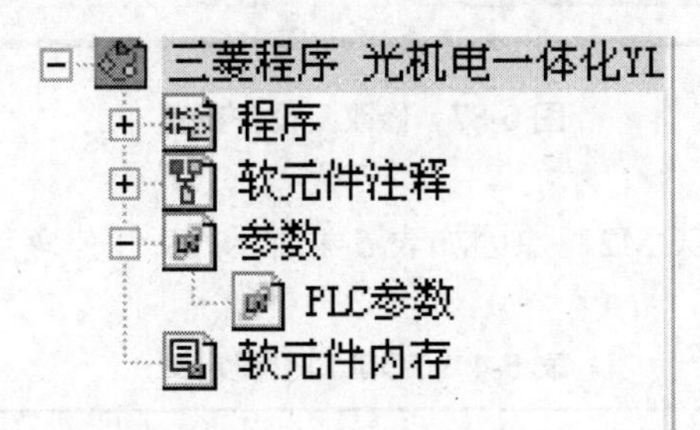

图 5-89　选择 PLC 参数设置

在 FX 参数设置中修改通信设置操作，如图 5-90 所示。

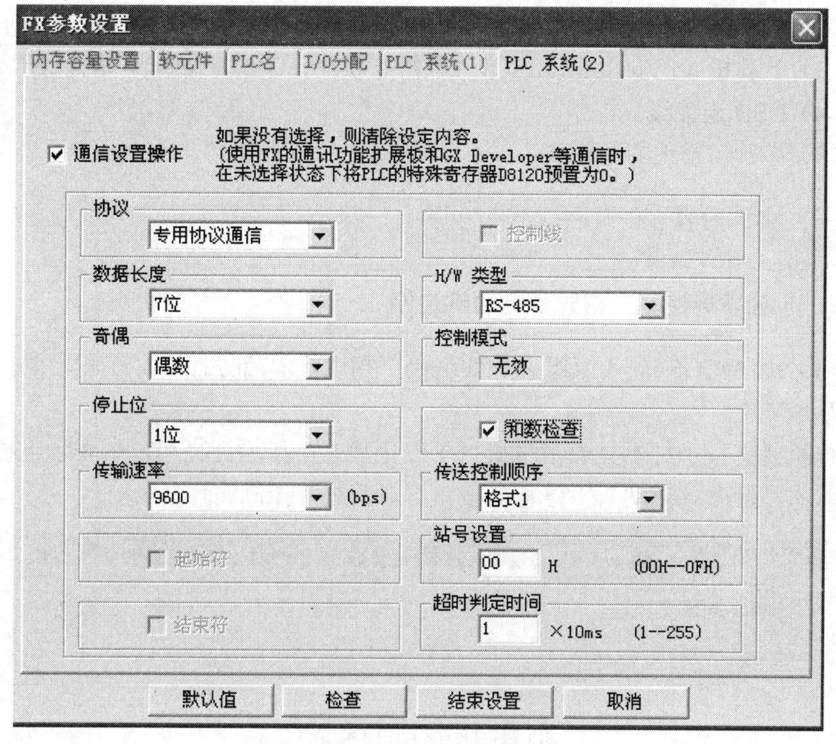

图 5-90　PLC 参数设置

这样触摸屏就可以通过 RS485 与 PLC 进行通信了。

实训三　组态软件与触摸屏的应用

一、实训目标

（1）了解监控组态软件开发环境，掌握 MCGS 组态软件的基本使用方法。

（2）掌握工程组态、画面组态、实时数据库配置、动画设置、硬件组态等组态工具。

（3）了解触摸屏的使用，熟悉触摸屏与 PLC 的通信。

（4）运用 MCGS 设计组态监控界面。

二、实训器材

（1）触摸屏，型号：TPC 7062KS。

（2）PLC，型号：三菱 FX_{3U}-32M。

（3）计算机（已安装 MCGS 嵌入版组态软件、GX Developer 编程软件）。

（4）USB 连接线。

（5）串行口形式的通信线。

三、实训内容

（一）触摸屏控制三相异步电动机启停

（1）用 MCGS 嵌入版组态软件编制三相电机“启停控制”工程，画面如图 5-91 所示。

电机状态指示灯不亮表示电机处于停止状态；指示灯亮起，则表示电机处于启动状态，触碰“启动”、“停止”按钮可对其进行控制。

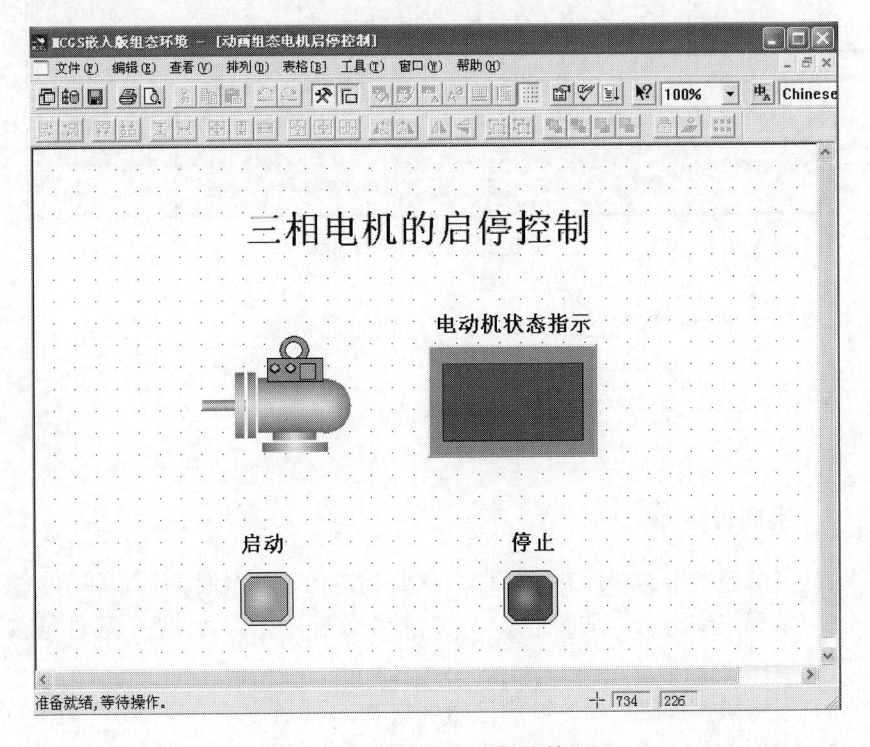

图 5-91　触摸屏控制电机启停画面

然后将工程下载到触摸屏中。

（2）用 GX Developer 8.34 编程软件编制三相电机“启停控制”程序（图 5-92），

然后下载到 PLC 中。

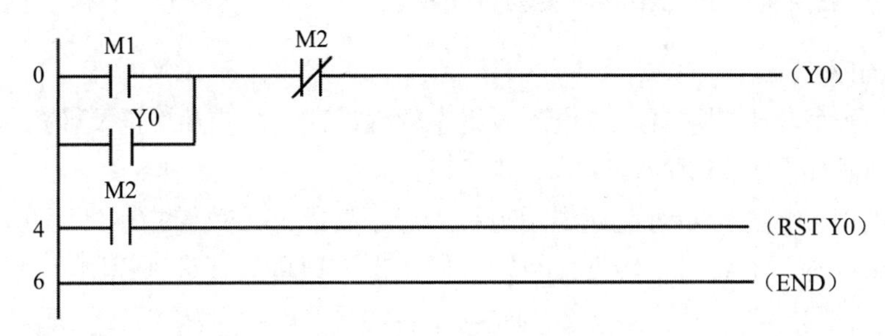

图 5-92 触摸屏控制电机启停程序

（3）接线：将电动机主回路按图 5-93 接线，PLC 按图 5-94 接线。

（4）将 PLC 与触摸屏用通信线连接好后，系统上电。

（5）进入触摸屏实验系统选择“启停控制”。

① 触摸启动按钮（对应 PLC 中的 M1）后，触摸屏中代表电机转动的信号灯亮起，同时 PLC“Y0”输出驱动接触器 KM1，电机转动。

② 触摸停止按钮（对应 PLC 中的 M2）后，触摸屏中代表电机转动的信号灯熄灭不亮，同时 PLC 停止输出，接触器 KM1 断开，电机停止转动。

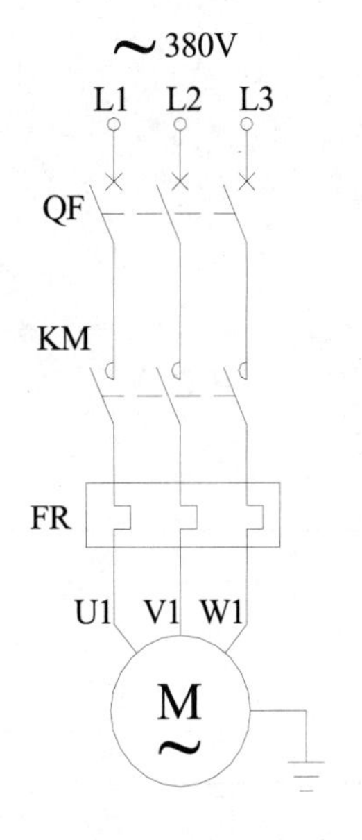

图 5-93 主回路接线

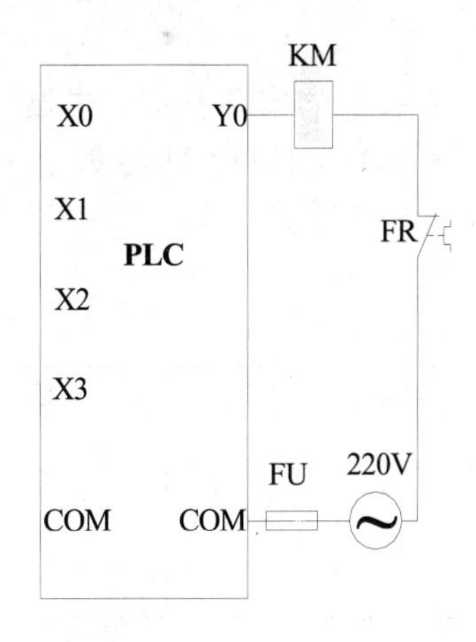

图 5-94 PLC 接线

（二）触摸屏控制三相异步电动机正反转

1．组态

（1）画面设计：用 MCGS 嵌入版组态软件编制三相电机“正反转控制”工程，组态后画面如图 5-95 所示。

电机正转状态指示灯亮起表示电机处于正转状态，反转指示灯亮起表示电机处于反转状态，触碰“正转”“反转”“停止”按钮可对其进行控制。

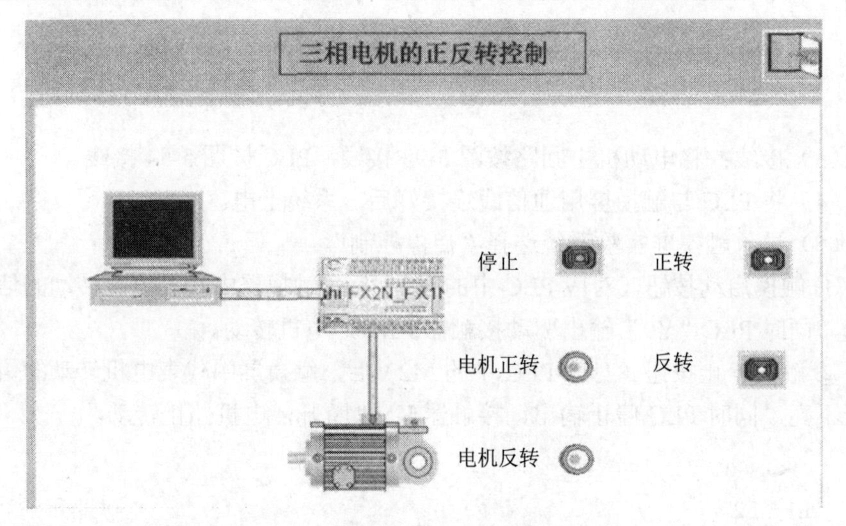

图 5-95　触摸屏控制电机正反转画面

触碰“ ”按钮，可返回到上一页。

（2）实时数据库建立

定义数据对象，完成表 5-5。

表 5-5　数据变量定义

数据变量名称	变量类型	数据变量名称	变量类型

（3）动画连接

（4）设备组态，建立数据通道，将数据变量与对应数据通道相关联，完成表 5-6。

表 5-6 设备通道分配

数据变量	通道地址	数据变量	通道地址

连接组态图形与数据变量，完成组态界面。

（5）然后将工程下载到触摸屏中。

2．用 GX Developer 8.34 软件编制三相电机“正反转控制”程序（图 5-96），可用于触摸屏控制三相异步电机正反转，然后下载到 PLC 中。

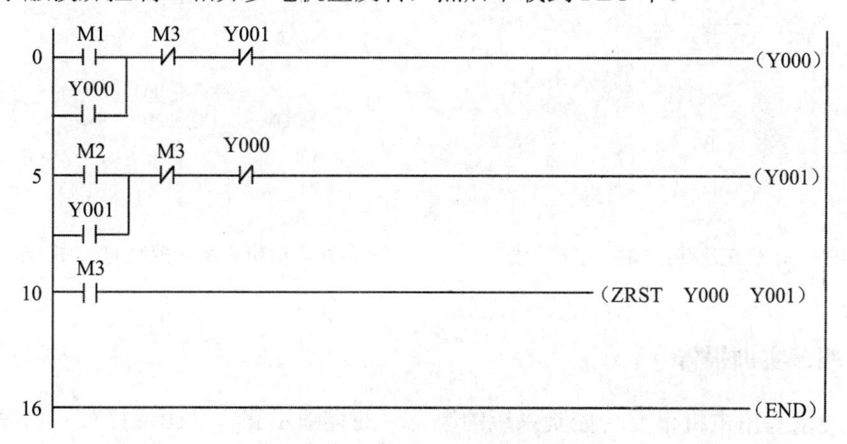

图 5-96 触摸屏控制电机正反转程序

3．接线

主回路接线如图 5-97 所示，PLC 接线如图 5-98 所示。

4．联线

将 PLC 与触摸屏用通信线联好后，系统上电。

5．进入触摸屏实验系统选择“正反转控制”

（1）触摸正转按钮（对应 PLC 中的 M1）后，触摸屏中代表电机正向转动的指示灯亮起，同时 PLC“Y0”输出驱动接触器 KM1，电机正转。

（2）触摸停止按钮（对应 PLC 中的 M3）后，触摸屏中代表电机正向转动的指示灯熄灭，同时 PLC 停止输出，接触器 KM1 断开，电机停止。

（3）触摸反转按钮（对应 PLC 中的 M2）后，触摸屏中代表电机反向转动的指示灯亮起，同时 PLC“Y1”输出驱动接触器 KM2，电机反转。

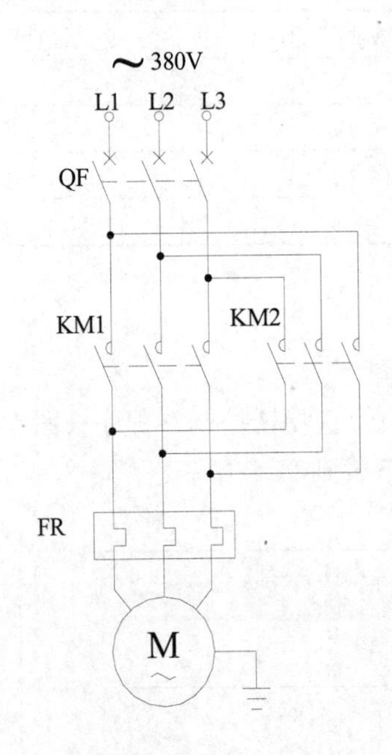

图 5-97 电机正反转控制主回路接线

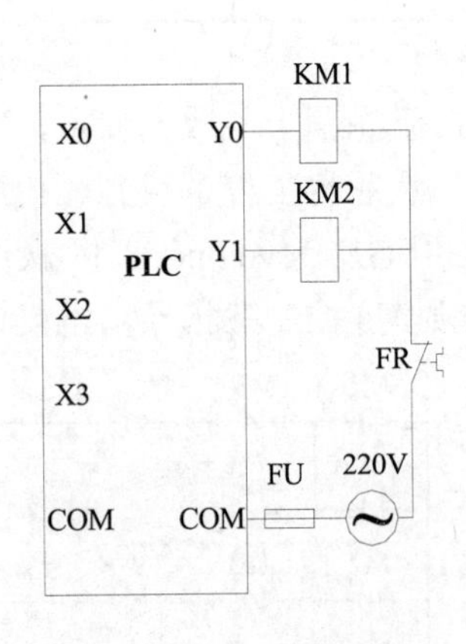

图 5-98 电机正反转控制 PLC 接线

四、实训报告

要求写出电机正反转控制系统的组态时的详细步骤、动画连接方式、完成表 5-5、表 5-6，画出主电路、PLC 外部接线图和梯形图。

任务四 MCGS 组态软件应用实例

小车运动示意如图 5-99 所示，按下 SB1 按钮，小车右行，到达限位开关 SQ1 处停止右行；按下启动按钮 SB2，小车左行，到达限位开关 SQ2 处停止左行；无论小车在任何位置，按下停止按钮，小车停车运行。

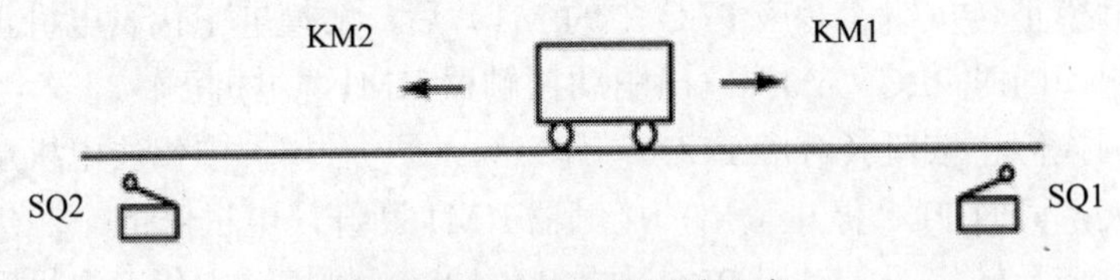

图 5-99 小车控制系统示意

一、内容

用 MCGS 组态软件构建小车运动控制系统，实时监控小车的工作情况。当按下“左行（或右行）”按钮时，小车开始左行（或右行），监控画面上的小车同步运行；当按下“停止”按钮时，小车停止运行，画面上的小车也随之停止运行；而当单击触摸屏上相应的“左行（或右行）”启动按钮时，画面上的小车也同步左行（或右行）。

二、准备

首先分配运料小车控制系统的 I/O 地址，设计出满足要求的 PLC 外部接线如图 5-100 所示。在电动机正反转控制梯形图的基础上，设计的梯形如图 5-101 所示。为了使小车的运动自动停止，将右限位开关 X3 的常闭触点与控制右行的 Y0 的线圈串联，小车回到右限位 X3 所在位置时，Y0 的线圈断电，小车停止向右的运动；将左限位开关 X4 的常闭触点与控制左行的 Y1 的线圈串联，小车回到左限位 X4 所在位置时，Y1 的线圈断电，小车停止向左的运动。

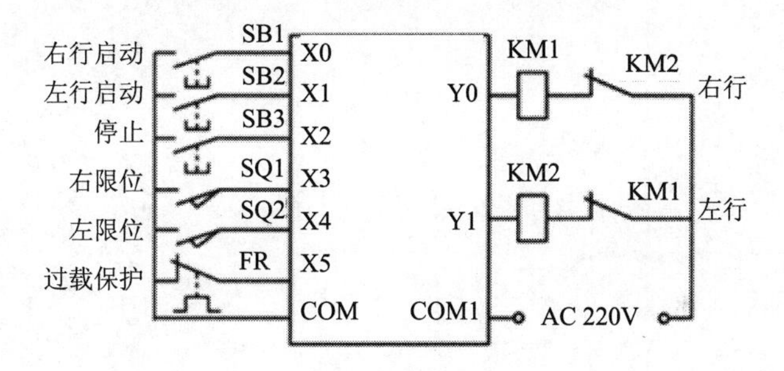

图 5-100 小车控制系统 PLC 外部接线

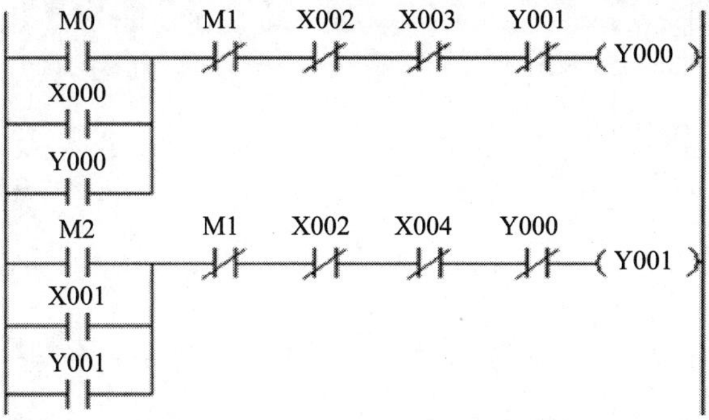

图 5-101 小车控制系统梯形图

三、实施

1. 建立运料小车控制系统工程

双击进入 MCGS 嵌入版组态环境后，单击工具条上的“新建”按钮，或执行“文件”菜单下的“新建工程”命令，弹出“新建工程设置”对话框，如图 5-102 所示。在“类型”中列出所有 TPC 类型供选择，并提供所选类型的 TPC 相关信息描述，包括 TPC 类型的分辨率、液晶屏的尺寸、系统结构等信息。工程背景选择包括背景色和网格设置，其中背景色为新建工程时所有用户窗口的背景颜色，用户在组态工程过程中可以在对应的窗口属性中更改背景色，不受影响；网格只针对组态环境下所有用户窗口是否使用网格，在运行环境下不显示，数值范围为 3～160。

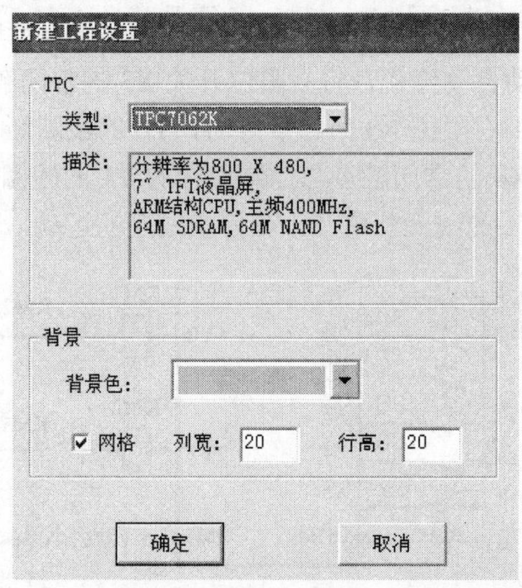

图 5-102 “新建工程设置”对话框

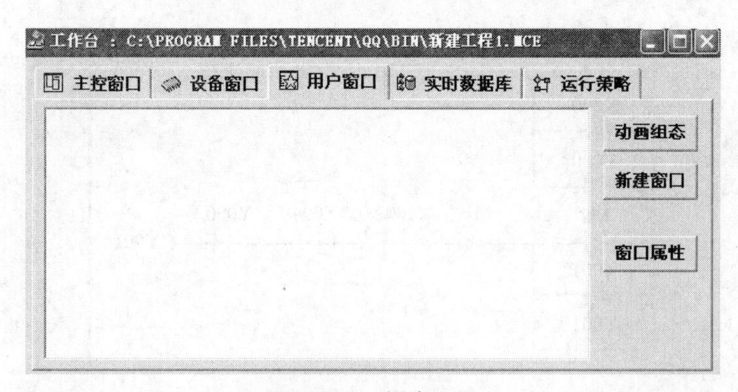

图 5-103 新建工程

根据实际触摸屏的型号选择"TPC7062K"，背景颜色、网格数值选择默认值。单击"确定"按钮后，系统自动创建一个名为"新建工程X.MCE"的新工程（X为数字，表示建立新工程的顺序，如0，1，2等）。由于尚未进行组态操作，新工程只是一个包含5个基本组成部分的结构框架（图5-103），接下来要逐步在框架中配置不同的功能部件，构造完成特定任务的应用系统。

在保存新工程时，执行"文件"菜单下的"工程另存为"命令，在文件名中输入"运料小车控制系统"（图5-104），这里可以随意更改工程文件的名称。MCGS嵌入版自动给工程文件名加上后缀".MCE"，每个工程都对应一个组态结果数据库文件。

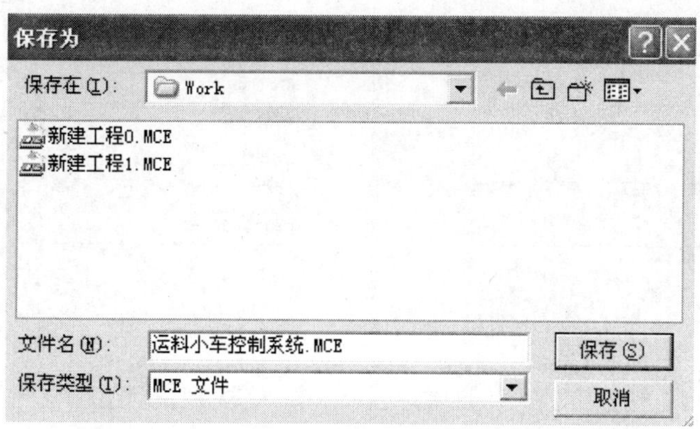

图5-104 保存工程文件

2. 构造实时数据库

在运料小车控制系统中需要8个数据对象，根据PLC程序和组态画面控制要求的设计如表5-7所示。

表5-7 小车控制系统数据对象

数据对象名称	类 型	FX系列PLC地址	操作方式
右行启动	开关型	M0	读写
左行启动	开关型	M2	读写
停 止	开关型	M1	读写
右限位	开关型	X3	只读
左限位	开关型	X4	只读
右 行	开关型	Y0	读写
左 行	开关型	Y1	读写
小 车	数值型		读写

单击“新增对象”按钮，在窗口的数据列表中增加新的数据变量“InputUser3”，选中该变量，单击“对象属性”按钮或双击该变量，弹出“数据对象属性设置”对话框，在“对象名称”中输入“左行”，对象类型选择“开关”，对象初始值为“0”，其他项采用默认设置（图 5-105）。对于右行、左行启动、右行启动、停止、左限位和右限位等，也可采用以上操作步骤，设置属性时只需修改对象名称即可。小车位置为数值型数据，用户可根据实际需要设置数值范围和初始值，设置对象初值为“0”，最小值为“0”，最大值为“100”，工程单位为“米”（图 5-106）。

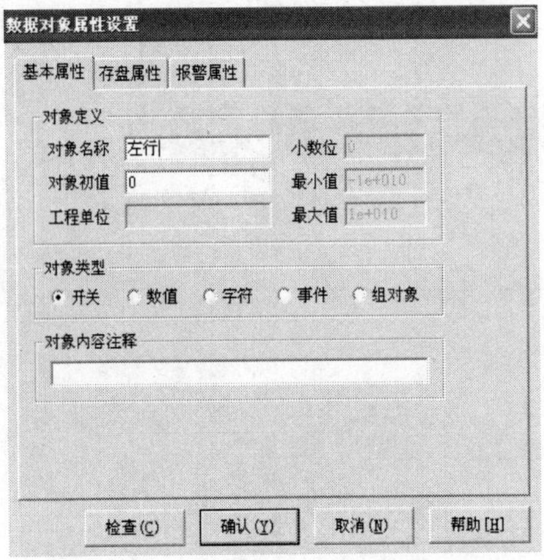

图 5-105 “小车左行”基本属性设置

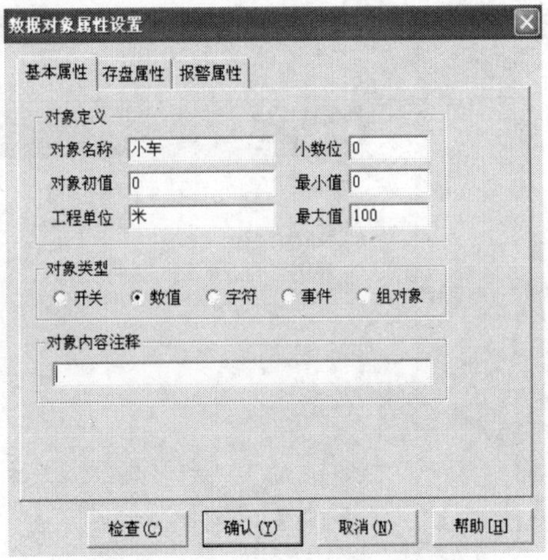

图 5-106 “小车”基本属性设置

构建完成的运料小车控制系统数据库对象如图 5-107 所示。

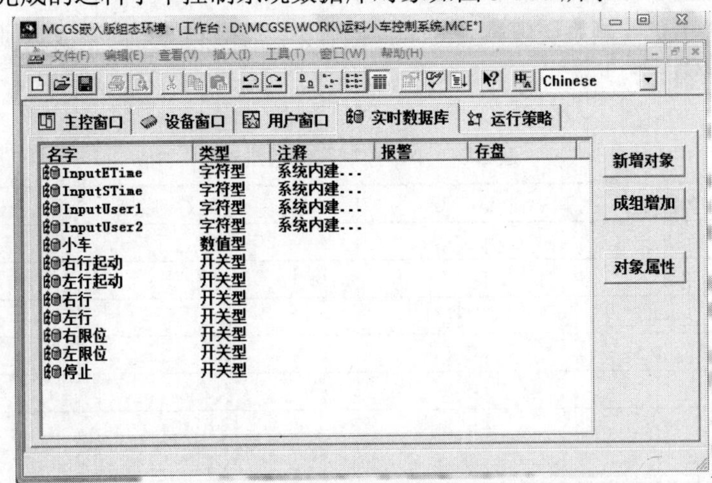

图 5-107 运料小车控制系统数据库对象构建

3. 组态用户窗口

在 MCGS 组态环境的“工作台”窗口内，选择“用户窗口”项，用鼠标单击“新建窗口”按钮，即可生成一个新的用户窗口——“窗口 0”，单击“窗口属性”按钮，设置窗口名称为“运料小车”，窗口标题（系统运行时在用户窗口标题栏上显示的标题文字）为“运料小车”，窗口背景选择“白色”，其他项选择默认设置（图 5-108）。

双击“运料小车”用户窗口或选中“运料小车”用户窗口，单击“动画组态”按钮，进入动画制作窗口。单击工具条中的图标或执行“查看”菜单中的“绘图工具箱”后，窗口中出现工具箱，用户可以使用选取窗口中指定的图形对象。

（1）系统标题

单击工具箱中的A图标，鼠标的光标变为“十”字形，按住鼠标左键在窗口的任意位置拖曳鼠标，拉出一个矩形框，光标在矩形框中闪烁，直接输入“运料小车控制系统”，按回车键或用鼠标单击窗口的任意位置，完成标题创建工作。

双击矩形框，弹出“标签动画组态属性设置”对话框，设置填充颜色为“没有填充”，边线颜色为“没有边线”，字符颜色为“藏青色”，单击按钮，设置字体为“宋体、粗体、一号”（图 5-109），标题设定的效果为不显示矩形框，只显示文字。

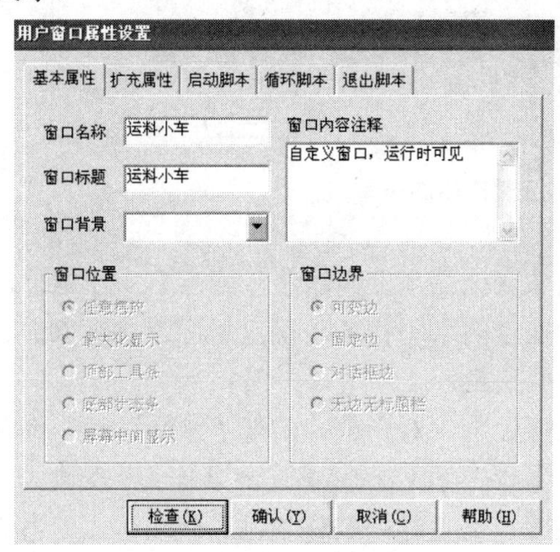

图 5-108 用户窗口属性设置

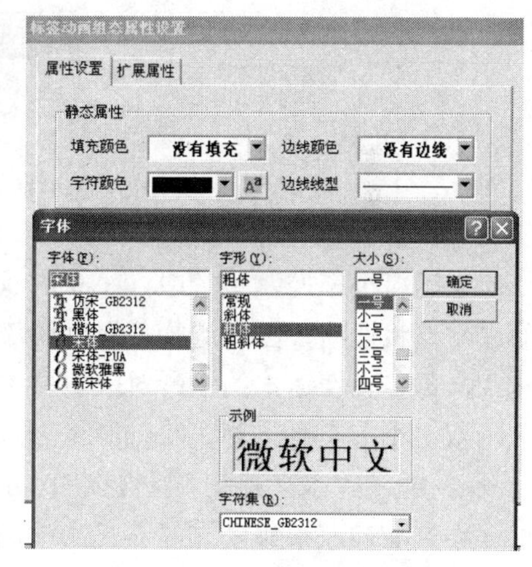

图 5-109 “标签动画组态属性设置”对话框

（2）运料小车

单击工具箱中的图标，用鼠标在窗口中画一个矩形作为小车车身，双击小车车身，设置车身的填充颜色、边线颜色；单击工具箱中的图标，用鼠标画一个圆作为小车车轮，设置车轮的填充颜色为“黑色”，边线颜色为“黑色”，再复制一个车轮，用调节两个车轮的位置，生成运料小车图形对象。也可以点图标，用插入元件的方式，插入元件库中的小车对象（图 5-110）。单击工具箱中的图标，用鼠标画一条直线作为小车运行轨道，设置边线颜色为“黑色”，并调节边线线型，使画面更加逼真（图 5-113）。

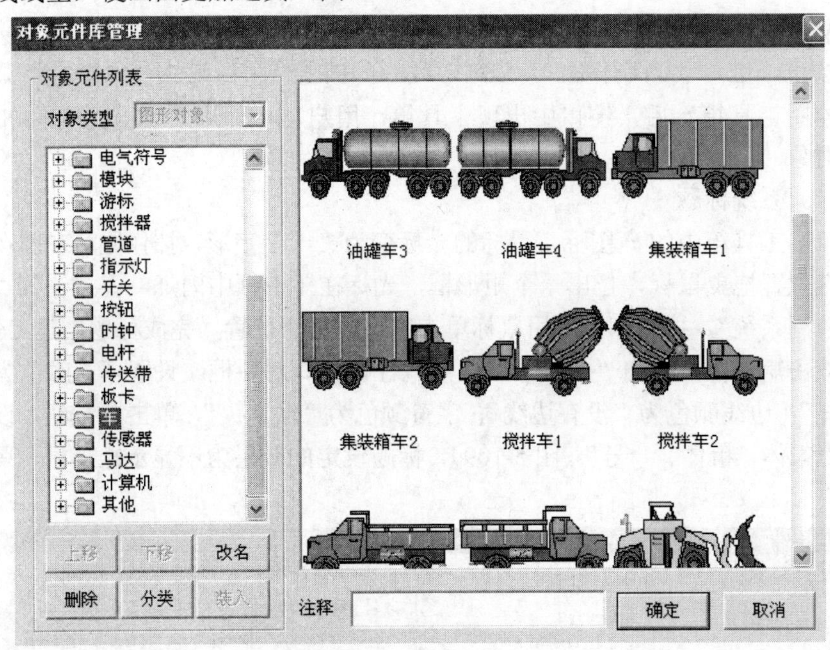

图 5-110 插入元件库中的小车

在运料小车控制系统中，小车的状态变化是从左向右运行或从右向左运行，即水平直线运动，因此选择位置动画连接中的水平移动，确定对应连接对象的表达式，再定义表达式的值所对应的位置偏移量。

双击小车车身，弹出“动画组态属性设置”对话框，勾选“水平移动”位置动画连接，在“水平移动”属性页中，单击 ? 选择已定义的对象名作为“表达式”，根据小车从最左端移动到最右端的距离确定最大移动偏移量，对应表达式的值为变量的最小值及最大值（图 5-111）。

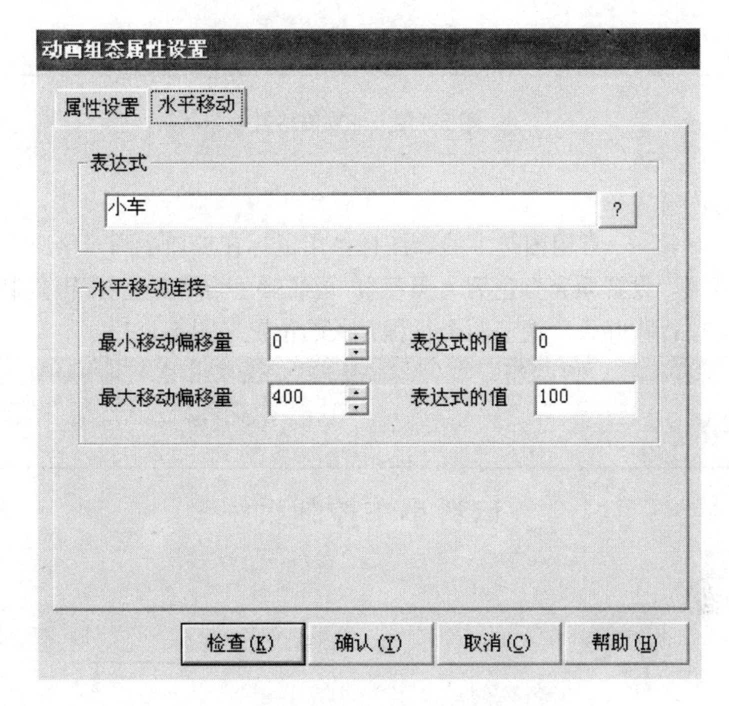

图 5-111 小车车身的动画组态属性设置

偏移量是以组态时图形对象所在的位置为基准(初始位置),以像素点为单位,向左为负,向右为正(对于垂直移动,向下为正,向上为负)的移动量。以图 5-111 中的组态设置为例,当表达式"小车"的值为 0 时,小车车身的位置向右移动 0 点(即不动);当表达式"小车"的值为 100 时,小车车身的位置向右移动 400 点;当表达式"小车"的值为其他值时,利用线性插值公式即可计算出相应的移动位置。反之,当把图中的 400 改为–400 时,则当"小车"的值从小到大变化时,小车车身的位置从基准位置开始,向左移动 400 点。

确定偏移量时,先选中小车车身,观察窗口右下角的坐标(图 5-112),从左到右依次为小车车身的 x 坐标(左边界)、y 坐标(上边界)、宽度和高度,拖动小车车身移动到轨道的终点,再观察窗口右下角的坐标,将两次的 x 坐标相减,得到的就是小车车身的偏移量。

采用相同的方法分别进行小车两个车轮的动画组态属性设置。也可以将小车车身、两个车轮选中,单击鼠标右键,选择"排列"→"构成图符"命令,或者选择工具栏中的图标,生成一个新的图形对象,设置一次动画组态属性。

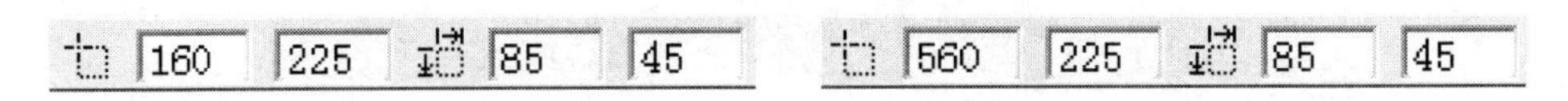

图 5-112　计算偏移量

（3）行程开关

单击工具箱——常用图符中的△图标，用鼠标在窗口中画一个三角形作为左限位行程开关，设置填充颜色为“黑色”，边线颜色为“黑色”；再复制一个三角形作为右限位行程开关，调节两个行程开关的位置（图 5-113）。

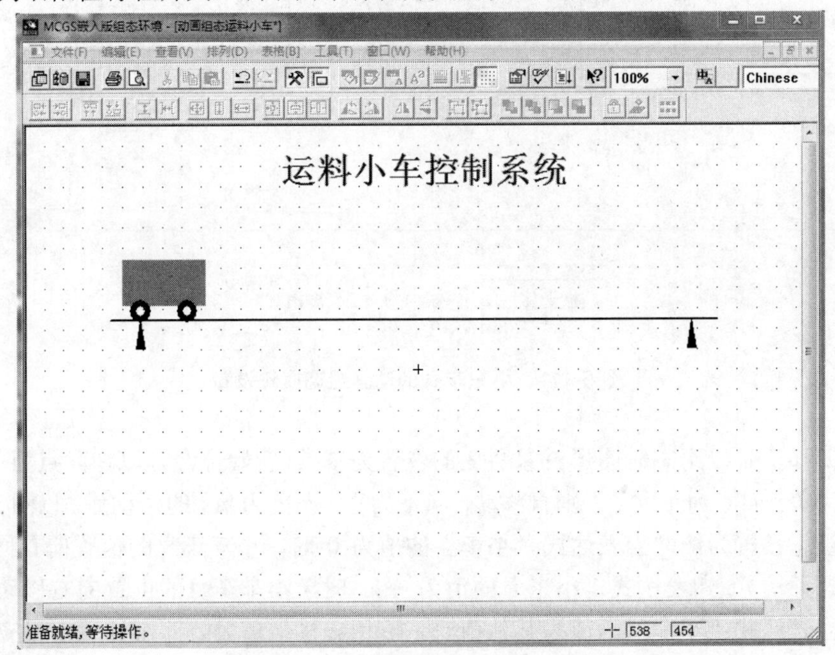

图 5-113　小车和限位开关图形对象

在运料小车控制系统中，行程开关的状态由小车位置决定，当小车处于左限位（或右限位）时，左限位（或右限位）行程开关闭合；当小车离开左限位（或右限位）时，左限位（或右限位）行程开关断开。选择颜色动画连接中的“填充颜色”，先确定对应连接对象的表达式，再用变量的值来决定图形对象的填充颜色。当变量的值为数值型时，最多可以定义 32 个分段点，每个分段点对应一种颜色；当变量的值为开关型时，只能定义两个分段点，即 0 或非 0 两种不同的填充颜色。

双击左限位行程开关，弹出“动画组态属性”对话框，勾选“填充颜色”动画连接，在“填充颜色”属性页中，单击 ? 选择已定义的对象名称作为“表达式”，选择分段点及对应颜色（图 5-114）。用鼠标双击分段点的值，可以设置分段点数值；用鼠标双击颜色栏，弹出色标列表框，可以设定图形对象的填充颜色。同理，设置右限位行程开关的动画组态属性。

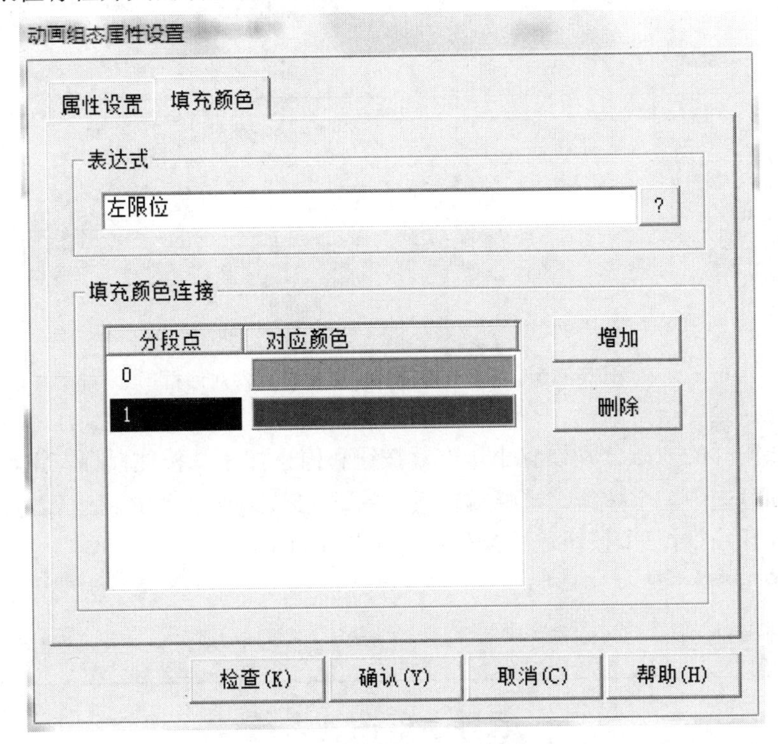

图 5-114　左限位的动画组态属性设置

（4）控制按钮

单击工具箱中的 图标，用鼠标在画面上画出一个矩形按钮，双击该按钮，弹出“标准按钮构件属性”对话框，在按钮“抬起”和“按下”的状态下，文本显示都为左行，文本颜色为“黑色”，字体加粗显示，其他设置为默认值[图 5-115（a）]。

左行按钮为点动按钮，其作用是按下按钮后小车开始向左运行，因此按钮的操作属性选择“数据对象值操作”，抬起时，将小车左行表达式的对应值清零，按下时将小车左行表达式的对应值置 1[图 5-115（b）]。

（a）“基本属性”页

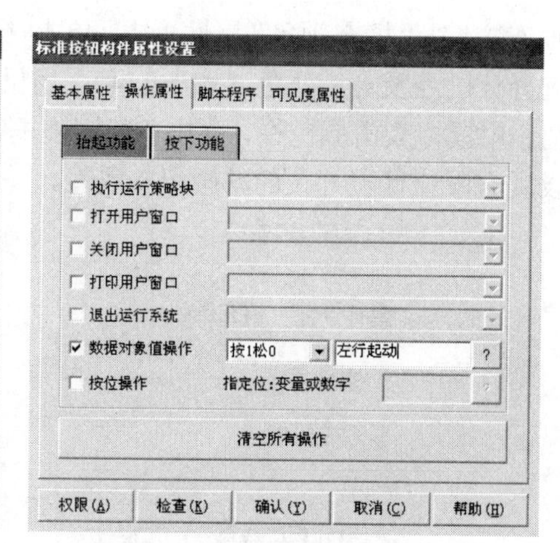

（b）“操作属性”页

图 5-115　“标准按钮构件属性设置”对话框

按照同样的方法分别设置小车右行按钮和停止按钮。按住鼠标左键，在拖动鼠标的同时选中三个按钮，选择编辑条中的（等高宽）、（顶边界对齐）、（横向等间距）对三个按钮进行排列对齐（图 5-116）。

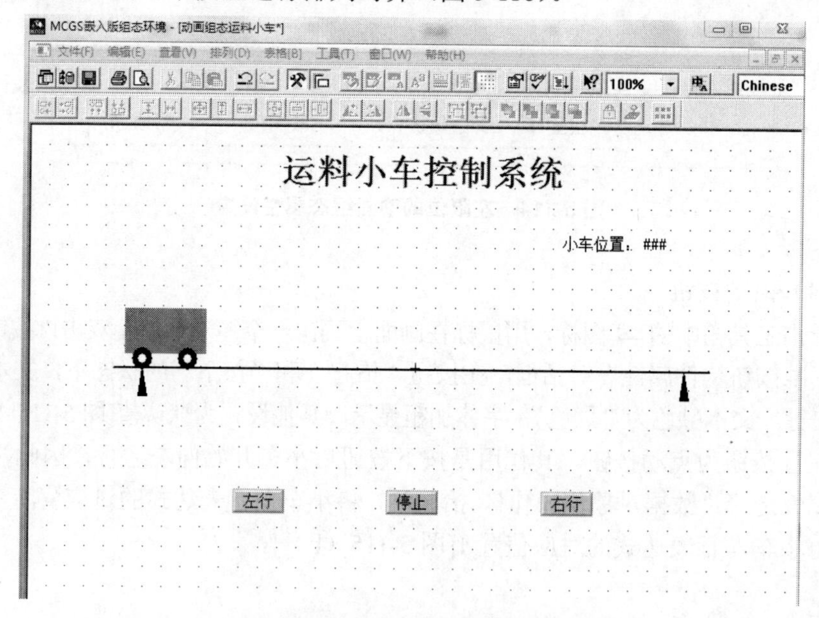

图 5-116　小车控制系统图形对象

（5）小车位置显示

为了更好地实现人机交互功能，方便用户对系统操作，设置了小车位置显示。单击“工具箱”中的A图标，分别拉出两个矩形框，输入“小车位置：”及“###”，如图 5-116 所示。对小车位置进行实时监控，采用输入、输出连接的“显示输出”动画连接方法。双击“###”矩形框，勾选“显示输出”，在“显示输出”属性页中，设置表达式为“小车位置”，输出单位为“m（米）”，选择输出值类型为“数值量输出”，设置数值输出的格式为“十进制、自然小数位”（图 5-117）。如果有小数，可以根据实际需要选择显示小数的位数。

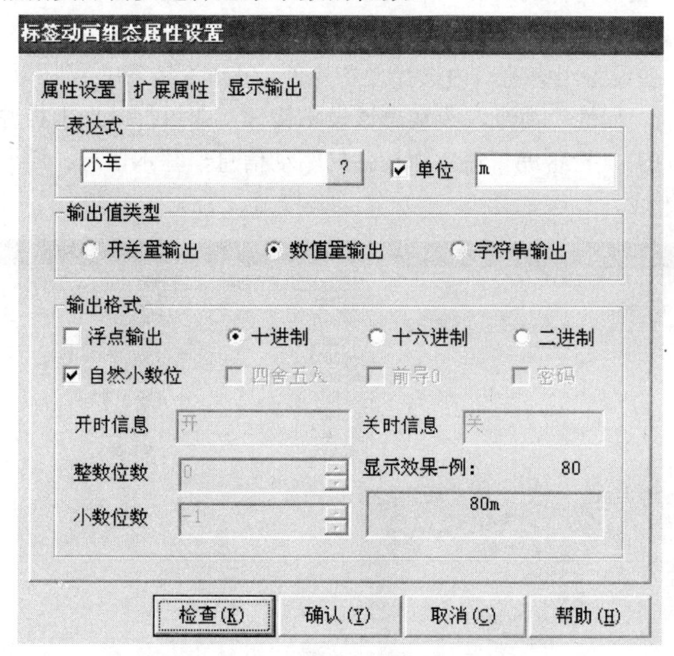

图 5-117 小车位置显示输出属性设置

4. 组态设备窗口

在 MCGS 嵌入版的设备窗口中配置不同类型的设备构件，根据外部设备的类型和特征设置相关的属性，将设备的操作方法如硬件参数配置、数据转换、设备调试等都封装在构件中，以对象的形式与外部设备建立数据的传输通道连接。系统运行过程中，设备构件由设备窗口统一调度管理。

用鼠标双击设备窗口图标，或选中窗口图标，单击“设备组态”按钮，弹出“设备组态”窗口；选择工具条中的图标，弹出“设备工具箱”窗口；双击设备工具箱中的设备构件，或选中设备构件，将鼠标移到设备窗口内，单击设备窗口，则可将其选到窗口内。

在设备工具箱中双击“通用串口父设备”，将其添加到设备组态窗口，再双击“三菱_FX 系列编程口”，此时会弹出提示对话框，选择“是”后，设备窗口组态操作结束。

当添加的子设备是父设备下的第一个子设备时，父设备的参数会自动初始化为通信默认参数值，如图 5-58 所示为三菱 FX 系列 PLC 的通信默认参数值：通信波特率为 9 600，数据位位数为 7，停止位位数为 1，数据检验方式为偶检验。

（1）设置设备构件的属性

在设备窗口内配置了设备构件后，应该根据外部设备的类型和性能设置设备构件的属性。在设备组态窗口内选择设备构件，单击工具条中图标，或执行“编辑”菜单下的“属性”命令，或双击该设备构件，即可打开选中构件的设备编辑窗口（图 5-118），设备编辑窗口由设备的驱动信息、基本信息、通道信息及功能按钮四部分组成。

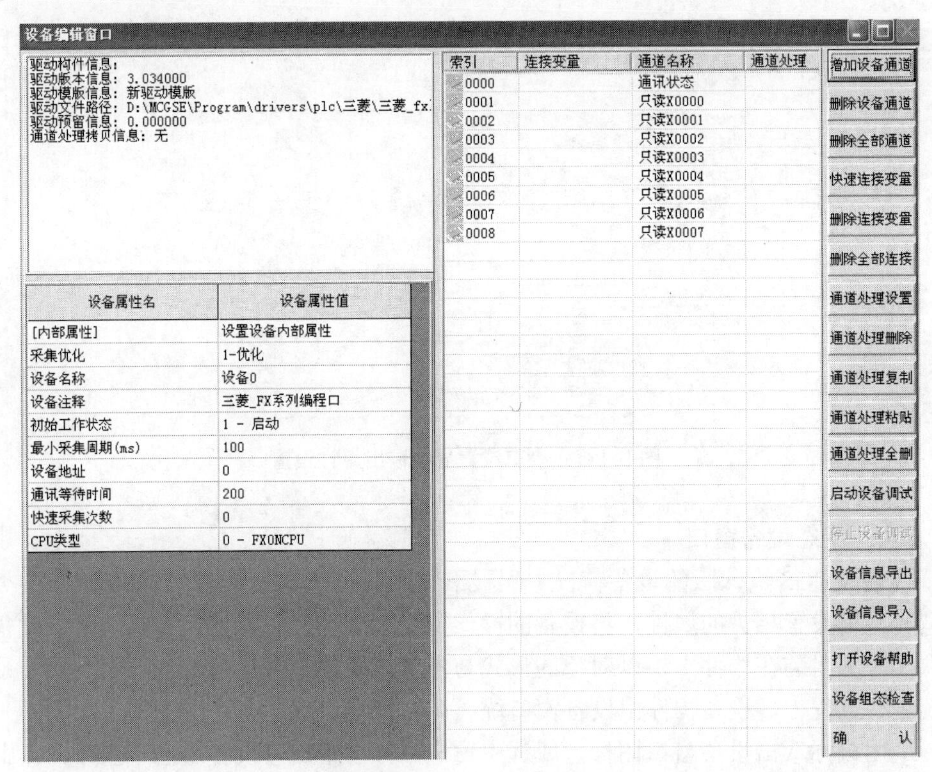

图 5-118　设备编辑窗口

用鼠标单击“设置设备内部属性”按钮，弹出“三菱_FX 系列编程口通道属性设置”窗口（图 5-119）。根据实际工程需要，删除只读通道 X0～X7，单击“增加通道”按钮，选择 M 辅助寄存器，确定输入寄存器的地址，即增加通道的起始地址为 0，输入增加的通道个数为 3，选择操作方式（图 5-120），即增加了 3 个辅助寄存器 M0～M2。同理，增加两个输出寄存器 Y0 和 Y1，单击“确认”按钮后，工程添加了 5 个设备通道；再增加两个输入寄存器 X3 和 X4，单击“确认”按钮后，至此，工程添加了 7 个设备通道。也可以在设备编辑窗口中通过“增加设备通道”按钮设置。

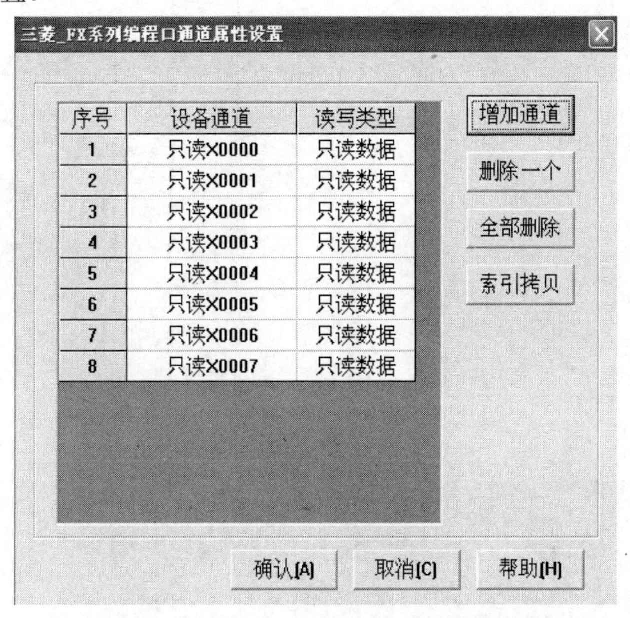

序号	设备通道	读写类型
1	只读X0000	只读数据
2	只读X0001	只读数据
3	只读X0002	只读数据
4	只读X0003	只读数据
5	只读X0004	只读数据
6	只读X0005	只读数据
7	只读X0006	只读数据
8	只读X0007	只读数据

图 5-119　三菱_FX 系列编程口通道属性设置

图 5-120　增加通道

（2）建立设备通道和实时数据库之间的连接

设备通道只是数据交换用的通路，而数据输入到哪里和从哪里读取数据以供输出必须由用户指定和配置。实时数据库是 MCGS 嵌入版的核心，各部分之间的数据交换均须通过实时数据库。因此，所有的设备通道都必须与实时数据库建立连接。所谓通道连接，就是由用户指定设备通道与数据对象之间的对应关系，这是设备组态的一项重要工作。如不进行通道连接组态，则 MCGS 嵌入版无法对设备进行操作。

双击设备通道 X3，弹出变量选择窗口，在对象名中选择“右限位”，确定后即建立了设备通道和实时数据库之间的连接。如图 5-121 所示，运料小车控制系统建立了 7 个设备通道与实时数据库之间的连接。

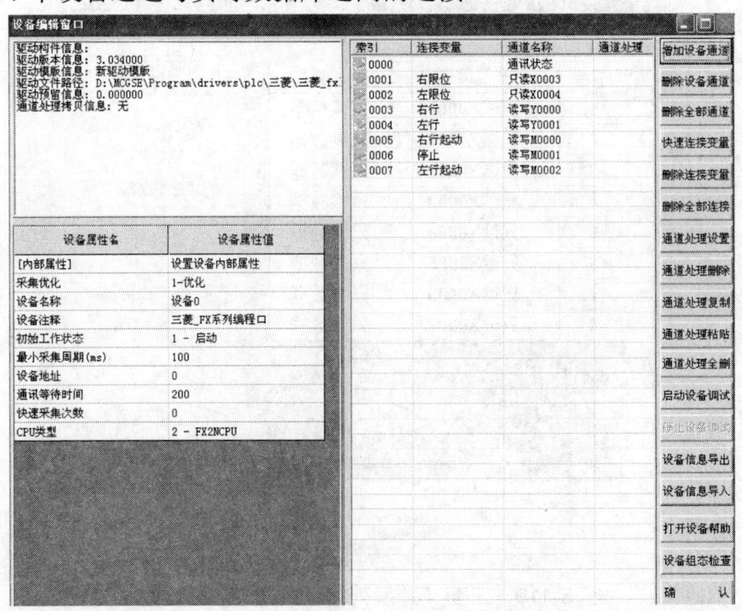

图 5-121 小车控制系统设备连接

5．组态运行策略

到目前为止，各个组成部分组态配置生成的组态工程只是一个顺序执行的监控系统，不能对系统的运行流程进行自由控制，这只能适应简单工程项目的需要。对应复杂的工程，监控系统必须设计成多分支、多层循环嵌套式结构，按照预定的条件对系统的运行流程及设备的运行状态进行有针对性地选择和精确地控制。所谓“运行策略”，就是用户为实现对系统运行流程自由控制所组态生成的一系列功能块的总称。MCGS 嵌入版为用户提供了进行策略组态的专用窗口和工具箱。

在未做任何组态配置之前，运行策略窗口有 3 个系统固有的策略块，分别为启动策略、退出策略和循环策略（图 5-122），它们的名称是专用的，不能修改，也不能被系统其他部分调用，只能在运行策略中使用。其中，启动策略在 MCGS 嵌入版系统开始运行时自动被调用一次；退出策略在退出 MCGS 嵌入版系统时自动被调用一次；循环策略在 MCGS 嵌入版系统运行时按照设定的实际循环运行，需要设置循环时间或设置策略的运行时刻。循环策略也可以由用户在组态时创建，在一个应用系统中，用户可以定义多个循环策略。

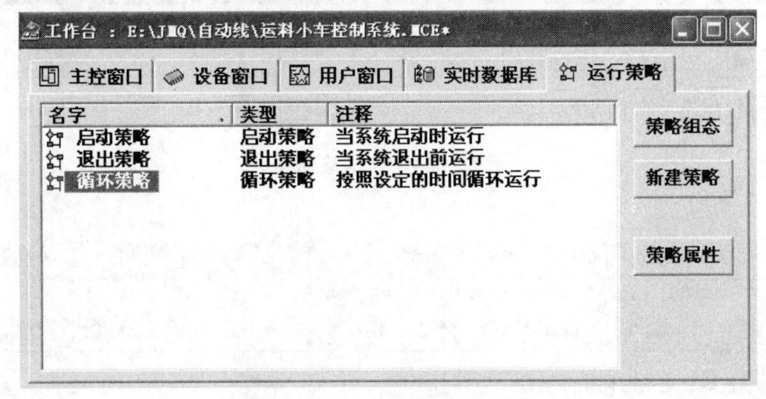

图 5-122 “运行策略”窗口

在“运行策略”窗口中，双击“循环策略”，进入策略组态窗口。双击图标，弹出“策略属性设置”对话框，将循环时间设为 200 ms，单击“确认”按钮完成设置（图 5-123）。

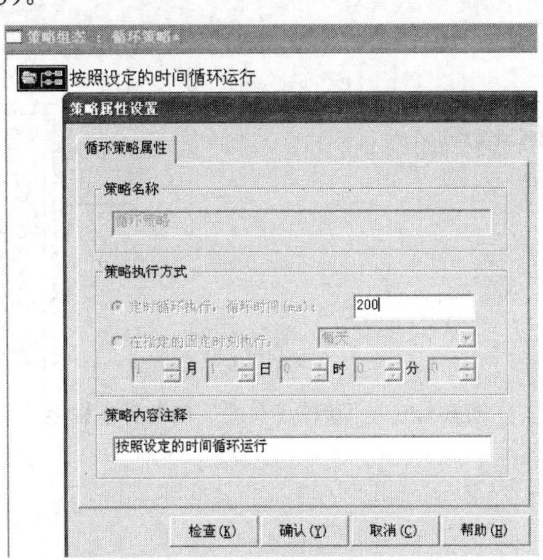

图 5-123 “策略属性设置”窗口

如图 5-124 所示，在“策略组态”窗口中，单击鼠标右键选择“新增策略行”命令，或单击工具条中的图标，增加一个策略行；再选择“策略工具箱”命令，或单击工具条中的图标（图 5-125），弹出“策略工具箱”窗口；最后单击“策略工具箱”中的“脚本程序”（图 5-126），将鼠标指针移到策略块图标上，单击鼠标左键，添加脚本程序构件（图 5-127）。

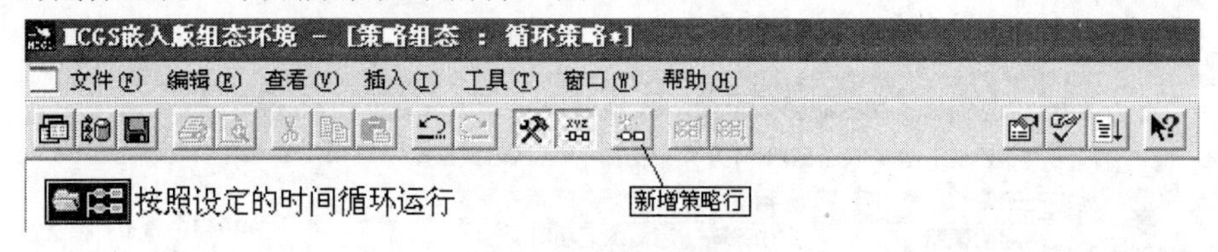

图 5-124 新增策略行

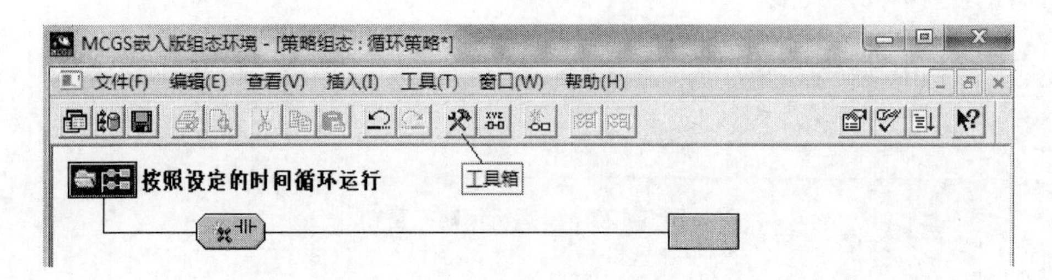

图 5-125 选择“策略工具箱”

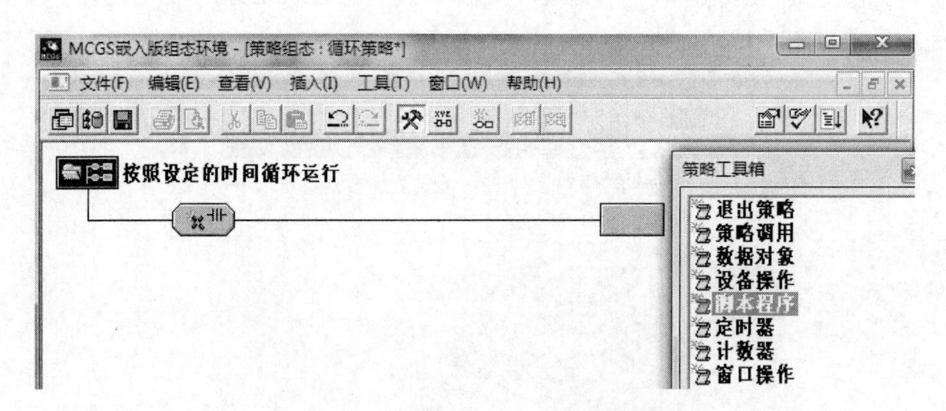

图 5-126 “策略工具箱”中的脚本程序

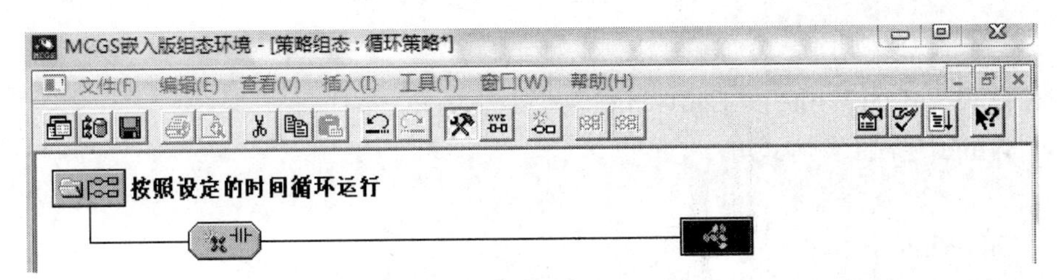

图 5-127 添加脚本程序构件

脚本程序是组态软件中的一种内置编程语言引擎，类似于 Basic 编程语言，可以应用在运行策略中，把整个脚本程序作为一个策略功能块执行，也可以在动画界面的事件中执行。

脚本程序编辑环境由脚本程序编辑框、编辑功能按钮、MCGS 嵌入版操作对象列表和函数列表、脚本语句和表达式四部分构成。

脚本程序编辑环境是用户书写脚本语句的地方，由赋值语句、条件语句、循环语句、退出语句和注释语句五种语句组成。

（1）赋值语句

赋值语句的形式为：数据对象=表达式。赋值号用“=”表示，它的具体含义是：把“=”右边表达式的运算值赋给左边的数据对象。赋值号左边必须是能够读写的数据对象，右边为表达式，表达式的类型必须与左边数据对象值的类型相符合，否则系统会提示“赋值语句类型不匹配”的错误信息。

（2）条件语句

条件语句有以下三种形式。

a. If（表达式）Then（赋值语句或退出语句）

b. If（表达式）Then

（语句）

Endif

c. If（表达式）Then

（语句）

Else

（语句）

Endif

条件语句中的 4 个关键字“If”“Then”“Else”“Endif”不分大小写。如拼写不正确，程序检查时会提示出错信息。

条件语句允许多级嵌套，为编制多分支流程的控制程序提供方便。

（3）循环语句

循环语句为 While 和 EndWhile，其结构为：

While（条件表达式）

…

EndWhile

当条件表达式成立时（非零），循环执行 While 和 EndWhile 之间的语句，直到条件表达式不成立（为零），程序退出循环。

（4）退出语句

退出语句为“Exit”，用于中断脚本程序的运行，停止执行其后面的语句。一般在条件语句中使用退出语句，以便在某种条件下，停止并退出脚本程序的执行。

（5）注释语句

以单引号开头的语句称为注释语句，注释语句在脚本程序中只起到注释说明的作用，实际运行时，系统不对注释语句进行任何处理。

双击图标进入脚本程序编辑环境，输入下面的程序：

```
IF 右行=1 THEN
小车=小车+1
ENDIF
IF  左行=1 THEN
小车=小车-1
ENDIF
```

单击“确认”按钮，系统自动对程序代码进行检查，确认脚本程序的编写是否正确。检查过程中，如果发现脚本程序有错误，则会返回错误信息，提示可能的出错原因；用户修改正确后，单击“确认”按钮，“脚本程序”对话框关闭。

6．工程运行

相关要求：“模拟运行”或“联机运行”运料小车控制系统，检测小车的工作状态。

如图 5-128 所示，单击工具条中的图标，选择“模拟运行”（或“连机运行”）→“通信测试”→“工程下载”命令，等待工程下载到模拟运行环境后，单击“启动运行”，进入工程运行状态。

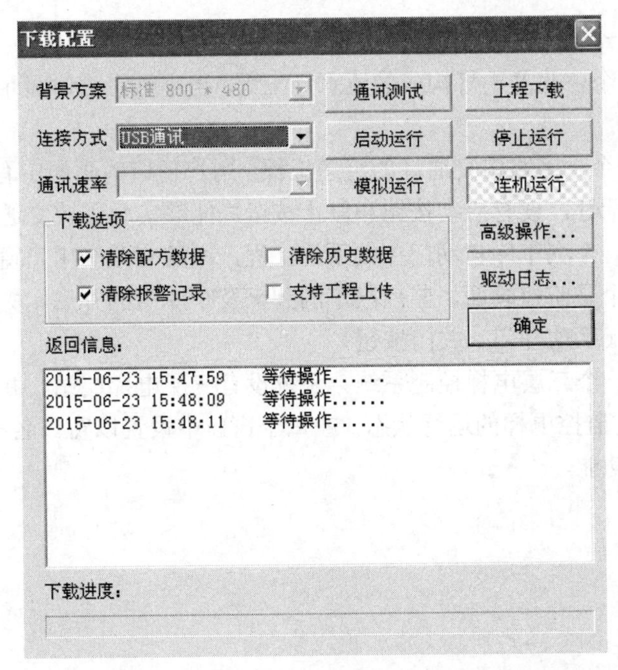

图 5-128 工程下载

（1）观察小车的起始位置是否正确，小车位置的输出值是否为“0”，左限位行程开关颜色是否正确。

（2）单击“右行”按钮，观察小车是否右行，三菱 PLC 的输出点 Y0 是否点亮，小车位置是否变化。

（3）小车运行过程中，单击“停止”按钮，观察小车是否停车；到达右限位后，行程开关颜色是否变化，小车是否停车。

（4）采用同样的方法测试小车右行过程是否正确。

思考题

1．什么叫组态？组态由几部分组成？组态和硬件电路作比较有何不同。

2．在网上寻找、学习、比较各类组态软件，进入课程网站了解学习内容和方法。

3．找到网站上关于工控组态软件的 BBS 站点，从中了解发展。

4．组态有什么功能？应用于何处？

5．在 www. mcgs.com.cn 上下载并安装软件。

6．MCGS 组态有几个窗口？各有什么特点？如何进入这些窗口？

7．构建一个MCGS组态软件过程有哪些步骤？

8．设计一个由八盏小灯构成的流水灯工程，当小灯点亮时显示不同的填充颜色。

9．设计一个十字路口交通灯的组态工程，用户窗口的画面中有南北向、东西向的红黄绿指示灯，设有启动按钮和停止按钮，能够实时监控交通灯的状态。

10．设计一个汽车库自动门控制系统工程，系统有两个用户窗口：一个是开机画面；另一个是监控画面，监控汽车的到来及车库门的开启、关闭，并设置相应的控制按钮（手动开门、关门按钮）。

11．设计一个三层电梯控制系统，系统设有三层电梯层站、井道及电梯轿厢3个用户窗口，监控电梯的运行状态，在每个窗口中设置以窗口名称命名的按钮，实现窗口切换功能。

附录 机电一体化技术应用人员职业标准

一、职业概况

1.1 职业名称

机电一体化技术应用人员。

1.2 职业定义

具备综合理解和应用液压、气动、电子（含传感器以及 PLC）技术控制现代机械设备，能够对现代工业设备进行操作、调试及维修的人员。

1.3 职业分四个等级

该职业有四个等级，分别为《机电一体化技术应用人员》（四级）、《机电一体化技术应用人员》（三级）、《机电一体化技术应用人员》（二级）、《机电一体化技术应用人员》（一级）。

1.4 职业环境条件

室内、室外、常温。

1.5 职业能力特征

计算能力、空间感、形体知觉、色觉、手指灵活性、手臂灵活性、动作协调性较强。

1.6 基本文化程度

高中、中职毕业或以上。

1.7 鉴定要求

1.7.1 适用对象

从事或准备从事本职业的人员。

1.7.2 申报条件

试运行期间参照试鉴定申报条件。

1.7.3 鉴定方式

《机电一体化技术应用人员》（四级）、《机电一体化技术应用人员》（三级）、《机电一体化技术应用人员》（二级）、《机电一体化技术应用人员》（一级）均采用一体化鉴定考核，鉴定时每个模块为 100 分，各模块成绩均达到 60 分及以上即为该等级合格。

1.7.4 鉴定场所设备

操作技能考核的场地实施，应具备满足技能鉴定所要求的设备、仪器、材料和环境条件。

二、工作要求

2.1 “职业功能”“工作内容”一览表

职业功能	工作内容			
	四级	三级	二级	一级
一、气动控制	(一)掌握气动元件应用 (二)系统图的识读及系统组成	(一)典型的气动控制(气动逻辑控制、时间与压力控制) (二)气动元件日常维护及故障维修	(一)复杂的气动回路控制 (二)气动系统故障诊断及排除	(一)设计间接控制气压传动回路 (二)操作中等以上现代气压传动机械
二、液压控制	(一)掌握液压元件应用 (二)系统图的识读及系统组成	(一)常用的液压回路控制 (二)液压元件的日常维护及故障维修	(一)液压回路控制 (二)液压系统安装调试 (三)液压系统故障诊断及排除	(一)设计间接控制液压传动回路 (二)操作中等以上现代液压传动机械
三、电气控制	(一)电器控制元件应用 (二)控制系统图的识读 (三)传感器应用	(一)简单的电气气动继电器控制和电液继电器控制 (二)各种接近开关使用及安装后的调试 (三)PLC 输入	(一)PLC(可编程控制器)控制气动液压设备 (二)获取系统信息 (三)系统故障诊断与排除 (四)数据交换和通信	(一)主站控制器 (二)设计主从站控制器个别控制与程序 (三)气液电综合系统及现场总线总调
四、机电一体化系统	独立完成本职业的常规工作	(一)机电一体化系统工作站的描述 (二)系统工作站硬件组成 (三)机电一体化系统工作站的装配 (四)系统工作站功能子模块故障检测与排除	(一)构建复杂机电一体化系统 (二)编写系统及工作站控制程序 (三)对机电一体化设备进行安装、调试及故障检测与排除	(一)构建一个模块化的生产系统 (二)综合分析、判断、处理出现的故障及问题

2.2 各等级工作要求

2.2.1 《机电一体化技术应用人员》四级（中级工）

职业功能	工作内容	技能要求	专业知识要求	比重/%
一、气动控制	(一)掌握气动元件应用	1. 能够识别气动元件进出气接口； 2. 能进行气动元件结构了解及拆装； 3. 能进行气动元件符号识别	1. 气动元件压力、流量、方向关系； 2. 能源的产生过程； 3. 能量变换机械能过程	30
	(二)系统图的识读及系统组成	能根据图纸正确连接简单气动回路	系统图的识读及系统组成知识	
二、液压控制	(一)掌握液压元件应用	1. 能进行液压元件进出油接口识别； 2. 能进行液压元件结构了解及拆装； 3. 能进行液压元件符号识别	1. 液压元件压力、流量、方向关系； 2. 能源的产生过程； 3. 能量变换机械能过程	30
	(二)系统图的识读及系统组成	能根据图纸正确连接简单液压回路	系统图的识读及系统组成知识	
三、电气控制	(一)电器控制元件应用	1. 能进行电器元件排板； 2. 能进行导线的连接； 3. 能使用多用表； 4. 能识别常用控制电器符号； 5. 能掌握控制电器元件结构； 6. 能进行继电器的拆装	1. 交流、直流、电压； 2. 串联、并联、负载； 3. 用电安全知识； 4. 电器控制元件应用功能； 5. 传感器应用功能	30
	(二)控制系统图的识读	能根据图纸正确连接简单电气回路		
	(三)传感器应用	1. 能掌握传感器装配位置； 2. 能够识别常用传感器符号； 3. 能掌握传感器元件结构		
四、机电一体化系统	独立完成本职业的常规工作	1. 能进行元件的拆装； 2. 能运用机电一体化（气液电控制）基本技能完成设备日常操作工作； 3. 能够保养简单控制装置能力； 4. 能够选择基本元器件，组成简单的控制装置	1. 熟练掌握系统图的识读及系统组成结构； 2. 气、液、电等机电一体化相关的基础知识	10

2.2.2 《机电一体化技术应用人员》三级（高级工）

职业功能	工作内容	技能要求	专业知识要求	比重/%
一、气动控制	（一）典型的气动控制（气动逻辑控制、时间与压力控制）	1. 能根据图纸正确连接气动回路； 2. 能使用减压阀调整系统压力； 3. 能使用节流阀调节气缸的速度； 4. 能正确使用延时阀与压力顺序阀	1. 了解流体力学基本知识； 2. 熟悉气动元件的图形符号和各连接口的ISO/DIN标准； 3. 熟悉气动执行元件、阀的结构； 4. 熟悉气动的与、或、非控制； 5. 掌握典型气动回路的知识	20
	（二）气动元件日常维护及故障维修	1. 能熟练拆卸、清洗气缸、阀门，更换密封圈更换； 2. 能进行过滤器的排水、油雾器的注油、气动元件的清洁； 3. 能进行设备运行记录		
二、液压控制	（一）常用的液压回路控制	1. 能根据图纸正确连接液压回路； 2. 能使用溢流阀设定系统压力； 3. 能使用减压阀调节工作元件的压力； 4. 能进行节流阀、调速阀的调速； 5. 能熟练使用液压万用表对压力、流量、温度等参数进行测量	1. 了解流体力学基本知识； 2. 熟悉液压元件的常用图形符号和各连接口的标号； 3. 熟悉常用液压元器件的结构和工作原理； 4. 掌握节流阀、调速阀对液压缸调速的区别； 5. 理解压力、流量、温度等参数在液压回路中的意义； 6. 熟悉泵、马达、油缸的结构、分类和工作原理； 7. 熟悉调压回路、保压回路、平衡回路、速度换接回路、压力顺序动作回路知识	20
	（二）液压元件的日常维护及故障维修	1. 能熟练拆卸、清洗油缸、阀门，更换密封圈； 2. 能排除系统中的气体、保持液压油的清洁、控制油温、废油的处理； 3. 能进行设备运行记录		

职业功能	工作内容	技能要求	专业知识要求	比重/%
三、电气控制	（一）简单的电气气动继电器控制和电液继电器控制	1. 能根据图纸正确连接电气气动或电气液压回路； 2. 能正确使用传感器（接近开关）； 3. 能掌握时间继电器、压力继电器的使用； 4. 能对设备中气动、液压和电气部分进行分析，画出相应的继电器控制回路图	1. 基本电气知识； 2. 电器线路拆装调试安全知识； 3. 电气气动、电气液压控制回路基本结构； 4. 继电器顺序控制的方法	30
	（二）各种接近开关使用及安装后的调试	能进行手动/自动、紧停开关在电路中的连接	1. 传感器（电容式接近开关、电感式接近开关、光电式接近开关）特点、功能、使用方法； 2. 安全保护在电路中的意义	
	（三）PLC 输入	能进行 PLC 程序输入操作	PLC 原理	
四、机电一体化系统	（一）机电一体化系统工作站的描述	根据系统，描述其工作站基本组成及功能	机电一体化技术方面的相关知识 构建较复杂的多级系统，并进行安装、调试、排除常见故障的知识	25
	（二）系统工作站硬件组成	能对工作站进行模块化组装		
	（三）机电一体化系统工作站的装配	能熟练运用典型的气动、液压回路控制、能构建较复杂的多级系统		
	（四）系统工作站功能子模块故障检测与排除	能安装、调试、排除常见的故障技能		
相关基础知识	1. 安全知识（电气安全使用知识、警示图符知识） 2. 环保知识（废油处理知识） 3. 基本物理知识（功率，压力，流量，速度的单位及计算） 4. 继电器控制电路的基本知识（时间继电器和压力继电器的控制，继电器逻辑控制电路）			5

2.2.3 《机电一体化技术应用人员》二级（技师）

职业功能	工作内容	技能要求	专业知识要求	比重/%
一、气动控制	（一）复杂的气动回路控制	1. 能进行多缸控制回路的调试； 2. 能使用气动步进控制模块控制气动回路	1. 气动组合元件的构成与应用； 2. 气动多缸控制回路知识； 3. 气动步进控制模块的结构、原理及应用； 4. 多缸控制回路的调试步骤与方法	20
	（二）气动系统故障诊断及排除	能进行气动系统故障诊断及排除	气动系统故障产生原因及相应的排除方法	
二、液压控制	（一）液压回路控制	能进行复杂的液压回路控制	1. 复杂液压回路知识； 2. 机床设备液压控制回路	20
	（二）液压系统安装调试	1. 能掌握复杂的液压系统空载调试和负载试车步骤； 2. 能进行比例放大器的参数调整； 3. 能进行比例与伺服液压的应用； 4. 能进行 PID 调节器的参数调整	1. 液压系统安装调试注意事项； 2. 比例阀的结构及控制的基本原理	
	（三）液压系统故障诊断及排除	能对液压系统故障进行诊断和排除	1. 反馈控制原理； 2. 液压系统故障产生原因及相应的排除方法	
三、电气控制	（一）PLC（可编程控制器）控制气动液压设备	1. 能正确连接 PLC 与气动液压设备、PLC 与 PC； 2. 能使用基本指令、步进指令及通过模块调用编写 PLC 控制程序并输入、调试； 3. 正确使用模拟量传感器及 A/D、D/A 转换器	1. PLC 基本结构和功能； 2. PLC 的基本指令、步进指令； 3. PLC 编程、程序输入、调试方法； 4. 模拟量传感器、A/D、D/A、编码器/译码器原理、功能与应用	30
	（二）获取系统信息	能在线查阅 PLC 的系统信息		
	（三）系统故障诊断与排除	能在线诊断系统设备故障	PLC 诊断系统故障的方法	
	（四）数据交换和通信	能够掌握 I/O 模块的通信技术	数据交换和通信知识	
四 机电一体化系统	（一）构建复杂机电一体化系统	连接系统设备中每个站的气动元件与传感器及电器元件	1. 掌握机电一体化的综合知识（机械技术、气动控制原理、电气控制原理、传感器、PLC 编程等）； 2. 系统软件/硬件故障诊断与排除	25
	（二）编写系统及工作站控制程序	根据控制动作要求编制每个站的 PLC 程序		
	（三）对机电一体化设备进行安装、调试及故障检测与排除	1. 用 I/O 模块通信在工作站操作； 2. 调试机电一体化设备系统； 3. 系统软件/硬件故障诊断与排除		
相关基础知识	1. 数字电路的基本知识（与、或、非控制） 2. 比例伺服液压的知识（比例伺服液压的应用） 3. 通信的基本知识（I/O 模块通信方法）专业知识要求			5

2.2.4 《机电一体化技术应用人员》一级（高级技师）

职业功能	工作内容	技能要求	专业知识要求	比重/%
一、气动控制	（一）设计间接控制气压传动回路	1. 能进行多缸控制回路的设计； 2. 能设计并安装气动比例及伺服系统回路； 3. 掌握智能阀岛技术	1. 熟悉气动比例、伺服控制阀及系统； 2. 气动伺服定位系统	20
	（二）操作中等以上现代气压传动机械	1. 能进行气动系统故障诊断和排除； 2. 能编写中等以上现代气压传动机械操作指导手册	气动系统故障产生原因及相应的排除方法	
二、液压控制	（一）设计间接控制液压传动回路	1. 能进行比例阀液压系统设计步骤； 2. 能进行比例放大器的参数调整； 3. 能进行 PID 调节器的参数调整	1. 复杂液压回路知识； 2. 机床设备液压控制回路知识； 3. 液压系统安装调试注意事项； 4. 比例阀及伺服阀的结构及控制的基本原理	20
	（二）操作中等以上现代液压传动机械	1. 能进行液压系统故障诊断及排除； 2. 能编写中等以上现代液压传动机械操作指导手册	1. 反馈控制原理； 2. 液压系统故障产生原因及相应的排除方法	
三、电气控制	（一）主站控制器 （二）设计主从站控制器个别控制与程序 （三）气液电综合系统及现场总线总调	1. 能正确连接 PLC 与气动液压设备、PLC 与 PC； 2. 能使用基本指令、步进指令及通过模块调用编写 PLC 控制程序并输入、调试； 3. 能在线查阅 PLC 的系统信息； 4. 能在线诊断系统设备故障； 5. 能够掌握 I/O 模块的通信和总线通信技术； 6. 能编写现场总线维修指导手册	1. PLC 基本结构和功能； 2. PLC 的基本指令、步进指令； 3. PLC 编程、程序输入、调试方法； 4. PLC 诊断系统故障的方法； 5. 数据交换和通信知识； 6. 气液电综合系统的设计、安装与调试	30
四、机电一体化系统	（一）构建一个模块化的生产系统	能够具备依据行业要求设计完成气压或液压系统，取代复杂的机械动作能力	1. 机电一体化总体技术； 2. 新引进现代设备或生产流水线的伺服驱动和计算机技术解读知识； 3. 气动比例、伺服控制技术	25
	（二）综合分析、判断、处理出现的故障及问题	1. 能够独立操作现代设备后写出操作指导手册； 2. 能在技术攻关和工艺革新方面有创新； 3. 能组织开展技术改造、技术革新活动； 4. 能组织开展系统的专业技术培训；具有技术管理能力		
相关基础知识	国家及国际安全法规及标准的应用			5

参考文献

[1] 禹春梅. 机电一体化技术应用. 北京：科学工业出版社，2010.
[2] 邱士安. 机电一体化技术. 西安：西安电子科技大学出版社，2006.
[3] 梁景凯. 机电一体化技术与系统. 北京：机械工业出版社，2011.
[4] 袁中凡. 机电一体化技术. 北京：电子工业出版社，2006.
[5] 刘龙江. 机电一体化技术. 第2版. 北京：北京理工大学出版社，2012.
[6] 王纪坤，李学哲. 机电一体化系统设计. 北京：国防工业出版社，2013.
[7] 蔡夕忠. 传感器应用技能训练. 北京：高等教育出版社，2006.
[8] 梁森，王侃夫，黄杭美. 自动检测与转换技术. 北京：机械工业出版社，2005.
[9] 张同苏，徐月华. 自动化生产线安装与调试. 北京：中国铁道出版社，2012.
[10] 张文明，姚庆文. 可编程控制器及网络控制技术. 北京：中国铁道出版社，2012.
[11] 彭旭昀，吴启红. 机电控制系统原理及工程应用实操指导书. 北京：机械工业出版社，2007.
[12] 张鹤鸣，刘耀元，张辉先. 可编程控制器原理及应用教程，2版. 北京：北京大学出版社，2011.
[13] 孙玉清. 船舶机电设备机电一体化. 大连：大连海事大学出版社，2004.
[14] 刘建华，张静之. 三菱 FX_{2N} 系列 PLC 应用技术. 北京：机械工业出版社，2010.
[15] 胡成龙，何琼. PLC 应用技术（三菱 FX_{2N} 系列）. 武汉：湖北科学技术出版社，2008.
[16] 周祖德，陈幼平. 机电一体化控制技术与系统. 武汉：华中科技大学出版社，2003.
[17] 张邦成. 机电一体化控制技术. 长春：东北师范大学出版社，2006.
[18] 马崇启. 纺织机电一体化. 北京：中国纺织出版社，2010.
[19] 向中凡，肖继学. 机电一体化基础. 重庆：重庆大学出版社，2013.
[20] 刘勇军. 机电一体化技术. 西安：西北工业大学出版社，2009.
[21] 马宏骞，许连阁. PLC、变频器与触摸屏技术及实践. 北京：电子工业出版社，2014.
[22] OMRON 公司传感器手册.
[23] 松下 A 系列伺服电机手册（中文）.
[24] 三菱 FX 系列可编程控制器用户手册通信篇.
[25] MCGS 嵌入版用户手册.